U0170135

中国加气混凝土协会推荐用书

2021
纪念版

蒸压加气混凝土生产技术

姜　勇　齐子刚　编著

中国建材工业出版社

图书在版编目（CIP）数据

蒸压加气混凝土生产技术 / 姜勇，齐子刚编著. --
北京：中国建材工业出版社，2021.10
ISBN 978-7-5160-3266-4

Ⅰ．①蒸… Ⅱ．①姜… ②齐… Ⅲ．①蒸压－加气混
凝土砌块－生产工艺 Ⅳ．①TU522.3

中国版本图书馆 CIP 数据核字（2021）第 154304 号

内 容 简 介

本书从基本原理出发，吸收了国内外最新科研成果和企业经验，对蒸压加气混凝土生产技术作了通俗易懂的讲解，指出了各工艺控制点的常见质量问题及成因，并提出了相应的解决措施。

本书是企业领导、技术管理人员和一线职工快速掌握蒸压加气混凝土生产技术的实用指导书。为方便读者使用，本书还提供了主要标准的目录，收录了没有正式发布的相关试验方法和实验室条件等。

蒸压加气混凝土生产技术
Zhengya Jiaqi Hunningtu Shengchan Jishu
姜 勇　齐子刚　编著

出版发行：中国建材工业出版社
地　　址：北京市海淀区三里河路 1 号
邮　　编：100044
经　　销：全国各地新华书店
印　　刷：北京雁林吉兆印刷有限公司
开　　本：787mm×1092mm　1/16
印　　张：15
字　　数：330 千字
版　　次：2021 年 10 月第 1 版
印　　次：2021 年 10 月第 1 次
定　　价：**116.00 元**

序

  我国的加气混凝土产业经历了从无到有、从小到大、从大趋强的发展历程，目前已成为世界最大生产国，实现了跨越式发展。蒸压加气混凝土制品已成为我国建筑节能和墙体材料革新的重要组成部分，并得到全社会的高度认同。

  在中国加气混凝土协会成立40周年之际，编者集行业几代技术人员的经验结晶完成了《蒸压加气混凝土生产技术》一书。该书深入浅出地将理论指导与生产实践经验紧密结合，是生产的作业指导书也是解决实际问题的工具书，是中国加气混凝土协会成立40年的重要成果。

  50余年的探索、实践和总结，形成了具有中国特色的加气混凝土生产技术，为行业的高质量发展打下坚实的基础。技术创新无止境，相信随着行业技术进步，在大家的共同努力和进一步完善下，该书也会持续不断地更新，为实现"宜业尚品、造福人类"的行业发展目标发挥重要的技术支撑作用。

二〇二一年六月十六日

前　　言

随着加气混凝土工业的发展，我国先后编写了两套加气混凝土工业技术方面的书籍。第一套是 1982 年的《加气混凝土生产技术》（崔可浩、杨伟明、陶有生编）；第二套是 1990 年的《加气混凝土工业丛书》（崔可浩、吴庵敖主编），全套丛书共分三册，即《加气混凝土生产工艺》（张继能、顾同曾编）、《加气混凝土生产机械设备》（应驹、宫润梧主编）及《加气混凝土工厂管理》（王声援、姜炳年编）。以上两套书籍对于加气混凝土行业培训技术人才、指导生产起到了极大的作用。

我国加气混凝土工业不断发展壮大，生产厂家已由最初的几十家发展到目前的 2000 余家。生产企业尤其是新建企业的管理人员、技术人员及生产一线职工，急需一套能够迅速了解和掌握加气混凝土生产技术的实用培训指导书。我们曾对上述两套书籍进行简化、归纳、编辑，简略了一些理论叙述，吸收了国内外最新的科研成果和企业的实践经验，编印出《加气混凝土生产技术实用讲义》（由邵英纯校阅）（以下简称《讲义》）。《讲义》力求对加气混凝土生产工艺、原材料及主要设备进行通俗简要的介绍，并提出主要的工艺控制点及常见的质量问题和解决方法，旨在为加气混凝土工业的发展略尽微薄之力。该书印发后，因简单实用而备受欢迎，这促使笔者对《讲义》不断进行修改完善。值此中国加气混凝土协会成立 40 周年之际，我们再次修订了该书并委托中国建材工业出版社正式出版。本书在编写过程中得到谢尧生、吴九成、陆洁和苏宇峰先生的指导和帮助，在此一并致谢！

我国加气混凝土企业的原材料差异较大，工艺技术路线不尽相同，规模和技术相差悬殊，这就决定了实际经验在指导生产过程中的重要性，但不深入研究加气混凝土的理论，难免会拘泥于已有的经验，限制我们生产和管理水平的提高，愿《蒸压加气混凝土生产技术》能给大家以启迪和帮助，同时希望广大读者提出宝贵意见，以便于今后修改完善。

编著者

二〇二一年三月

目　　录

0　绪论 ·· 1

1　蒸压加气混凝土的结构及强度形成原理········· 12
　　1.1　蒸压加气混凝土的结构 ······················· 12
　　1.2　硅酸盐混凝土水化产物及物理力学性能 ············· 17
　　1.3　硅酸盐混凝土的强度形成 ····················· 22

2　蒸压加气混凝土生产工艺过程················· 26
　　2.1　蒸压加气混凝土的种类 ························· 26
　　2.2　生产工艺过程 ······························· 27
　　2.3　主要专用设备 ······························· 37

3　原材料·································· 47
　　3.1　基本材料 ································· 47
　　3.2　发气材料 ································· 61
　　3.3　调节材料 ································· 67
　　3.4　结构材料 ································· 70

4　原材料制备······························ 74
　　4.1　粉煤灰的脱水浓缩 ····························· 74
　　4.2　物料的破碎、碾磨和制浆 ······················· 75
　　4.3　液体物料及铝粉悬浮液的制备 ··················· 79
　　4.4　物料的储备 ······························· 81

5　配料浇注································ 84
　　5.1　料浆的特性 ······························· 84
　　5.2　配合比与生产配方 ··························· 98
　　5.3　配料搅拌及浇注······························ 106
　　5.4　浇注稳定性 ······························ 113

6　静停切割································ 128
　　6.1　坯体的静停 ······························ 128
　　6.2　坯体的切割 ······························ 134
　　6.3　坯体的损伤及防止························· 144

7 蒸压养护 ··· 149

    7.1 蒸压养护的热物理过程 ····································· 149

    7.2 蒸压养护制度 ··· 152

    7.3 蒸压养护过程中制品的损伤与缺陷 ······················· 157

    7.4 蒸压釜安全操作及余热利用 ······························· 161

8 蒸压加气混凝土板 ··· 167

    8.1 板的分类 ··· 167

    8.2 钢筋网笼 ··· 171

    8.3 钢筋网的组装 ··· 174

    8.4 板材生产 ··· 177

9 质量管理 ··· 181

    9.1 质量管理的一般概念 ······································· 181

    9.2 质量控制 ··· 182

    9.3 质量检验 ··· 186

10 安全管理 ··· 189

    10.1 五种关系和六项原则 ······································ 189

    10.2 安全工作要点 ·· 191

    10.3 蒸压加气混凝土企业常见安全隐患 ······················· 192

结束语 ··· 194

参考文献 ··· 195

附录 1 蒸压加气混凝土生产线建设概要 ····························· 196

附录 2 常用单位中的法定单位和应淘汰的单位及换算 ················· 201

附录 3 常用能源折标煤参考系数 ··································· 203

附录 4 常用耗能工质折标煤参考系数 ······························· 204

附录 5 常用元素原子量表 ··· 205

附录 6 蒸压加气混凝土主要采用标准 ······························· 206

附录 7 蒸压加气混凝土料浆稠度测试方法 ··························· 208

附录 8 石灰有效钙的测定（蔗糖法） ······························· 209

附录 9 石灰消化速度试验 ··· 212

附录 10 石灰消化特性试验 ··· 213

附录 11 砂的含泥量试验 ……………………………………………… 214

附录 12 实验室基本条件 …………………………………………… 217

附录 13 蒸压加气混凝土常见缺陷成因及对策 ……………………… 220

后记 …………………………………………………………………… 228

0 绪　　论

蒸压加气混凝土（英文名 Autoclaved aerated concrete，缩写 AAC，原称加气混凝土）是一种轻质、多孔的新型建筑材料，具有质量轻、保温好、可加工和不燃烧等优点，可以制成不同规格的砌块、板材和保温制品，广泛应用于工业和民用建筑的承重或围护填充结构，受到世界各国建筑业的普遍重视，成为许多国家大力推广和发展的一种建筑材料。

1. 蒸压加气混凝土的一般概念

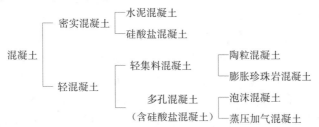

混凝土是由胶结料、集料和水按一定比例配合的混合料，经硬化后形成具有一定强度的人造石。以水泥为胶结料并与砂、石子、水按一定比例配合，经搅拌、成型后，在常温或蒸汽养护下形成的人造石，也称为水泥混凝土。普通水泥混凝土的密度一般为 $2400kg/m^3$。以砂、粉煤灰等硅质材料和石灰、水泥等钙质材料按一定比例配合，经搅拌、成型后，在一定温度、湿度下水热合成的人造石，称为硅酸盐混凝土。普通硅酸盐混凝土的密度一般为 $1600\sim2400kg/m^3$。这种水泥混凝土和硅酸盐混凝土都是密实混凝土。

采用轻集料或用气孔来代替普通混凝土中集料的混凝土称之为轻混凝土，其密度一般小于 $1900kg/m^3$。采用各种陶粒、膨胀珍珠岩等作为轻集料制成的轻混凝土，称为轻集料混凝土。其制造工艺与密实混凝土基本相似，体积密度一般为 $800\sim1800kg/m^3$。另一类轻混凝土是多孔混凝土，它没有粗集料，主要原材料都要经过碾磨，并通过物理或化学方法使之形成直径小于 2mm 的气孔，其密度一般小于 $1000kg/m^3$。

多孔混凝土按其气孔形成的方式可分为蒸压加气混凝土和泡沫混凝土两大类。蒸压加气混凝土的多孔结构，由发气剂在料浆中进行化学反应并产生气体而形成；泡沫混凝土的多孔结构，由泡沫剂在机械搅拌过程中产生大量泡沫，渗入料浆中均匀混合而形成。充气混凝土则是将压缩空气弥散成大量微小气泡分散于料浆中而形成。

多孔混凝土多为经蒸汽养护而成的硅酸盐混凝土。养护方式可分为常压蒸汽养护（100℃饱和蒸汽）和高压蒸汽养护（174.5～200.5℃、0.8～1.5MPa 饱和蒸汽）两大类，前者简称蒸养，后者简称蒸压。蒸压加气混凝土为高压蒸汽养护而成。

蒸压加气混凝土以硅质材料和钙质材料为主要原料，经加水搅拌，掺加发气剂，由化学反应形成气孔。蒸压加气混凝土是通过原料制备、配料浇注、发气静停、切割成型、蒸压养护、分拣包装等工艺制成的多孔硅酸盐制品。蒸压加气混凝土砌块（英文名 Autoclaved aerated concrete blocks，缩写 AAC-B）是蒸压加气混凝土中用于墙体砌筑的矩形块材，在使用中主要承受竖向荷载作用产生的压应力；蒸压加气混凝土板（英文名 Autoclaved aerated concrete slabs，缩写 AAC-S）是蒸压加气混凝土中配置经防锈层处理的钢筋网笼或钢筋网片的预制板材，在使用中主要承受垂直于板面荷载产生的弯曲应力。

2. 蒸压加气混凝土的发展

木材具有优良的自然亲和力，是东西方建筑的首选材料。欧洲人一直在寻找一种能代替木材的人造建筑材料，它既具有木材的特性，又符合工业生产的要求，这就是蒸压加气混凝土。

蒸压加气混凝土最先出现于捷克，1889 年，霍夫曼（Hofman）取得了用盐酸和碳酸钠制造蒸压加气混凝土的专利。1919 年，德国人格罗沙海（Grosahe）用金属粉末作发气剂制出了蒸压加气混凝土。1923 年，瑞典人埃克森（J. A. Eriksson）掌握了以铝粉为发气剂的生产技术并取得了专利权。铝粉发气产气量大，所产生的氢气在水中溶解度小，故发气效率高，发气过程也比较容易控制；铝粉来源广，从而为蒸压加气混凝土的大规模工业化生产提供了充分的条件。此后，随着对工艺技术和设备的不断改进，工业化生产时机日益成熟，于 1929 年在瑞典建成了第一座蒸压加气混凝土厂。

从开始工业化生产，蒸压加气混凝土至今已有 90 多年的历史，并得到了很大的发展，不仅在瑞典（后在德国）形成了"伊通（YTONG）"和"西波列克斯（Siporex）"两大专利及相应的一批工厂，而且在其他许多国家也相继引进生产技术或开发研究自己的生产技术，特别是一些气候寒冷的国家如挪威、荷兰、波兰、丹麦等国，成功研究出自己的生产技术，形成了新的专利。如德国的海波尔（Hebel）、荷兰的求劳克斯（Durox）、波兰的乌尼泊尔（Unipol）和丹麦的司梯玛（Stema）。"二战"前，蒸压加气混凝土仅在少数北欧国家推广应用，而现在，无论是严寒的北部地区，还是赤道附近的炎热地带，生产和应用已遍及五大洲 60 多个国家和地区。

伊通（YTONG）于 1940 年在慕尼黑注册，是一家以蒸压加气混凝土为主要产品的建材生产企业，从事蒸压加气混凝土生产可以追溯到 1923 年他们的先辈生产出这种产品，并于 20 世纪 30 年代初在瑞典建成了生产工厂。之后凯莱（Xella）收购了伊通、海波尔等公司，成为拥有"YTONG""Silks""Multipor""Hebel""Fels""Fermacell"等品牌的世界上最大的白色建材（主要产品为蒸压加气混凝土、灰砂砖和建筑砂浆等）生产企业，2013 年销售额为 12.5 亿欧元，拥有员工 6900 余人，目前在全球 19 个国家拥有 92 家企业，其中蒸压加气混凝土生产企业 30 家，在中国曾在上海、长兴、天津和保定等多地建有企业。15 年前整合成立了世界一流的研发中心，承担着凯莱集团技术研发和产品质量监督管理职能。目前，他们已经开发出导热系数为 $0.07W/(m \cdot K)$ 的产品（其中，天津工厂已经试产成功了 B03 的产品），并且建造出使用过程中产生能量大于消耗能量的建筑，该建筑每年每平方米净余150kW 的能量，将节能建筑的概念推进了一大步。这种建筑，他们称为增能建筑（energy plus building），主要通过太阳能、雨水、室内外温差气流以及墙体温差、生活用水的水流冲击等获得能量，汽车的能源也是太阳能转换而得，整个系统还与供电网并网，当阳光不足时使用电力供能，而阳光充足时则将多余的电能反送入网。

欧盟宣布欧洲从 2019/2020 年开始仅接受接近零能耗的建筑——至少是新开工项目。跨越的计划在节能建筑上的创新将带领德国建筑工业从以坚固为主导的建筑方式转向轻巧型建筑。还有一个计划是设计建造高效建筑，由德国联邦运输、建造发展部（BMVBS）发起。根据 BMVBS 的要求，高效房是指年度消耗的一次能源为负 $[\sum Q_{\mathrm{P}} < 0 \mathrm{kW \cdot h}/(\mathrm{m}^2 \cdot 年)]$，而且年度消耗的最终（终极）能源也为负 $[\sum Q_{\mathrm{e}} < 0 \mathrm{kW \cdot h}/(\mathrm{m}^2 \cdot 年)]$。此外，节能建筑规范（EnEV）2009 规定的其他要求，比如夏天散热保护等，必须按 DIN V 18599《建筑物能效　计算加热、冷却、通风、家用热水和照明用净能、最终和初始能量》验收。DIN V 18599 修订版已经规定了耗能和产能计算，如果建筑用可再生能源发电并提供给公共网络，就可被当作替换方案。而太阳能增益和外部温度的价值不是在当地温度的基础上被评估，而是按照"德国普遍地区"条件下进行。当然建筑附带电子设备的电力需求必须被包含在内，包括房子内直接连接到供暖和热水供应的电子设备，比如水泵和暖气。

我国早在 20 世纪 30 年代就有了生产和使用蒸压加气混凝土的记录。1912—1937 年是上海高层建筑的兴起阶段，这一期间建造了 38 幢高层建筑。为了给高层建筑提供墙体材料，英商中国汽泥砖瓦公司于 1931 年，在上海平凉路桥边开办了一个作坊式的小型蒸压加气混凝土厂，1932 年成立并开发供应"汽泥砖"，即蒸压加气混凝土砌块，当时建筑界誉其"形如海绵，质坚而轻，建造高楼尤为适宜"，这是中国蒸压加气混凝土的萌芽，其产品用于国毛六厂几幢单层厂房和上海大厦、国际饭店、锦江饭店、新城大厦等高层建筑的内隔墙，并一直沿用至今。

中华人民共和国成立后，我国十分重视蒸压加气混凝土的研究和生产。1958 年，原建工部建筑科学研究院开始研究蒸养粉煤灰加气混凝土。1962 年起建筑科学研究院与北京有关单位研究并试制了蒸压加气混凝土制品，并很快在北京硅酸盐厂（后为北京金隅加气混凝土有限责任公司）和贵阳灰砂砖厂（后为贵阳高新华宇轻质建材有限公司）半工业性试验获得成功。1965 年引进瑞典西波列克斯公司专利技术和全套装备，在北京建成我国第一家蒸压加气混凝土厂——北京加气混凝土厂（现北京金隅加气混凝土有限责任公司），标志着我国蒸压加气混凝土进入工业化生产时代。建于 1973 年，19 层 79.8m 的北京饭店，内外墙使用了北京金隅 3.0MPa 的砌块，标志着我国蒸压加气混凝土砌块的成功应用。

从 1971 年对引进的西波列克斯技术装备进行测绘和消化吸收起，我国便开始了对蒸压加气混凝土工艺装备的开发和使用。先后形成了中国建筑东北设计院的 6m 翻转式切割机组，上海杨浦的 4m 预铺钢丝卷切式切割机组，北京建材设计研究院（现北京建都设计研究院）的 3.9m 预铺钢丝提拉式切割机组，常州建材研究设计所和中国建筑东北设计院翻版的海波尔切割机组，中国建筑东北设计院消化吸收海波尔的

JHQ 切割机组，常州建材研究设计所消化吸收的司梯玛成套设备、4.2m 和 6m 系列分步式空翻切割机及配套设备以及武汉新新铭丰建材技术发展有限公司的自动化空翻系列设备等，为蒸压加气混凝土装备的国产化打下了基础。

自 1965 年建设第一家蒸压加气混凝土厂起，经历了 50 多年时间，我国不仅建成了各类蒸压加气混凝土企业约 2000 家，总设计能力超过 2.6 亿 m³（表 0-1），成为全球蒸压加气混凝土生产和应用最多的国家，也是应用粉煤灰生产蒸压加气混凝土最广泛、技术最成熟的国家，并且进一步拓展了原材料的范围，成功地将其他含二氧化硅工业废弃物（如石材加工产生的碎末、水泥管桩生产过程中排放的废浆以及玻璃、采煤、采金业的尾矿等）作为硅质材料大量用于蒸压加气混凝土生产。随着生产的发展，在全国还涌现了一批从事蒸压加气混凝土生产、装备和应用技术研究的科研院所和大专院校，建立了科研、设计、教学、生产、施工、装备和配套材料供应系统，制定了原材料、产品、试验方法和应用的标准规范，使我国蒸压加气混凝土形成了完整的工业体系。

表 0-1 蒸压加气混凝土的生产规模和产量

年份	1981	1985	1990	1995	2000	2004	2007	2009	2014	2019
产量（万 m³）	60	140	175	350	500	980	2200	3100	11000	16000
生产规模（万 m³）	100	(270)	415	670	1000	2600	4650	5850	20695	26800
企业数量（个）	43	64	85	133	230	359	596	700	1836	1908

为了实施和逐步推动建筑节能，1986 年颁布实施了《民用建筑热工设计规程》JGJ 24—1986、《民用建筑节能设计标准（采暖居住建筑部分）》JGJ 26—1986（现修订并更名为《严寒和寒冷地区居住建筑节能设计标准》JGJ 26—2018），1987 年颁布实施《采暖通风与空气调节设计规范》GBJ 19—1987（现行标准为《工业建筑供暖通风与空气调节设计规范》GB 50019—2015），1993 年颁布实施了《民用建筑热工设计规范》GB 50176—1993（最新版为 GB 50176—2016）。在热工设计规范中对围护结构保温隔热的最低要求作出了规定，使我国采暖地区建筑节能率在各地 1980—1981 年住宅通用设计能耗水平基础上节省 30%。为了进一步推动建筑节能，提高节能水平，国务院以〔1992〕国发 66 号文提出"从 1995 年起我国严寒和寒冷地区城镇新建住宅全部按采暖能耗降低 50% 设计建造"，并按统一要求于 1996 年 7 月 1 日实施《民用建筑节能设计标准（采暖居住建筑部分）》JGJ 26—1995（现修订并更名为《严寒和寒冷地区居住建筑节能设计标准》JGJ 26—2018），即各地在 1980—1981 年住宅通用设计能耗水平基础上节能 50%。在 50% 的总节能率中，要求建筑物本身承担约 30%，供热系统承担约 20%。2001 年又颁布实施了《夏热冬冷地区居住建筑节能设计标准》JGJ 134—2001（现行标准号为 JGJ 134—2010），《既有居住建筑节能改造技术规程》JGJ 129—2000（现行标准号为 JGJ/T 129—2012），都展现了国家推动建筑节能的方针和措施，为蒸压加气混凝土应用创造了良好的环境。

3. 发展蒸压加气混凝土的意义

蒸压加气混凝土是绿色墙体材料，在墙体材料革新和建筑节能上具有无可替代的作用，其主要特点表现在以下几个方面：

（1）密度低

蒸压加气混凝土的孔隙达 70%～80%，干密度一般为 300～700kg/m³，相当于实心黏土砖的 1/3，普通混凝土的 1/5，也低于一般轻集料混凝土及空心砌块、空心黏土砖等制品（表 0-2）。因而，采用蒸压加气混凝土作墙体材料可以大大减轻建筑物自重，进而可减小建筑物的基础及梁、柱等结构件的尺寸，可以节约建筑材料和工程费用，还可提高建筑物的抗震能力。此外，轻质特点还有益于降低运输成本。

表 0-2 几种常用建筑材料的干密度（kg/m³）

材料	蒸压加气混凝土	木材	实心黏土砖	蒸压灰砂砖	空心砌块	陶粒混凝土	普通混凝土
指标	300～700	400～650	1600～1800	1700～2000	900～1700	1400～1800	2000～2400

（2）保温隔热性能好

蒸压加气混凝土内部具有大量的气孔和微孔，因具有较低的导热系数而有良好的保温隔热性能，蒸压加气混凝土的导热系数通常为 0.10～0.18W/（m·K），仅为实心黏土砖的 1/4～1/5，普通混凝土的 1/5～1/10（表 0-3）。通常 20cm 厚的蒸压加气混凝土墙的保温隔热效果，相当于 49cm 厚的普通实心黏土砖墙，不仅可节约采暖及制冷能源，而且可大大提高建筑物的平面利用系数，是唯一采用单一材料即可达到节能设计标准的新型墙体材料。几种主要建筑材料的热物理性能见表 0-4。

表 0-3 几种常用建筑材料的导热系数［W/(m·K)］

材料及密度 （kg/m³）	蒸压加气混凝土 （300～700）	实心黏土砖 （1600）	多孔黏土砖 （800～1200）	空心混凝土砌块 （900～1700）	空心灰砂砖 （1400）	钢筋混凝土 （2500）	玻璃 （2500）
指标	0.10～0.18	0.81	0.28～0.43	1.00～1.05	0.44～0.64	1.75	1.10

表 0-4 几种主要建筑材料的热物理性能

材料 种类	干密度 （kg/m³）	导热系数 ［W/(m·K)］	蓄热系数 ［W/(m³·K)］	比热容 ［kJ/(kg·K)］	蒸汽渗透系数 ［g/(m²·h·Pa)］
EPS	30	0.042	0.36	1.38	0.0000162
矿棉/玻璃棉	80～200	0.045	0.75	1.22	0.0004880
厚砌蒸压加气混凝土	500	0.20	3.26	1.05	0.0001110
重浆砖砌体	1800	0.81	10.63	1.05	0.0001050
多孔砖砌体	1400	0.58	7.92	1.05	0.0000158
钢筋混凝土	2500	1.74	17.20	0.92	0.0000158
混合砂浆	1700	0.87	10.75	1.05	0.0000975
混凝土空心砌块	—	0.90*	1.57*	—	—

* 根据单排孔砌块，190 厚，其热阻为 0.21K/W 所换算。

（3）抗震性好

根据牛顿第二定律 $F=ma$，地震效应与建筑的质量成正比，质量大，地震效应也大。所以，减轻房屋自重，是提高住宅结构抗震能力的有效办法。从表 0-5 可以看出，不同材料砌筑 240mm 厚的墙体，蒸压加气混凝土每平方米质量仅为 $120kg/m^2$，地震惯性力最小。

表 0-5　不同材料相同厚度墙体（240mm）单位面积的质量

材料及容度 （kg/m^3）	蒸压加气混凝土 （500）	实心黏土砖 （1600）	多孔黏土砖 （1200）	空心砌块 （1500）	空心灰砂砖 （1400）	普通混凝土 （2300）
单位面积质量 （kg/m^2）	120	384	288	360	336	552

（4）良好的耐火性能且不产生有害气体

蒸压加气混凝土的主要原材料大多为无机材料，其本身又具有不燃性，因而具有良好的耐火性能，并且遇火不产生有害气体；由于对建筑物中的钢筋具有较好的隔热作用，当蒸压加气混凝土建筑遭遇火灾时，往往仅在表面造成损伤，对结构性能并不起根本性的破坏。蒸压加气混凝土的耐火性能见表 0-6。

表 0-6　蒸压加气混凝土的耐火性能

产品种类	干密度 （kg/m^3）	厚度 （mm）	耐火评定 （min）
水泥-矿渣-砂	500	75	150
		100	225
		150	345
		200	480
水泥-石灰-粉煤灰	600	100	360
		200	480
水泥-石灰-砂	500	100	240
		150	>240

（5）良好的吸声性

蒸压加气混凝土由于特有的多孔结构，因而具有一定的吸声能力（吸声系数 0.2～0.3）；也和其他轻质材料一样，蒸压加气混凝土隔声性能并不好，它受"质量定律"支配，单位面积材料的质量越轻，隔声能力越差，但可以通过构造措施来解决。

（6）吸水量大，但吸水速度慢

由于蒸压加气混凝土气孔大部分是封闭气孔结构，与黏土砖不一样，其毛细孔基本被气孔阻断，毛细管作用较差，形成了蒸压加气混凝土吸水缓慢的特性。但是，蒸压加气混凝土的孔隙率很高，一般达到 70%～80%，能容纳的水量很大。将 B05 的蒸压加气混凝土砌块锯成标砖尺寸，然后和实心黏土砖同时浸入 2cm 深的水中，实心黏土砖水分于 36h 内由底部迁移至顶部，而蒸压加气混凝土砌块 14d 仍未到达顶部。

（7）居住的舒适性

两个不同温度的物体之间，温度较高者对温度较低者通过辐射进行热交换（与它们所在空间的空气温度无关)。当室内墙体与空气间的温差大于3℃时,人体与墙壁之间的相互辐射现象会引起人们的生理不适。

用蒸压加气混凝土建造的房屋无论外面气候条件如何,都能最大限度地消除墙壁与人体间的辐射现象,并获得和保持室内空气相对湿度的平衡,即既不干燥也不潮湿。

（8）具有可加工性

蒸压加气混凝土不用粗集料,具有良好的可加工性,可锯、刨、钻、钉,并可用适当的黏结材料黏结,为建筑施工创造了有利的条件。

（9）生产能耗低

蒸压加气混凝土生产能耗较低,其单位制品的生产能耗为 23.24kgce/m³（砌块）,仅为同体积实心黏土砖能耗的 43%（表0-7）。

蒸压加气混凝土的使用能耗较低。我国采暖能耗较高,采用蒸压加气混凝土代替实心黏土砖做围护,每年每平方米建筑面积采暖能耗大约可节省 16kgce。每 1 万 m³ 蒸压加气混凝土可建住宅约 5 万 m²,每年仅采暖这一项即可节约能耗 800tce;按现有建筑材料使用水平,则每年节约采暖能耗 210tce。

表 0-7 几种外墙材料生产总能耗

墙体种类	墙厚（cm）	每 1m² 墙面生产能耗（kgce）			
		制品	水泥-石灰	钢筋	合计
粉煤灰蒸压加气混凝土	20	6.92	4.6	3.5	15.02
混凝土砌块	37	14.58	4.6	3.5	22.68
蒸压灰砂砖	37	23.33	4.03	0.57	27.93
陶粒混凝土	28	43.00	1.16	3.48	47.64
实心黏土砖	37	21.67	4.03	0.57	26.27

（10）原料来源广、消纳工业废弃物、环境友好、生产效率高

蒸压加气混凝土可根据当地的条件确定品种和生产工艺,以砂、矿渣、粉煤灰、尾矿、煤矸石及生石灰、水泥等为原料,可极大地利用工业废弃物。蒸压加气混凝土是间接利用粉煤灰的极好产品,就粉煤灰蒸压加气混凝土而言,每生产 1 万 m³ 产品可消纳粉煤灰 0.45 万 t,减少烧砖毁田 3300m²,减少粉煤灰堆放场地 1600m²。

蒸压加气混凝土可以大量消纳工业固体废弃物,生产中不排放其他废弃物,还可以节约生产和使用能耗,每生产 1 万 m³ 蒸压加气混凝土制品,比实心黏土砖节约生产能耗折合标煤约 257t,为此减少 CO_2 排放 536t,减少 SO_2 排放 4t;每 1 万 m³ 蒸压加气混凝土用于建筑,每年节约采暖能耗 210tce,为此减少 CO_2 排放 435t,减少 SO_2 排放 2.27t。

蒸压加气混凝土的资源利用率较高（1m³ 原材料可生产 5m³ 的产品）,符合减量化节约原则和循环经济战略。

蒸压加气混凝土的生产效率较高,一个通常规模（30 万 m³/年）的蒸压加气混凝土厂,年人均实物劳动效率可达 2000m³ 左右,自动化程度较高的企业则达 3000～

$5000m^3$。

4. 碳排放、碳减排、碳中和

碳排放是关于温室气体排放的总称或简称。温室气体中最主要的气体是二氧化碳，因此用碳（Carbon）一词作为代表。人类的任何活动都有可能造成碳排放，工业碳排放包括生产和非生产活动的二氧化碳排放。二氧化碳排放可分为燃料燃烧过程排放和生产过程排放（如碳酸盐原料分解产生的二氧化碳）两部分。蒸压加气混凝土二氧化碳排放主要是燃料燃烧排放，包括煤、天然气、电力以及运输用油等，也包括生产蒸汽的燃料。蒸压加气混凝土没有生产过程排放（没有碳酸盐原料分解产生的二氧化碳），这在建筑材料中也是少数仅有的低碳材料。水泥和石灰是通过碳酸钙（$CaCO_3$）分解成氧化钙（CaO）和二氧化碳（CO_2）而制得，使用1t的碳酸钙，将有44%变成二氧化碳被排入大气。蒸压加气混凝土的碳排放主要计算生产中燃料消耗、外购蒸汽消耗、电力消耗和厂内运输油耗等能源消耗，同时也应加入非生产的碳排放。

碳减排是在二氧化碳排放核算中体现碳减排成果，体现了为全社会实现碳中和所做的贡献，包括：

（1）核算易燃的可再生能源和废弃物利用量；

（2）核算余热余压回收利用量和余热发电量；

（3）核算生产过程消纳如电石渣等其生产过程已经因碳酸盐原料分解产生了二氧化碳的工业废弃物的碳减排量；

（4）估算为社会提供的碳减排、碳中和产品。

碳达峰是指二氧化碳的排放量达到历史最高值，也就是达到的峰值。

碳中和是指企业、团体或个人测算在一定时间内直接或间接产生的温室气体排放总量，通过植树造林、节能减排等形式，以抵消自身产生的二氧化碳排放量，实现二氧化碳"零排放"。

碳中和作为一种新型环保形式，目前已经被越来越多的大型活动和会议所采用。碳中和能够推动绿色的生活、生产，实现全社会绿色发展。

5. 几个认识差异

蒸压加气混凝土是硅酸盐混凝土，与水泥混凝土有着许多共同之处，但也存在巨大的差异，因此，在蒸压加气混凝土的认识上，不能照搬水泥混凝土的理论；同时，蒸压加气混凝土所具有的特性，也与水泥混凝土有着许多差异，在应用上不能套用水泥混凝土施工工法，所有这些，一部分已在全球蒸压加气混凝土行业达成了共识，一部分还需我们共同努力，以破解其中疑惑。

关于龄期。龄期是水泥混凝土的基本概念，水泥水化反应是一个缓慢的过程，C_3S水化后的抗压强度，假如以180d的抗压强度为参照，7d仅为50%，28d为80%，谈水泥混凝土的强度必须明确龄期。蒸压加气混凝土的强度取决于$CaO+SiO_2+H_2O$（加热）水热合成反应生成C-S-H凝胶、$C_4S_5H_5$或$C_5S_6H_6$（托勃莫来石）等，其水热合成反应基本上在蒸压养护过程中（1.2MPa饱和蒸汽恒压6h以上）完成。其特点可描述为合成时存在水化反应，使用阶段无水化反应；桂苗苗的试验表明，蒸压加气混凝土的抗压强度和干燥收缩会随着龄期的增长而变化，但这一变化是由含水率变化引起，龄期延长，蒸压加气混凝土中含水率降低，强度增长，干燥收缩值降低。如果做一个反向的试验，将蒸压加气混凝土在较低温度下先烘干，然后在95%的湿度环境下逐步吸湿并进行抗压强度试验，其抗压强度却随着时间延伸和含水率的提高而逐步降低，结果明确地说明，强度和干燥收缩与含水率有关，而与龄期无关。

关于抗压强度。蒸压加气混凝土质量是包括外观和尺寸偏差、抗压强度、干密度、干燥收缩、抗冻性和导热系数的指标体系，这些指标同等重要。因此，仅关注抗压强度指标并不科学。片面强调抗压强度，还有可能导致其他指标值下降，从而影响应用效果。蒸压加气混凝土的优势在于轻质保温，片面强调抗压强度不仅在生产成本上没有优势，还容易在干密度等方面失去控制，从而丢掉轻质保温的优势。

关于渗水。蒸压加气混凝土的一个特性就是吸水量大但吸水速度慢，试验表明，黏土砖在36h即完成水分迁移240mm，而蒸压加气混凝土14d仍未完成同样距离的水分迁移。依据实际建筑观察，大量的墙体渗水多因灰缝渗水引起，单纯说蒸压加气混凝土渗水尚无足够的依据。

关于构造连接。蒸压加气混凝土墙体侧面及顶面与柱、梁、墙、板以及建筑主体连接部位，应采用柔性连接，掌握"刚柔相济"的原则，这是国外成熟的应用技术。我们常采用的刚性连接方式，于构造并无有益帮助；窗台板应设有止水槽或止水条，以避免雨水沿窗台板渗入墙体。以构造方式解决渗水，是德国和日本应用成功的一大经验。

关于外观和尺寸偏差。尺寸精确是蒸压加气混凝土薄层砂浆干法施工技术推广应用的基本条件，也是自保温体系应用的基本条件，放弃外观尺寸的要求，势必将应用停留在普通混合厚层砂浆的湿法施工阶段，蒸压加气混凝土的优势难以发挥。

关于抗冻性。认为抗冻性是一个区域性指标，对于南方地区没有控制的必要，是一个典型的认识误区。抗冻性是综合反映多项性能的一个耐久性指标，而不是仅表明是否抗冻的独立指标，不应在生产和应用中忽视；同样，这一耐久性指标也不应过度提高控制要求，建筑物的抗冻能力由材料和构造共同形成。

关于碳化系数。碳化系数是水泥混凝土的重要指标，碳化是混凝土所受到的一种化学腐蚀。空气中 CO_2 气体渗透到混凝土内，与其碱性物质起化学反应后生成碳酸盐和水，使混凝土碱度降低的过程称为混凝土碳化。水泥在水化过程中生成大量的氢氧化钙，使混凝土空隙中充满了饱和氢氧化钙溶液，其碱性介质对钢筋具有良好的保护作用，使钢筋表面生成难溶的 Fe_3O_4，形成钝化膜（碱性氧化膜）。碳化后使混凝土的碱度降低，当碳化超过混凝土的保护层时，在水与空气存在的条件下，会使混凝土失去对钢筋的保护作用，从而容易使钢筋生锈。蒸压加气混凝土板的钢筋已有防锈涂料保护，因此，在蒸压加气混凝土中提出碳化系数并无意义。

关于带肋钢筋。带肋钢筋在水泥混凝土中能有效增大摩擦阻力。蒸压加气混凝土是一种多孔的硅酸盐混凝土，其基体孔壁很薄，强度也仅是水泥混凝土的十分之一。在有涂料的情况下，钢筋的肋已经基本体现不出来，即使尚有微小的肋痕，也不足以通过其增大基体对它的摩擦阻力。钢筋肋周围的发气状况、蒸压养护时和冷却后肋对周围蒸压加气混凝土基体的作用等，容易造成对基体的破坏；又因蒸压加气混凝土是通过钢筋涂料来保证结构受力传递，带肋钢筋并无明显的优势，因而在国内外并没有得到应用。

蒸压加气混凝土在我国的工业化生产历史中已有 50 多年，其产品门类已发展到非承重砌块、承重砌块、保温块、墙板与屋面板，被广泛用于工业与民用建筑，成为一种极富生命力的新型建筑材料。1996 年 12 月，在全国墙改工作会议上，邹家华副总理提出，大力发展节能、节土、利废的新型墙体材料，能达到节约能源、保护土地、有效利用资源、综合治理环境污染的目的。2003 年，胡锦涛总书记在中央人口资源环境工作座谈会上指出："要加快转变经济增长方式，将循环经济的发展理念贯穿到区域经济发展、城乡建设和产品生产中，使资源得到最有效的利用。最大限度地减少废弃物排放，逐步使生态步入良性循环。"能源作为实现国民经济持续发展的重要保证，建筑节能已成为影响能源安全、优化能源结构、提高能源利用效率的关键因素。2012 年 8 月 31 日，温家宝总理考察天津北辰区双青新家园保障房建设工地，以及 2014 年 9 月 11 日李克强总理考察天津市西于庄棚户区改造安置房工地时，均对蒸压加气混凝土抱有浓厚的兴趣并寄予极大的希望。2018 年 5 月 18 日，全国生态环境保护大会上，习近平总书记提出，要把经济社会发展同生态文明建设统筹起来，充分发挥党的领导和我国社会主义制度能够集中力量办大事的政治优势，充分利用改革开放 40 年来积累的坚实物质基础，加大力度推进生态文明建设、解决生态环境问题，坚决打好污染防治攻坚战，推动我国生态文明建设迈上新台阶。蒸压加气混凝土正是节能、节土、利废的符合可持续发展战略的建筑材料，其生产能耗是实心黏土砖的 $1/2 \sim 1/3$；干密度 $300 \sim 700 kg/m^3$，是实心黏土砖的 $1/3$，为此，建筑物基础造价可降低 15%，运输能耗降低 10%；导热系数是实心黏土砖的 $1/4 \sim 1/5$，20cm 蒸压加气混凝土的保温隔热效果相当于 49cm 实心黏土砖墙，可大大节省材料的用量，提高建筑物的有效使用面积；蒸压加气混凝土资源利用率高，节约生产和使用能耗，减少污染物排放。

早在 1992 年，国家建材局、建设部、农业部、土地管理局在《加快墙体材料革新和推广节能建筑意见》中提出的"八·五"期间新型墙体材料产量占墙体材料的 15% 的目标已经提前实现；《全国墙材革新"九·五"计划和 2010 年发展规划》提出的 2000 年新型墙材占墙体材料 20% 的目标已于 1996 年实现，至 2000 年，新型墙材占墙体材料总量已达 28%，比目标高了 8 个百分点，可见，在国家宏观墙改政策的调控下，我国新型墙体材料的发展取得了很大的成就，墙体改革和建筑节能不仅深入人心，在经济和技术上也都有了保证，各项目标均提前实现。以八部委局联合颁布的《关于推进住宅产业现代化，提高住宅质量的若干意见》、建设部等发布的《关于在住宅建设中淘汰落后产品的通知》等一系列具体的要求，都对新型建材的发展提供了空间。2000 年 10 月 1 日起施行的《民用建筑节能管理规定》，更使蒸压加气混凝土具有强劲的生命力。2005 年，国务院 33 号文下达了《关于进一步推进墙体材料革新和推广节能建筑的通知》，要求到 2006 年底，全国黏土砖产量减少 800 亿块，严格执行建筑节能设计标准；到 2010 年，所有城市禁止使用黏土砖，新型墙体材料占 55％，全国实心黏土砖产量控制在 4000 亿块以下，实际到 2011 年，新型墙体材料应用达到 65％。2013 年 1 月 1 日，国务院办公厅以国办发〔2013〕1 号转发国家发展改革委、住房城乡建设部制订的《绿色建筑行动方案》，提出城镇新建建筑严格落实强制性节能标准，"十二五"期间，完成新建绿色建筑 10 亿平方米；到 2015 年末，20％的城镇新建建筑达到绿色建筑标准要求；"十二五"期间，完成北方采暖地区既有居住建筑供热计量和节能改造 4 亿平方米以上，夏热冬冷地区既有居住建筑节能改造 5000 万平方米，公共建筑和公共机构办公建筑节能改造 1.2 亿平方米，实施农村危房改造节能示范 40 万套。到 2020 年末，基本完成北方采暖地区有改造价值的城镇居住建筑节能改造。2015 年 11 月 14 日住房城乡建设部出台《建筑产业现代化发展纲要》，计划到 2020 年装配式建筑占新建建筑的比例达到 20％以上，直辖市、计划单列市及省会城市 30％以上，保障性安居工程采取装配式建造的比例达到 40％以上；到 2025 年装配式建筑占新建建筑的比例达到 50％以上，保障性安居工程采取装配式建造的比例达到 60％以上。这为我们提出了具体目标，蒸压加气混凝土在我国必将得到进一步的发展。

德国蒸压加气混凝土产量与市场份额见表 0-8。

表 0-8 德国蒸压加气混凝土产量与市场份额

年份	1960	1965	1970	1975	1980	1985	1990	1995	2007	2008
产量（百万 m³）	0.35	0.60	1.50	1.70	3.20	2.20	2.80	4.70	3.46	2.49
市场份额（％）	1.0	1.6	4.2	6.5	10.7	11.2	12.2	14.6	—	—

注：市场份额为蒸压加气混凝土占墙体材料的比例。

我国蒸压加气混凝土产量与市场份额见表 0-9。

表 0-9 我国蒸压加气混凝土产量与市场份额

年份	1981	1985	1990	1995	2000	2002	2007	2009	2014	2019
产量（百万 m³）	0.2	1.4	1.75	3.5	5.0	6.5	22.0	31.0	110.0	160.0
市场份额（％）	—	—	0.17	0.32	0.45	0.60	1.94	2.5	9.0	10.0

思 考 题

1 什么是蒸压加气混凝土？
2 蒸压加气混凝土有哪些特性？
3 蒸压加气混凝土可以利用哪些工业废弃物？

1 蒸压加气混凝土的结构及强度形成原理

蒸压加气混凝土是一种多孔硅酸盐混凝土，它的各种物理力学性能取决于蒸压养护后的自身结构，包括孔结构及孔壁的组成。

与一般硅酸盐混凝土一样，蒸压加气混凝土的孔壁组成，是由钙质材料与硅质材料在水热处理过程中所生成的一系列水化产物的种类和数量决定的，也是使蒸压加气混凝土具有一定的物理力学性能的成因。

蒸压加气混凝土的孔结构，不仅有如同一般硅酸盐混凝土那样的微孔结构，还有铝粉所形成的气孔，这对蒸压加气混凝土的物理力学性能有着极大的影响。

1.1 蒸压加气混凝土的结构

蒸压加气混凝土是一种具有多孔结构的由多种材料及其反应产物组成的非匀质材料。从宏观角度看，它由气孔和孔壁材料构成。因此，气孔结构和孔壁材料的成分、性质将决定蒸压加气混凝土的物理力学性能，获取良好气孔结构并为气孔壁的最终形成创造条件是配料浇注的基本目的。

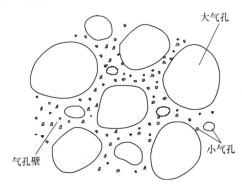

图 1-1 蒸压加气混凝土的孔壁结构

蒸压加气混凝土由气孔与孔间壁组成。对于干密度为 $500kg/m^3$ 的蒸压加气混凝土而言，其气孔含量约为整个体积的 50%，其余 50% 即为孔间壁，见图 1-1。

孔间壁是蒸压加气混凝土的基本材料在水的作用下，经过蒸压养护后形成的人造石。它的组成为水化产物、未水化的材料颗粒和混合水形成的孔隙。

显然，蒸压加气混凝土的强度及物理力学性能取决于孔间壁的构造和强度，气孔形状、孔径、气孔含量以及分布的均匀性。

1.1.1 蒸压加气混凝土孔间壁结构

蒸压加气混凝土在宏观上是由气孔和孔壁材料组成的。在显微镜下，可以看到在孔壁材料中包括有大小不等的硅质材料微粒参与反应后剩下的内核和水泥粒子尚未水化完毕的部分，在这些固体物料颗粒之间形成大量的水化硅酸盐产物和形状各异、大小不等的微孔或缝隙。从而形成一个由硅质材料内核颗粒为骨架，以水化硅酸盐胶体和结晶连生体为连系和支撑的包括有各种微小孔隙等缺陷的不均质的固-液-气多相堆聚结构。

1. 水化产物

蒸压加气混凝土的水化产物和一般硅酸盐混凝土相似。粉煤灰蒸压加气混凝土的水化产物主要是 CSH（Ⅰ）、托勃莫来石和水石榴子石；而砂蒸压加气混凝土的水化产物主要是 CSH（Ⅰ）、托勃莫来石和硬硅钙石。

2. 未反应的材料颗粒

对于硅酸盐混凝土而言，不能说水热合成反应越完全，水化产物越多，混凝土的强度就越高。以一定数量的未反应颗粒构成骨架，水化产物作为胶结料，包裹在未反应颗粒表面并填充其空隙构成混凝土整体，其强度及其他物理力学性能最好。对于干密度大于 $600kg/m^3$ 的制品仍然符合这一规律。但当干密度低于 $500kg/m^3$ 时，水化产物越多，其强度等物理力学性能越好。

3. 孔间壁内的孔隙

孔间壁内的孔隙结构主要与配料的水料比和水化反应程度有关。一般来说，按孔隙的大小可以概略地分为水化产物内的胶凝孔、毛细孔以及介于两者之间的过渡孔，水化产物内的孔径尺寸较小，其孔径一般小于 5nm。毛细孔是原材料-水系中没有被水化产物填充的原来充水空间，这类孔隙的尺寸比较大，其孔径一般大于 $0.2\mu m$。在上述两类孔隙之间的，我们称之为过渡孔。

孔径的大小与孔隙率对混凝土强度的影响较大，但蒸压加气混凝土本身是一种多孔结构，相对来说，孔间壁内的孔隙对强度的影响不如气孔结构对强度的影响大。

蒸压加气混凝土孔壁的组成材料

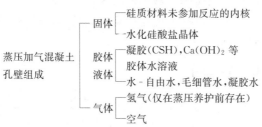

在气孔壁的多相结构中，各种材料和物质成分之间，不仅是物料颗粒间的接触、机械啮合或吸附，而且有物料之间在高温湿热条件下产生化学反应形成的更为坚硬的结合。这是气孔壁能够承受外力作用的最主要原因。

许多学者对水化矿物单体的强度性质进行了研究。一般认为，低碱性水化硅酸钙的强度，比高碱性水化硅酸钙的强度高。例如，用人工合成的（蒸压养护）托勃莫来石、硬硅钙石、斜方硅钙石、CSH 单晶的抗拉强度达 1300～2000MPa，高碱性水化硅酸钙（如 C_6S_3H、C_3S_2H、C_2SH、C_3SH_2）单晶的抗拉强度为 770～830MPa。人工合成高硫型硫铝酸钙单晶的抗拉强度为 62MPa。据分析，低碱性水化物的高强度性质是由于它们的共价键多、离子键少，而高碱性水化物则相反，它们含有的共价键少，而离子键多。Ю·М·布特等人认为，低碱性水化硅酸钙的晶体尺度极小，比表面积很大，由这样的晶体所生成的结晶连生体具有很多接触点，质点间连接牢固，结合力强，因而强度高；而由高碱性水化硅酸盐粗大晶体所组成的结晶连生体，其接触点大大减少，所以其连生体强度低，特别是 C_2SH（A）的粗大晶体簇几乎彼此不相连接（表1-1）。从制品强度出发，从结晶连生体的微观角度看，人们期望在制品的矿物组成中，多一些低碱性水化硅酸钙，少一些高碱性水化硅酸钙。并能够形成由两种或几种水化硅酸钙和其他水化矿物共同组成的多矿物胶凝物质，从而获得更加致密的微晶结构，使制品的强度和耐久性都达到更好的水平。

表1-1 水化矿物晶体的尺度及比表面积

名称	形状	尺度（μm）		比表面积（m^2/g）
		长（×宽）	厚	
CSH（Ⅰ）	纤维	<1	0.0084~0.011	80~100
托勃莫来石	薄片	<2	0.013	60
硬硅钙石	纤维	5~10	0.1	18
C_2SH（A）	棱柱、薄片	100×40	0.27	2.6
C_2SH（B）	纤维、针状	<30	0.25	6.8
C_2SH（C）	粒状	ϕ_1		2.6
C_2SH_2	纤维、针状	10~30	0.01~0.03	74.5
三硫型硫铝酸钙	柱状、针状	数微米		42

蒸压加气混凝土气孔壁组成中，固、液、气各相的相对数量以及结晶矿物的种类和性质与其他蒸压养护硅酸盐制品一样，在水热处理完毕后就基本固定，以后随龄期的增长变化不多。而水泥混凝土随着龄期的增长，水泥颗粒还将不断水化，固相不断增加，液相和气相逐渐减少，制品强度还会有所提高。这是蒸压加气混凝土在性能方面与水泥混凝土的重要差别之一。

1.1.2 蒸压加气混凝土孔结构

自20世纪70年代以来，许多机构便开始对蒸压加气混凝土的气孔结构进行研究。如原上海建筑科学研究所、原国家建材科学研究院、原北京建材科研所及原北京加气混凝土厂等单位都从不同的角度、不同的深度获得了有价值的成果，使我们加深了对蒸压加气混凝土的认识。

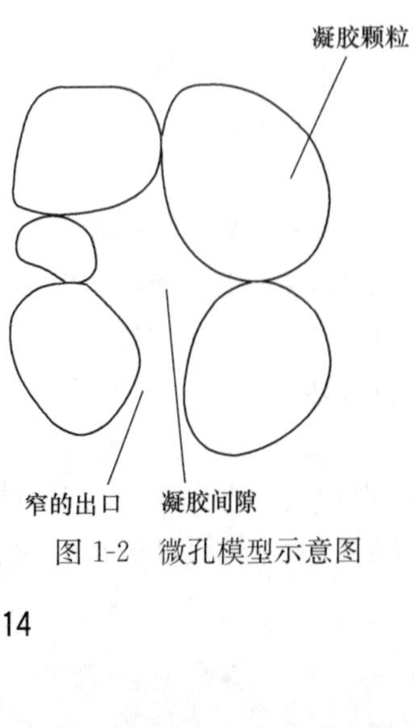

图1-2 微孔模型示意图

通过试验观察可以发现，蒸压加气混凝土内部由孔壁材料包围形成的孔隙可以分为大孔和微孔两类。大孔肉眼可见，又叫宏观孔，是由气泡形成的，因此通常称为气孔。气孔由铝粉在料浆中发气形成，并在硬化过程中固定在坯体中，其大小从2mm左右到0.8mm以下不等。微孔也叫微观孔，存在于气孔壁中，要通过显微镜放大才能清楚地观察到。它包括毛细孔、凝胶孔和晶间孔（图 1-2）。在电子显微镜或扫描电子显微镜下，还可看到凝胶粒子间存在的微晶间内孔，即所谓超微孔。毛细孔一般半径在 $100\mu m\sim5nm$，是由于毛细管水的蒸发而形成。而凝胶孔和晶间孔是在胶体和晶体粒子之间，由于粒子的不连续性，以更小的尺寸存在，一般大小在 $1\sim5nm$。超微孔就更小，通常在胶体粒子尺度以下，是由于凝胶粒子内部结构的不均匀而存在的。在这些孔隙中存在的水，除毛细管以上孔隙中的水是可蒸发水（因而又叫凝聚水）以外，其他微孔中的水多以某种形式在一定程度上参与了孔壁结构的形成，或者成为其结构的一部分，如吸附水（或叫凝胶水）和层间水，它们是非蒸发水，失去这些水，材料内部结构将要失去平衡而受到破坏。

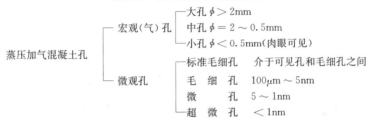

蒸压加气混凝土内部孔隙分类

蒸压加气混凝土内部孔隙的数量和构成，对其性能有重要的影响。一般 B05 级制品的孔隙率在 $77\%\sim80\%$，B07 级制品的孔隙率在 $68\%\sim71\%$。由于这些孔隙的存在，改变了制品的密实度，将导致强度降低，而又使保温性和抗冻性提高。根据原北京建材研究所和原北京加气混凝土厂的资料，当蒸压加气混凝土中气孔孔径较小，而且分布比较均匀的情况下，一般具有较好的抵抗外力荷载的能力，即表现为制品抗压强度较高。相反，气孔孔径较大（如大于 2mm），而且分布不均匀，则在外力荷载作用下，容易引起应力集中，导致制品中某些孔壁结构提前破坏，制品强度降低。气孔孔径分布与抗压强度测定结果参见表 1-2。

表 1-2 气孔孔径分布与抗压强度测定结果

孔径（mm）分布（%）					孔隙率（%）	抗压强度（MPa）
≤0.5	0.5~1.0	1.0~1.5	1.5~2.0	>2.0		
16.2	47.1	32.8	3.3	0.6	75.2	4.1
19.9	49.0	25.6	5.5	无	75.4	3.8
6.7	13.6	31.6	27.2	20.8	76.6	2.5
14.1	36.0	33.7	8.4	7.8	77.4	2.4

根据原中国建材科学研究院的研究，蒸压加气混凝土内气孔和毛细孔对强度的影响还可以用下面的关系式来表达：

$$\sigma = \sigma_0 \left(\frac{d_1}{d}\right)^{n'} \left(\frac{d_k}{d_1}\right)^{n} \tag{1-1}$$

式中　　σ——试件的抗压强度（MPa）；

　　　　σ_0——无孔试件的理论计算强度（MPa）〔对水泥-矿渣-砂、水泥-石灰-砂、水泥-石灰-粉煤灰三种蒸压加气混凝土试块分别为 260MPa、210MPa、160MPa〕；

　　　　d_1——蒸压加气混凝土试件的干密度（kg/m³）；

　　　　d_k——试件的干密度（kg/m³）；

　　　　d——试件的相对密度（无量纲）；

　　　　n'——毛细孔的强度指数，对以上三种蒸压加气混凝土试件分别为 2.6、2.4、1.9；

　　　　n——气孔强度指数，对以上三种蒸压加气混凝土试件分别为 3.6、3.0、3.2。

公式（1-1）可改写为：

$$\sigma = \sigma_0 \frac{d_k^n}{d^{n'}} \cdot \frac{1}{d_1^{n-n'}} \tag{1-2}$$

由公式（1-2）可以看出，蒸压加气混凝土的孔隙率对强度的影响尽管在具体程度上有所不同，但总的规律是一致的。即试件的强度与干密度成正比；在干密度相同，原材料、配合比和工艺不变的情况下，$\sigma_0 \frac{d_k^n}{d^{n'}}$ 为一常数。因此，d_1 越小，即毛细孔的相对含量越多，宏观大气孔越少，蒸压加气混凝土的强度越高。

但在要求的干密度下，孔隙率是一定的，孔的结构成为影响蒸压加气混凝土性能的重要因素，适合的圆孔孔径分布和相应的基体（支撑气孔周围的混凝土）壁厚（二圆孔边缘之间的最小距离）及基体性能决定了蒸压加气混凝土性能。因此，陆洁团队采用等轴晶系六面体紧密堆积作为蒸压加气混凝土发气气孔几何结构理想模型进行了数学分析计算，在生产高干密度制品时，为降低生产成本和生产难度，宜采用二孔结构；而生产较低干密度产品时，则应采用三孔结构或四孔结构。

蒸压加气混凝土的多孔性提高了制品的抗冻性。因为当制品表面温度降至冰点以下时，靠近表面气泡中的一部分自由水冻结成冰，其余部分的水仍处于液体状态，液态水受外层冰冻水因结冰而膨胀时产生的压力作用，向内挤压到制品内层的气孔中，缓解了水对混凝土的破坏。因此，当冻结继续向内层发展时，水分将继续向制品深层转移，从而使混凝土所受的压力不断得到松弛和缓解。如果混凝土中可冻水量和混凝土中气泡的数量达到适当的平衡，水在冻结时所产生的巨大压力就会基本消失，混凝土就能够经受多次冻融或深度冻结而免于破坏。

蒸压加气混凝土的多孔性使制品内部具有巨大的内表面。根据表面现象理论，具有大量内表面的多孔材料将表现出很强的吸附现象。试验研究证明，多孔材料对水的吸附，在任何相对湿度下都有一个平衡含水率，而且是孔径分布和相对湿度的函数。当环境湿度改变时，构成平衡含水率的吸附水和凝聚水亦将变化，因而引起材料本身的湿胀或干缩。这种干缩的动力主要来自以下三个方面：

（1）由于毛细管中水分丧失变得不饱满而引起的毛细管孔张力。

（2）由于孔壁吸附水层失水变薄，使材料孔壁表面的表面能增加而引起的表面张力。

（3）由于胶孔水（或层间水）的丧失而引起凝胶粒子紧缩形成的内聚力。

随着环境相对湿度的变化，上述三种引起干缩的失水过程是由（1）到（2），最后到（3）的进程，并且是逐步进行的。由于各种蒸压加气混凝土的气孔结构不同，因此在同一相对湿度范围内失水的总量也不同，由此造成的干缩值也不一样。

蒸压加气混凝土的气孔率主要取决于铝粉的加入量，从而也就决定了蒸压加气混凝土的干密度。蒸压加气混凝土的强度同样服从于孔隙率理论，气孔率越大，干密度越小，强度也就越低。苏宇峰博士在伊通的生产和研究中提出了抗压强度与干密度的关系式：

$$Q = P/(\rho^2 \times 16 \times 10^{-9}) \tag{1-3}$$

式中　Q——强度特征值（无量纲）；

　　　P——测试得到的抗压强度值（MPa）；

　　　ρ——测试得到的干密度值（kg/m^3）；

16×10^{-9}——系数。

如果保持气孔率不变（干密度也相应不变），改变气孔的大小，也可以改变蒸压加气混凝土的强度。在工艺条件许可时，尽量减小气孔的尺寸，将可以提高蒸压加气混凝土的强度。如果将气孔与孔间壁中的毛细孔、胶凝孔一起计算孔隙率，蒸压加气混凝土的总孔隙率可达70%（当干密度为500kg/m³时）。有的研究者认为，如果保持孔隙率不变，减少气孔含量，增大毛细孔含量，同样可以提高蒸压加气混凝土的强度。

气孔的形状因生产工艺条件不同而分为封闭的圆孔（更多的是椭圆孔）、没有完全封闭的孔和完全贯通的孔三类，其中，第一类孔对强度等物理力学性能的不利影响最小，而第三类影响最大。

1.2　硅酸盐混凝土水化产物及物理力学性能

蒸压加气混凝土的结构由气孔和孔间壁组成，而孔间壁又是由水化产物、未水化的材料颗粒及孔隙组成。因此，讨论蒸压加气混凝土的强度及其他物理力学性能，就必须认识水化产物。如做深入的探讨必须具备专业知识，这对于工厂生产来说尚无必要。因此，我们在此只做一般性的讨论。

1.2.1　水热处理过程中的水化产物与物理力学性能

硅酸盐混凝土在蒸压釜中所进行的一系列物理化学反应（即水热合成反应）使硅酸盐混凝土中各组成材料之间在较高温度下进行反应，产生一系列水化产物，如水化硅酸钙、水化铝酸钙、水化铝硅酸钙和水化硫铝酸钙等。这些产物将混凝土中各固体颗粒胶结在一起，形成牢固的整体结构，赋予混凝土全新的物理化学性质。人们把这一在水热条件下合成新的水化产物的过程称为水热合成反应。

硅酸盐混凝土的水热合成反应，本质上是石灰的水化产物 $Ca(OH)_2$ 或水泥中的硅酸三钙、硅酸二钙水化时析出的 C-S-H 凝胶和 $Ca(OH)_2$ 与硅质材料中的 SiO_2、Al_2O_3 以及水之间的化合反应。当原料中有石膏时（主要成分为 $CaSO_4$），石膏中的 $CaSO_4$ 也参与反应。因此，我们先来认识 CaO、SiO_2、Al_2O_3、$CaSO_4$ 与水反应的情况及产物。

1. CaO-SiO_2-H_2O 系统

用蒸压合成方法制得的水化硅酸钙矿物至少有 17 种，硅酸盐混凝土中常见的矿物有以下几种，见表 1-3。

表 1-3　几种主要的水化硅酸钙组成及命名

矿物组成	鲍格命名	泰勒命名	矿物组成	鲍格命名	泰勒命名
$C_2SH_{0.9\sim1.25}$	$C_2SH(A)$	α-C_2SH	$C_2SH_{2\sim4}$	C_2SH_2	$C_2SH(II)$，$CSH(II)$
$C_2SH_{1.1\sim1.5}$	$C_2SH(B)$	β-C_2SH	$CSH_{1.1}$	$CSH(A)$	燧石 CSH
$C_2SH_{0.3\sim1.0}$	$C_2SH(C)$	γ-C_2SH	$C_{0.8\sim1.5}SH_{1.0\sim2.5}$	$CSH(B)$	$CSH(I)$

注：C——CaO；S——SiO_2；H——H_2O，下文中 A——Al_2O_3。

从表 1-3 可以看出，水化产物主要可以分为双碱（2 个 C）型和单碱（1 个 C）型水化产物。

（1）$CSH(I)$

$CSH(I)$ 是硅酸盐混凝土中最主要的水化物之一，是一种结晶度较低的单碱水化硅酸钙，可在 $125\sim175$℃的蒸压养护条件下，由石灰与石英砂或石灰与硅胶在短时间内合成。石灰与硅胶在常温下用较长时间也能合成 $CSH(I)$。

$CSH(I)$ 晶体呈纤维状，结构为层状，与膨胀黏土矿物相似。$CSH(I)$ 的晶格层间能析出或吸附一定量的水分，同时其层间距离也将相应变化。

$CSH(I)$ 单矿物有较高的抗压强度；当周围介质相对湿度降低时引起的干燥脱水使其产生较大的收缩；在 CO_2 作用下，分解生成高度分散的方解石，强度有较大降低。

（2）托勃莫来石

托勃莫来石（图 1-3）是硅酸盐混凝土中最主要的水化生成物，是一种结晶完好的单碱水化硅酸钙。

自然界存在着天然的托勃莫来石，其化学组成为 $C_4S_5H_5$（或写成

图 1-3　托勃莫来石晶体

$C_5S_6H_6$)。托勃莫来石可以由石灰与石英（或硅胶）在130~200℃下合成，但所需时间比合成CSH（Ⅰ）长一倍左右。在蒸压养护时间较长的情况下，半结晶的CSH（Ⅰ）可以逐渐转变成结晶良好的托勃莫来石。托勃莫来石的结晶呈薄片状，其结构和蒙脱石相似，在层状结构之间含有水分，按其层间水的变化而形成多种不同晶格常数和晶面间距的结晶类型，其中主要的三种是：

第一种是$14×10^{-10}$m托勃莫来石，化学组成为$C_5S_6H_9$；

第二种是$11.3×10^{-10}$m托勃莫来石，化学组成为$C_5S_6H_5$，因与天然托勃莫来石相似，又称为本体托勃莫来石；

第三种是$9×10^{-10}$m托勃莫来石，化学组成为$C_5S_6H_{0~2}$。

以上三种托勃莫来石的层间水一种比一种少，晶面间距一种比一种小，晶格常数中的H_2O也一个比一个小。通常，第一种在100℃左右脱水转变为第二种，在300℃时再转变为第三种。

托勃莫来石的强度比CSH（Ⅰ）低，但是，在细小晶体的CSH（Ⅰ）中穿插一些托勃莫来石，其强度比单一CSH（Ⅰ）试件高出约一倍；在CO_2作用下，也被分解成方解石，但碳化后强度降低较少；托勃莫来石的干燥收缩值比CSH（Ⅰ）要小得多。

由此可知，要获得强度高且性能好的蒸压加气混凝土，必须进行蒸压养护，使其生成一定数量的托勃莫来石。虽然随着蒸压养护时间的延长，CSH（Ⅰ）大量转变为结晶粗大的托勃莫来石时，制品强度会有所下降，但其他性能因结晶稳定的托勃莫来石而得到较大改善，特别对于低密度制品，这一点尤其重要。

图1-4是德国伊通对不同规格制品的水化产物生成量要求，由图1-4可知，干密度越低，要求反应越完全，托勃莫来石生成量越多。

（3）C_2SH_2

C_2SH_2是碱度较高的水化硅酸钙，石灰与硅胶按要求的C/S摩尔比值在常温下长时间作用可以生成纯的C_2SH_2。在蒸压养护条件下一般仅存在于开始阶段，以后就分解成CSH（Ⅰ）和$Ca(OH)_2$。C_2SH_2和CSH（Ⅰ）一样是纤维状结构。

（4）硬硅钙石

硬硅钙石是纯纤维状结构的致密矿物，化学式为C_5S_5H，是含水率极低的单碱水化硅酸钙，在200℃左右的条件下由石灰和石英生成，温度提高，形成加速，

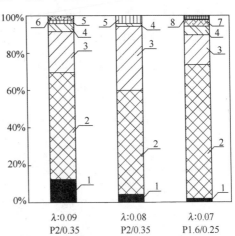

图1-4 不同导热系数下托勃莫来石量
1—石英；2—托勃莫来石；3—C-S-H；
4—硬石膏；5—方解石；6—长石；
7—石膏；8—加藤石

但当含有铝杂质时，会阻碍硬硅钙石的生成，这是由于含铝时首先形成铝代托勃莫来石。硬硅钙石的抗压强度略低于CSH（Ⅰ）及托勃莫来石，但抗折强度很高，抗折强

度为抗压强度的 60％，干燥收缩很小。

（5）双碱水化硅酸钙 $C_2SH(A)$、$C_2SH(B)$、$C_2SH(C)$

往往存在于蒸压养护开始阶段的双碱水化硅酸钙，当蒸压养护时间延长，转变为低碱水化物。但当石灰量较多或水泥较多时，可能稳定存在双碱水化物。

双碱水化硅酸钙的强度普遍低于单碱水化物，但其结晶较好，碳化系数（碳化后强度比碳化前强度）高，收缩值小。

2. $CaO-Al_2O_3-H_2O$ 系统

常温下，$CaO-Al_2O_3-H_2O$ 系统中的矿物很多，但在高温水热处理下，都将转化为 C_3AH_6，这是唯一能稳定存在的化合物。C_3AH_6 是立方晶体，强度低，但抗碳化性能好，经碳化后强度不但不降低，反而有所提高。

3. $CaO-Al_2O_3-SiO_2-H_2O$ 系统

在蒸压养护条件下，$CaO-Al_2O_3-SiO_2-H_2O$ 系统可产生两种结晶相。

（1）铝代托勃莫来石

当液相中 Al_2O_3 浓度较低时，最容易产生铝代托勃莫来石，是一部分 Al_2O_3 代替了托勃莫来石中 SiO_2 而生成，一般不会引起结构的重大变化。铝代托勃莫来石的收缩值比托勃莫来石的收缩值低得多，而且随着 Al_2O_3 含量的增加而进一步降低。

（2）水石榴子石

当液相中 Al_2O_3 浓度较高时，产生水石榴子石。水石榴子石通式为 $C_3AS_nH_{6-2n}$，是随着蒸压养护温度的变化及原材料的变化而变化，通常其结构在 C_3AH_6 到 C_3AS_3 之间，显然变化是因 SiO_2 代替 H_2O 而成。水石榴子石的具体组成与水热处理的温度有关，温度越高，组成中 SiO_2 也越多（图 1-5）。

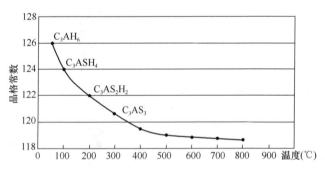

图 1-5 水石榴子石组成与温度的关系

原料对形成水石榴子石的组成也有较大影响，在相同温度条件下，无定形的 SiO_2、Al_2O_3 能增加它们在液相中的浓度，特别是 SiO_2 的浓度，因而增加了水石榴子石组成中 SiO_2 的含量。

水石榴子石有很强的结晶能力，其强度（抗折）并不高，但比双碱型水化产物高，其干湿循环及碳化强度均较高，强度也在单碱水化物和双碱水化物之间。

4. $CaO-Al_2O_3-CaSO_4-H_2O$ 系统

$CaO-Al_2O_3-CaSO_4-H_2O$ 系统对以工业固体废弃物为原料的蒸压加气混凝土有重要意义，在这一类制品中，常常采用石膏作为激发剂和调节剂。

（1）三硫型水化硫铝酸钙，晶体呈六角形柱状或针状结晶，当其形成时，固相体积增加 1.27 倍。

（2）单硫型水化硫铝酸钙，晶体呈六角形片状，当其形成时，固相体积不增大。

三硫型水化硫铝酸钙在 125～175℃ 转变为单硫型，而单硫型在 50～200℃ 范围内是稳定的。

几种水化产物的性能见表 1-4 和表 1-5。

表 1-4　人工合成的水化硅酸钙单矿物的性能

水化产物	合成条件		未碳化的试件				45 昼夜碳化的试件			
			立方试样		棱柱试样		立方试样		棱柱试样	
	温度（℃）	时间（h）	干密度（kg/m³）	抗压强度（MPa）	干密度（kg/m³）	抗折强度（MPa）	干密度（kg/m³）	抗压强度（MPa）	干密度（kg/m³）	抗折强度（MPa）
CSH（Ⅰ）	175	24	1.32	32.5	1.19	3.2	1.58	0.245	1.34	0.85
托勃莫来石	200	120	1.33	16.5	1.06	3.0	1.71	0.23	1.31	0.20
硬硅钙石	250	168	1.15	12.5	1.00	7.5	1.5	0.165	1.27	0.60
$C_2SH(A)$	200	96	1.13	1.9	0.87	0.15	1.36	0.07	0.97	0.18
$C_2SH(C)$	250	240	1.11	1.8	0.98	0.25	1.38	0.155	1.33	0.40

表 1-5　几种水化产物的抗折强度及其他性能

水化产物	抗折强度（MPa）			抗冻性（次）	碳化收缩（%）
	合成后	碳化后	干湿循环后		
托勃莫来石	3.5	3.0	2.3	18	2.6
CSH（Ⅰ）	4.0	3.3	2.6	12	4.0
硬硅钙石	8.3	7.6	6.0	23	0.96
$C_2SH(A)$	0.5	5.0	1.6	105	0.54
$C_2SH(C)$	0.8	2.8	1.4	75	0.37
C_3AH_6	2.4	3.2	2.6	—	0.22
C_3ASH_4	1.9	2.7	2.3	—	0.14

1.2.2　水化产物的综合强度

硅酸盐混凝土中，其胶凝物质不可能是某一种纯粹的水化产物，而总是由多种水化产物的混合相或连续相组成。因此，有必要对几种水化产物的综合强度进行讨论。

杨波尔研究了数种水化产物以不同比例组成的凝胶物质胶结的试件强度，其中以托勃莫来石＋CSH（Ⅰ）胶结的试件强度最高（设其相对强度为 100%）；CSH（Ⅰ）或 CSH（Ⅰ）＋CSH（Ⅱ）次之（相对强度 56%～62%）；水化钙铝黄长石（含70%～80%）＋CSH（Ⅰ）再次之（相对强度 20%～30%）；水石榴子石（含 70%～

80％）＋CSH（Ⅰ）（含 20％～30％）更次之（相对强度 13％～20％）；C₃AH₆＋水石榴子石最低（相对强度 3％～4％）。

以上只是从强度的角度研究了几种水化产物组合在一起的性能，而硅酸盐混凝土的其他物理力学性能并不与强度性能一致。因此，需要综合考虑获得某种理想组成的胶凝物质。

1.3　硅酸盐混凝土的强度形成

生产硅酸盐混凝土的原材料要求能提供 CaO 和 SiO₂。提供 CaO 的材料有石灰、水泥和粒状高炉矿渣，水泥和矿渣同时也提供了部分 SiO₂；提供 SiO₂ 的材料有石英砂、粉煤灰及其他工业废渣。不论用什么原材料生产硅酸盐混凝土，其实质都是 CaO 与 SiO₂ 在水热条件下合成水化硅酸钙，以此作为硅酸盐混凝土的胶凝物质，与尚未反应的材料颗粒结合在一起，构成混凝土的整体强度。当掺有石膏时，还有 CaSO₄ 及粉煤灰、水泥中含有的 Al₂O₃ 等参与反应。因此，水化产物还包括水化铝酸钙、水化硫铝酸钙等。

1.3.1　原材料的溶解度

水化反应一般要经过原材料在液相中的溶解、过饱和析晶、晶体长大形成结晶结构等过程。原材料的溶解，即石灰水化后的 Ca(OH)₂ 和砂、粉煤灰中 SiO₂ 溶解到液相中，然后结合为各种组成的水化硅酸钙。因此，原材料在各种条件下的溶解度直接影响到水化产物的生成及组成。

各种物质的溶解度均与温度相关。Ca(OH)₂ 的溶解度随温度的升高而下降，如在 25℃时，溶解度为 1.13～1.3g/L，99℃时为 0.52～0.60g/L，174.5℃时为 0.1～0.15g/L（图 1-6）。相反，砂及无定形硅胶的溶解度随温度的升高而增加。当温度为 25℃时，砂的无定形 SiO₂ 溶解度在 0.04～0.1g/L，在 99℃时为 0.2～0.3g/L，溶解度极小，但当温度超过 150℃以后，溶解度迅速增加，在 174.5℃时，达到 0.6～0.7g/L。无定形硅胶的溶解度稍大，在 25℃时就达 0.1～0.14g/L，100℃时达 0.36～0.42g/L，174.5℃时为 0.7～0.8g/L（图 1-7）。

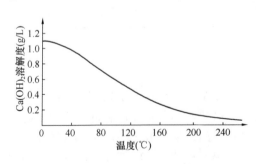
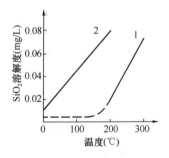

图 1-6　Ca(OH)₂ 溶解度曲线　　图 1-7　SiO₂ 溶解度曲线

1—石英；2—无定形硅胶

由此可见，在室温条件下及至100℃的蒸养条件下，由于砂的溶解度很小，石灰与砂很难反应。因此，室温养护及蒸养的灰砂制品强度很低，只有将温度提高到150℃以上（如0.8MPa，170.5℃；1.0MPa，180℃和1.2MPa，188℃），石灰与砂的反应激烈进行。因此，蒸压灰砂制品具有较高的强度。粉煤灰中硅铝玻璃体内的SiO_2一般称之为活性硅，可以把这种SiO_2看成无定形硅胶，由于它在100℃时就具有较大的溶解度，因此，蒸养粉煤灰硅酸盐制品可获得一定强度，但在这种温度下生成的水化产物主要是CSH（Ⅰ），制品的收缩性能等较差，在174.5℃，开始大量生成托勃莫来石时，制品性能才得以提高。

1.3.2 蒸压过程中石灰与砂反应的历程及主要水化产物

水泥-石灰-砂蒸压加气混凝土的强度主要来源于石灰与砂的水热合成反应生成物。如前所述，石灰与砂的反应在蒸压条件下进行。在蒸压初期，SiO_2溶解速度很慢，溶解物还未来得及迁移到砂粒之间的空间就被结合成$C_2SH(A)$，并形成砂粒的镶边。随着液相中SiO_2增多和$Ca(OH)_2$溶解度的降低，溶解的SiO_2的迁移距离增加，在离砂粒表面较近的地方形成单碱水化物CSH（Ⅰ），而在稍远的地方生成C_2SH（A），在更远的地方仍然存在尚未结合的游离CaO。

当蒸压继续进行，靠近砂粒处生成CSH（Ⅰ）和C-S-H凝胶。而原来的CSH（Ⅰ）部分再结晶为托勃莫来石，托勃莫来石并不首先出现在砂粒表面上（参见图1-8）。

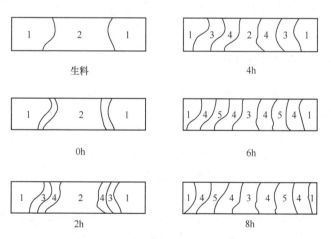

图1-8 石灰与砂的反应历程示意图

1—石英砂粒；2—石灰；3—CSH(A)；4—CSH(Ⅰ)；5—托勃莫来石；
图下数字为175℃下延续时间，小时（h）

随着蒸压处理时间的延长，砂粒表面的包镶层逐渐增厚，并且越来越密实，水分向砂粒表面渗透受到阻碍，而砂粒溶解后的产物向外迁移也越来越困难，最后甚至被迫停止，使得水化产物的析出必然越来越少，因而强度增长率也就逐渐衰减。

石灰-砂硅酸盐制品的水化产物主要是：托勃莫来石（伴有少量铝代托勃莫来

石）、CSH（Ⅰ）、硬钙硅石和水石榴子石等。

1.3.3 灰砂硅酸盐混凝土的强度

以石灰和砂为主要原料的硅酸盐混凝土制品是靠 CaO 与 SiO_2 生成的水化产物将未参加反应的砂粒胶结在一起而获得强度。在砂子质量较好、配合比合适时，获得高强度的关键在于控制适当的水化产物的数量、水化产物的碱度和结晶度。

当水化产物数量较少、水化层厚度较薄时，水化产物不能充分地把砂粒黏结在一起形成坚硬的整体。水化层如果太厚，则可能因缺少坚强的骨架，强度反而下降，同时使制品产生较大的干缩。

水化产物的碱度决定了水化产物的晶型。碱度太高，制品强度必然降低，而碱度不足则对生成水化物不利。

水化产物的结晶度决定了水化产物的胶凝性能和强度。结晶度较低者，晶粒细小而量多，具有较好的胶凝性；结晶度良好的，晶粒粗大而量少。比较理想的情况是在大量细小结晶水化产物中穿插着适当数量的粗大晶体、连生体，结晶度较低的 CSH（Ⅰ）中掺入一些结晶好的托勃莫来石，能够显著提高制品的强度。而过多的托勃莫来石甚至单一结晶良好的托勃莫来石连生体反而使强度较低，若水化产物为结晶硬硅钙石则强度将更低。

以上理论主要基于密实的硅酸盐混凝土，对于蒸压加气混凝土，由于气孔占据了大量的体积，而作为强度基础的孔间壁占有体积较少，因此，要求孔间壁以充分反应并生成水化产物为主，而且制品的干密度越低，孔间壁占有的体积越小，要求生成的水化产物越多。

1.3.4 粉煤灰制品的水化产物

水泥-石灰-粉煤灰蒸压加气混凝土和水泥-石灰-砂蒸压加气混凝土一样，其强度的基本来源也是水化产物。

粉煤灰的主要组成是硅、铝玻璃体，其数量一般达 70% 左右，主要成分为 SiO_2 和 Al_2O_3，是粉煤灰活性的主要来源（粉煤灰的活性是指粉煤灰与石灰等碱性物质进行反应的能力，这是与石英砂最大的不同之处）。此外，尚有莫来石、石英等结晶矿物以及未燃尽的碳粒。

粉煤灰制品能够在蒸养条件下合成胶凝物质，有赖于粉煤灰中的玻璃体参与反应，莫来石及石英都是晶体矿物，在蒸养条件下，一般不参与水热合成反应，而只起到微集料作用。粉煤灰中玻璃体具有活性，是因为粉煤灰在熔融状态下，经过淬冷，使自由的分子没有来得及进行排列而固化，使其积聚了相当的内能，一旦在碱性条件下，自由的分子就很容易析出与石灰水化以后的 $Ca(OH)_2$ 进行反应。在蒸压养护条件下，粉煤灰中的石英和莫来石参与到生成水化产物的反应中来，成为提供 SiO_2 的来源之一，而水热合成反应的最终产物也与蒸养制品有所不同。

蒸养粉煤灰制品的水热合成产物主要是：（1）水化硅酸钙，以 CSH（Ⅰ）为主，基本上没有托勃莫来石；（2）水化硫铝酸钙，包括单硫型和三硫型；（3）水石榴子石。

在蒸压养护条件下，粉煤灰制品进行水热合成反应时的温度通常要求在 174.5℃ 或更高，CSH（Ⅰ）在较高温度下转变为托勃莫来石；同时，粉煤灰中的莫来石和石英晶体，开始溶解并参与反应，因而粉煤灰制品中的水化产物，不仅有 CSH（Ⅰ）和水石榴子石，而且还有较多的托勃莫来石，水化产物的数量也增多，晶胶比得到合理匹配，从而提高了制品强度，降低了制品的干燥收缩和碳化收缩，这也是蒸压制品与蒸养制品的重要差别。

思 考 题

1 蒸压加气混凝土的结构如何？

2 蒸压加气混凝土的孔隙是如何形成的？气孔是如何形成的？

3 蒸压加气混凝土的气孔有哪些形态？

4 蒸压加气混凝土的强度及其他物理力学性能取决于什么？

5 蒸压加气混凝土孔壁的强度是如何获得的？

6 硅酸盐混凝土的水化产物主要有哪几种？

7 什么是水热合成？

8 为什么蒸压加气混凝土不宜采用常压蒸汽养护工艺，而必须采用高压蒸汽养护工艺？

2 蒸压加气混凝土生产工艺过程

蒸压加气混凝土是一种多孔的硅酸盐混凝土，与普通混凝土及硅酸盐混凝土不同，其强度及其他物理力学性能不仅受到水化产物的影响，也受到气孔结构的影响。因此，有其特殊的生产工艺并且其生产工艺因采用的原材料不同也各具特点。

2.1 蒸压加气混凝土的种类

蒸压加气混凝土是以钙质材料和硅质材料为主要原料，以化学发气方法形成多孔结构，通过蒸压养护完成水热合成反应从而获得强度等物理力学性能的建筑制品。从其材料组成及其水热合成反应与生成物看，它是一种硅酸盐混凝土；从气孔结构看，它是一种多孔混凝土。

2.1.1 基本原料的组成形成不同种类的蒸压加气混凝土

我们可将以不同原料生产的蒸压加气混凝土分为单一钙质材料蒸压加气混凝土和混合钙质材料蒸压加气混凝土两类。其中，单一钙质材料的有水泥-砂蒸压加气混凝土、石灰-砂蒸压加气混凝土、石灰-粉煤灰蒸压加气混凝土和石灰-凝灰岩蒸压加气混凝土。混合钙质材料有水泥-石灰-砂蒸压加气混凝土、水泥-石灰-粉煤灰蒸压加气混凝土、水泥-矿渣-砂蒸压加气混凝土、水泥-石灰-尾矿砂蒸压加气混凝土和水泥-石灰-沸腾炉渣蒸压加气混凝土等。

目前，我国主要生产水泥-石灰-砂蒸压加气混凝土和水泥-石灰-粉煤灰蒸压加气混凝土两种。

2.1.2 不同用途的蒸压加气混凝土

按不同用途，蒸压加气混凝土产品品种可分为非承重砌块、承重砌块、保温砌块、外墙板、内墙板、楼板与屋面板七种。为满足不同的用途，还生产异型块、异型板和装饰板、防火板、保温板。在国外，为了适应更高的建筑保温隔热要求，已经开发并投入使用了复合砌块和复合板材。在蒸压加气混凝土砌块中，非承重砌块生产和使用最为广泛，它的干密度一般为 400kg/m³、500kg/m³ 和 600kg/m³，主要使用在框架结构中的填充墙与围护墙中而不承担荷载。承重砌块的干密度为 600kg/m³ 和 700kg/m³，在建筑中，经特殊结构处理后承担荷载。保温砌块的干密度一般为 300kg/m³、400kg/m³ 和 500kg/m³，主要用于建筑物保温隔热，近期自保温体系多采用这类产品。用于自保温体系的产品，对干密度和外观有着严格的要求。屋面板和内外墙板都是配筋蒸压加气混凝土板，根据用途不同，其配筋也不同，主要用于高层混凝土框架建筑及钢结构建筑。异型块、异型板主要用于门窗洞口过渡，梁柱包贴以及其他不便直接采用矩形砌块的部位。装饰板则直接用于墙体的装饰，装饰板大多为后期加工而成，加工工艺有铣槽镂花、喷涂和粘贴花岗岩、大理石等装饰材料，其中，粘贴材料一般厚度仅 3～5mm，成品的宽度仍为 600mm，长度则根据工程要求确定。防火板主要用于钢结构体的防火包覆。通常，防火板也会采用石膏板等材料，但为保持材料的同一性，在钢结构建筑中，防火板更多选用蒸压加气混凝土板。保温板主要用于需要保温的部位。复合砌块和复合板的外侧是具有一定强度的蒸压加气混凝土，以便于运输和施工，中间部位是干密度较低的蒸压加气混凝土，以满足热工性能的要求，一般该产品的导热系数在 0.07W/(m·K) 以下。与此相似，国内一些企业开发成功了中空砌块，其目的也是为了获得较低的导热系数。

2.2　生产工艺过程

蒸压加气混凝土可以根据原材料类别、品质、主要设备的工艺特性等，采取不同的工艺进行生产。一般情况下，主要工艺流程分原材料制备、钢筋加工、钢筋网组装、配料、浇注、静停、切割、蒸压养护、出釜、分拣、后加工及包装等工序。

2.2.1　主要工序的工艺方法及意义

蒸压加气混凝土砌块和板材的生产工艺基本相同，板材生产工艺中增加了钢筋加工和处理系统，但具体要求差别较大，板材生产线可以生产砌块，砌块生产线即使增加钢筋系统也不一定能生产合格的板材。蒸压加气混凝土的生产工艺流程如图 2-1 所示。

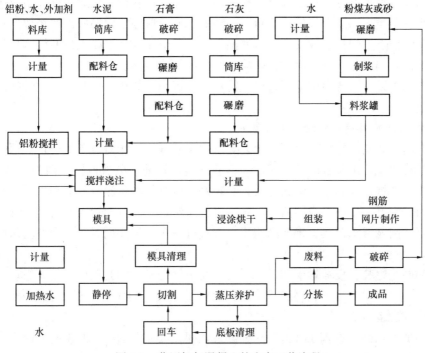

图 2-1　蒸压加气混凝土的生产工艺流程

1. 原材料制备和贮存

生产蒸压加气混凝土，首先将硅质材料如砂、粉煤灰等进行碾磨，其中，根据原材料要求及工艺特点，有的采取干磨成粉，有的加水湿磨制浆，还有的与一部分石灰等混磨。混磨又有两种方式：一种是干混磨制备；另一种是加水湿磨，主要为改善粉煤灰或砂的特性，称为水热球磨。购入的石灰大多为块状，因此，石灰也必须经过破碎和碾磨。石膏一般不单独碾磨，或掺入粉煤灰（砂）一同碾磨，或掺入石灰一同碾磨，也可与石灰轮用一台球磨机。其他辅助材料和化学品也需制备后使用。

原材料的贮存主要为保证原材料的稳定性和生产的连续性。稳定性则主要通过贮存来实现不同来源、质量等原材料的合理配合，以期达到工艺要求；通过贮存使原材料趋于稳定，如新烧生石灰，由于内部化学反应尚未完全结束，此时用于浇注，极易破坏浇注稳定性，而经过一定时间的贮存可使其完全反应；通过贮存实现原材料的均化，如石灰从破碎、碾磨到配料，通常经过二次筒库（仓）贮存，同时也完成了二次锥形堆放和放料的倒库工作，从而实现了物料的均化。连续性是为满足生产节拍的要求以及各工段间隙运行和连续运行的缓冲要求。

原材料制备和贮存工序，是配料的准备工序，是使原材料符合工艺要求的再加工及完成配料前的过渡、均化和陈化过程，是直接影响整个生产过程能否顺利进行、产品质量能否达到要求的最基本的工艺环节。

原材料制备和贮存系统主要由破碎机、磨机、制浆搅拌机、料库（仓）和储浆罐等设备组成。

2. 钢筋加工

钢筋加工是生产蒸压加气混凝土板的特有工序，现在的自动化大循环系统包括钢筋的除锈、调质、切断、焊接、涂料制备功能。调质应注意钢筋应力的释放，焊接应注意每个焊接点的焊接强度一致。钢筋网（笼）是蒸压加气混凝土板的结构材料，工序控制不仅影响产品质量，更直接影响建筑物的结构性能。

钢筋加工系统主要由钢筋调直机或拉丝机、钢筋点焊机、网片焊机、悬挂焊机等设备组成。

3. 钢筋网笼组装、浸渍烘干和置入

钢筋网组装工序是把钢筋网按工艺要求的尺寸规格和相对位置组合，并通过鞍架和钢钎使其固定，组装好的钢筋网称为钢筋网笼。钢筋组装成网笼一般有两种方式，通常分为铁件焊接式和塑料卡固定式；组装好的网笼需经过涂料浸渍和烘干。为避免涂料黏附于钢钎，在进行组网前应先对其进行涂蜡；钢筋网笼置入是将组装好并涂有涂料的钢筋网笼置入模具。钢筋网笼置入方式过去多为浇注前置入，现在均采用浇注后置入。

钢筋网笼组装、浸渍烘干和置入系统主要由钢钎座、网笼鞍架、网笼组装架、鞍架循环机、组装架摆渡车、钢筋浸渍槽和涂料烘干机、网笼置入机（也称为插钎机）和拔钎机等设备组成。

钢筋加工至钢筋置入还有另外一种方式，即先浸渍和烘干，后组网。此方式优点是机动灵活，生产计划可以及时调整，不足是自动化程度较低。

4. 配料

配料是把制备好并贮存待用的各种原材料进行计量、温度和浓度的调节及少量掺加材料的现场计量制备，然后按工艺要求，依次向搅拌设备投料。配料是蒸压加气混凝土工艺过程的一个关键环节，关系到原材料之间各有效成分的比例，关系到料浆的流动性和黏度是否适合铝粉的发气及坯体的正常硬化等，对发气膨胀、硬化过程及制品性能都有最直接的影响。

配料系统主要由各种计量和输送设备等组成。

5. 浇注

浇注工序是蒸压加气混凝土区别于其他各种混凝土的独特生产工序之一。浇注工序是把前道配料工序经计量及必要调节后投入搅拌机的物料进行搅拌，制成达到工艺规定的温度、稠度要求的料浆，通过搅拌机的浇注口（故又称浇注搅拌机）浇注入模；入模的料浆一般可采用电磁振动消泡机消除因虹吸原理带入的空气和部分铝粉早期发气产生的大气泡。料浆在模具中进行一系列物理化学反应，产生气泡，使料浆膨胀、稠化、硬化，形成蒸压加气混凝土坯体。浇注工序是能否形成良好气孔结构的重要工序，与配料工序一道构成蒸压加气混凝土生产工艺过程的核心环节。

浇注系统主要由浇注搅拌机、铝粉搅拌机、外加剂搅拌机、模具、侧（底）板和电磁振动消泡器等设备组成。

6. 静停

静停工序主要是促使浇注后的料浆继续完成稠化、硬化的过程，实际上这一过程从料浆浇注入模后即开始，包括发气膨胀和坯体养护两个过程，以使料浆完成发气形成坯体，并使坯体达到一定强度，以便进行切割。通常，这一过程是在一定温度条件下进行，所以又称热室静停。这一工序没有太多的操作，应避免震动，同时，严格注意发气过程浆体的变化，并反馈至配料、浇注工序。坯体的主要缺陷均在此工序产生，如塌模、坯体开裂、憋气等。

静停系统主要由浇注及预养摆渡车、轨道牵引机或摩擦轮等设备，以及加热保温装置组成。

7. 切割

切割工序是对蒸压加气混凝土坯体进行分割和外形加工，使之达到外观和尺寸要求。切割前先应拔去固定钢筋网笼的钢钎（称为拔钎）和完成脱模。切割工艺体现了蒸压加气混凝土便于进行大体积成型、外形尺寸灵活多样而能大规模机械化生产的特点，也是蒸压加气混凝土有别于其他混凝土的一个较突出的优点。切割工作采用机械完成，为了提高生产效率和产品质量，人们设计了专用的切割机，构成了蒸压加气混凝土生产工艺的核心，并形成不同的专利技术。切割工序直接决定蒸压加气混凝土制品外观质量和某些内在质量。

切割系统主要由翻转吊机和翻转脱模吊具（或桥式起重机和脱模吊具）、切割机组、侧（底）板输送机（输送辊道）、翻转去底装置、废浆搅拌机和渣浆泵等设备组成。

8. 编组和釜前预养

编组是将完成切割的坯体按要求进行码放编组，并等待进釜。编组除将完成切割的坯体进行吊运码放外，还应实现由连续作业的浇注切割，转变为间歇运行的蒸压养护，这就必然存在一段缓冲时间，要求在编组工序应最大限度地减少坯体的降温和输送过程中对坯体的损伤，同时提高入釜坯体的强度。因此，编组区也做成具有加热保温功能的预养室，以实现釜前预养，这一步对板材生产尤为重要。

编组系统主要由半成品吊机和吊具（或桥式起重机和吊具）、摆渡车、养护小车、轨道牵引机等设备组成。

9. 蒸压养护

蒸压养护工序是对蒸压加气混凝土坯体进行高压蒸汽养护。对蒸压加气混凝土而言，只有经过一定温度和足够时间的养护，坯体才能完成必要的物理化学反应，从而产生强度以满足建筑施工的需要。这个过程通常要在174.5℃以上进行，因而，常用密封良好的蒸压釜，通入具有一定压力的饱和蒸汽，使坯体在高温高湿条件下充分完成其水热合成反应，得到所需要的新矿物，使蒸压加气混凝土具备一定强度及其他物理力学性能。蒸压养护工序决定了蒸压加气混凝土性能的最后形成。

蒸压养护系统主要由蒸压釜、配汽装置、过桥装置、废水废汽回收利用装置和蒸汽余汽吸收装置等设备组成。

10. 出釜分拣和包装贮存

出釜分拣和包装贮存是蒸压加气混凝土生产的最后一道工序（有些工艺在生产板材时，出釜后还有板材加工工序），包括制品出釜、吊运、掰分、分拣、包装、贮存及小车、底板的清洁涂油，保证向市场提供合格产品及下一个生产循环的正常进行。随着市场对制品外观的要求及城市管理的要求不断提高，越来越多的生产企业已开始对蒸压加气混凝土制品进行包装，相应的包装也由简单打包固定到增设包装机械，采用热塑包装。板材分卧板包装和立板包装两种方式；贮存也是蒸压加气混凝土生产的重要环节，它不仅为了满足生产和销售的缓冲需要，也是使产品最终达到质量要求的过程。

出釜包装和贮存系统主要由摆渡车、成品吊机和吊具（或桥式起重机和吊具）、分模输送机、掰分机、分拣吊机、包装输送机、打包机和运输机械等设备组成。

11. 板材后期加工

板材后期加工包括切割、铣削、镂刻花纹及其他表面饰面加工和必要并允许的修补等。板材后期加工的工艺和要求可根据产品要求确定。板材的修补一般也纳入板材后期加工工段。

板材后期加工系统主要由成品锯、自动镂刻机、铣槽机等组成。

12. 动力供应

生产线动力主要指电力、压缩空气和蒸汽。电力是生产线的主要动力，一般采用380V的低压电，对于较大负荷的用电器，也可采用10kV或6kV的高压电。压缩空气用于设备的气动元件，如气动阀门、切割机张紧、除尘器振动等，也用于设备清洁。压缩空气一般采用压力为0.4～0.6MPa；蒸汽主要用于蒸压养护，也用于料浆加热、预养室供热等。蒸压养护采用 1.2～1.6MPa 的饱和蒸汽，加热则采用 0.4MPa 的低压蒸汽。

动力系统主要由变压器、空气压缩机、蒸汽锅炉以及配送、安全装置、水处理等设备组成。

2.2.2 蒸压加气混凝土生产工艺的主要类型

蒸压加气混凝土的生产工艺过程如前所述，从原材料制备到产品出釜，具体到每个工厂采取的工艺流程及装备又各不相同，每种专利与技术主要是围绕坯体切割来展开。目前，世界上已经形成了伊通（YTONG）、威翰（WEHRHAHN）、西波列克斯（SIPOREX）、海波尔（HEBEL）、乌尼泊尔（UNIPOL）、求劳克斯（DUROX）、塞尔康（CELLCON）、司梯玛（STEMA）、艾尔科瑞特（AIRCETE）、玛莎（MASA）、道斯腾（DORSTENER）、赫滕（HETTEN）、海狮（HESS）和 WKB 等专利技术。我国蒸压加气混凝土设备的开发也已获得多项成果，并形成特有的工艺，如 6m 翻转（地面翻转）切割工艺、4m 预铺钢丝卷切式工艺、3.9m 预铺钢丝提拉式切割工艺、海波尔翻版技术（包括 JHQ 切割机）、司梯玛翻版技术和空中翻转分步切割工艺技术及集成创新和二次创新的空翻分步式切割工艺技术。

1. 西波列克斯工艺

西波列克斯工艺是我国引进的首条蒸压加气混凝土生产线，装备在原北京加气混凝土厂（后改名为北京市加气混凝土有限公司，又迁至北京窦店，并与北京现代建筑材料有限公司合并组建成北京金隅加气混凝土有限责任公司），设计年产量为 13.5 万 m³，最高产量达到 27 万 m³。其工艺过程为：原材料经分别处理后配料；固体物料以质量计量，液体和浆体以体积计量；采用移动式搅拌浇注机对物料进行搅拌浇注；模具在注入料浆后就地静停初养，使坯体硬化；切割机为西波列克斯专利，在切割机上，有拆模和合模装置，坯体完成切割后仍然合上模框，实行带模养护。蒸压釜规格为 $\phi 2.85m \times 25.6m$，模具规格为 $6m \times 1.54m \times 0.65m$，蒸汽压力为 1.5MPa。1998 年投产的南京旭建新型建材有限公司引进的西波列克斯改进型切割机组，采用的是将坯体夹起完成横切，然后再将坯体置于纵切输送带上，在坯体推进行走时完成纵切，完成纵切的坯体由底板的滚动运转部分接走。该生产线采用固定式搅拌、升降式端部浇注，分拆式模具和组合式底板，移动式静停预养，模具规格为 $7.2m \times 1.5m \times 0.6m$，蒸压釜规格为 $\phi 2.85m \times 26m$。

2. 海波尔工艺

海波尔工艺原为德国技术，我国引进的是由罗马尼亚抵债的成套技术。装备在原天津加气混凝土厂、上海硅酸盐制品厂和哈尔滨加气混凝土厂，设计规模为年产 20 万 m³。其特点是：采用石灰和粉煤灰（砂）的混磨工艺，固定式搅拌浇注，移动式静停预养，以海波尔切割机切割；制品脱模养护，浇注与蒸压养护分两种底板；采用 $\phi 2.85m \times 37m$ 蒸压釜，蒸汽压力 1.2MPa。常州建材研究设计所与中国建筑东北设计院对主要设备进行了消化，由中国建筑东北设计院推出了 JHQ 切割机技术，先后在武汉华宇建材公司等十八家企业应用。

3. 伊通工艺

伊通先后已有多种专利技术投入应用。曾经在北京金隅加气混凝土有限责任公司（技改线）使用的是伊通三代，主机设备由德国引进（北京引进的是德国道斯腾公司的仿制型），规模为年产 20 万 m³。其特点是：砂和石灰分别碾磨；固定搅拌浇注，浇注后的模具通过摩擦轮（或辊道、模具自带车轮）移动静停初养；原版伊通切割机组切割时，坯体被带模空中侧翻 90°，并改由侧板支承坯体进入切割线完成切割。该切割机纵切以坯体行走通过带钢丝的纵切机架完成，在进行纵切的过程中能同时完成铣槽加工；机架上还装有手抓孔掏挖装置和钢丝的进退刀机构，横切采用带摆动钢丝的旋转框架进行（北加道斯腾机型，采用铡刀式横切），切割后坯体不再翻回，以侧立形式入釜养护；蒸压釜规格 φ2.68m×32m，蒸汽压力 1.2MPa。1997 年投产的上海伊通有限公司引进的是伊通原型机，也是当时国际上最先进的机型，上海伊通二线采用坯体升降式横切方式。目前，常州建材研究设计所和北京建都设计研究院先后根据北加伊通原理，设计并最先由江苏天元智能装备股份有限公司（当时为常州天元工程机械有限公司）制造了 4.2m、4.8m 和 6m 空中翻转分步式切割机组（分坯体行走和切割装置行走两种形式），分别配用 φ2.0m、φ2.5m 和 φ2.68m 蒸压釜（长度根据企业规模或用地确定），适用粉煤灰、石英砂和尾砂等多种材料，装备了镇江闽乐建材有限公司和烟台宏源新型建材有限公司等数百条生产线，实现了中小型蒸压加气混凝土切割机国产化目标，并成为一种主要机型。常州盛德建材设计咨询有限公司在伊通技术空中解决方案的思路下，提出了液压起吊输送装置、空中翻转去底装置的技术（已成功运用于浙江永嘉三江硅酸盐砖厂和越南 CONG TY CO PHAN CO KHI VA XAY DUNG VIGLACERA 的生产线），是对伊通技术的补充和发展。

安徽科达机电有限公司（当时为芜湖新铭丰机械装备有限公司）参照伊通原理，在武汉新新铭丰建材技术开发有限公司 2002 年完成的分步式空翻切割机的基础上，进行集成创新和二次创新，开发了自动化程度较高的空中翻转分步式切割机组，使整个生产线的用工数和劳动强度得到大幅度降低，满足了市场对自动化蒸压加气混凝土装备的需求，武汉春笋墙体材料有限公司的第五条生产线即采用了该机型的 4.8m×1.5m×0.6m 规格，双侧板系列装备（浇注和蒸压养护使用不同的侧板）。温州弘正节能新墙材有限公司板材线则采用了 4.8m×1.2m×0.6m 规格，单侧板系列装备。

今天的空中翻转分步式切割工艺，结合我国蒸压加气混凝土的发展要求，大量吸收国内外新技术，融入企业对装备的最新要求，在应用中做了许多改进，使该机型在自动化和功能上又有了进步，比如科达的悬空去底系统，是结合空翻去底和地翻去底的新技术，有效地解决了刮边和废料清理问题，新疆恒泰百联新材料科技有限公司生产线采用了该技术；而江苏天元智能装备股份有限公司的 6500mm 模具系统，则满足了大跨度板的生产要求，这一技术已经在淮安汇能新型墙材有限公司应用，这些都赋予了伊通技术新的内涵。

4. 乌尼泊尔工艺

乌尼泊尔工艺是 20 世纪 80 年代初我国引进的波兰专利。我国引进关键设备装备了北京现代建筑材料有限责任公司、杭州加气混凝土厂和齐齐哈尔建材厂三家企业，设计规模年产 15 万 m^3。其特点是：采用干法混磨工艺（将水泥、石灰、石膏和部分粉煤灰混合磨细制成混合料），全部物料按质量计量，定点浇注，辊道移动式热室静停初养，采用乌尼泊尔切割机组切割，拼装箅式底板脱模养护；蒸压釜规格 $\phi2.6m\times40m$，蒸汽压力 1.2MPa。该工艺采用的导流筒式搅拌机已成为我国新建企业的主要选择。

5. 司梯玛工艺

司梯玛工艺是丹麦技术。我国引进德国二手设备后装备了南通支云硅酸盐制品有限公司，原设计规模年产 5 万 m^3 蒸压加气混凝土砌块。引进时，常州建材研究设计所对设备进行了适合国情的改造，使年产量达到 7.5 万 m^3。其特点是：采用 $2.1m\times1.25m\times0.6m$ 模具，高速顶推搅拌机（已成为新建企业的主要选择），浇注后推入热室进行静停预养，切割时坯体与底板不分离；切割机共分脱模、横切、纵切及吸去面包头四个工位。蒸压养护配用国产 $\phi2m\times21m$ 蒸压釜，生产过程为一严密流水线，且全为地面作业，不使用行车。其缺陷是不能生产板材。曾经在兰州西亚实业公司和常熟江海建材公司等十家企业装备了消化技术设备。近年，该装备已逐步被空翻设备更新。

6. 威翰工艺

威翰是德国的又一建材设备制造商，南京建通墙体材料总公司引进了威翰Ⅰ型（WEHRHAHNⅠ）二手设备，装备能力为年产 10 万 m^3。其特点是：模具为开启式，浇注成型的坯体由夹坯装置夹至切割机上，并改由以箅条式蒸压养护底板支撑，于横切装置完成横切。完成横切后，坯体被送入纵切装置，纵切钢丝通过蒸压养护底板的缝隙完成对坯体的纵切。浙江开元新型墙体材料有限公司引进的威翰Ⅱ型，则已参照伊通技术，采用了脱模翻转切割、侧立养护工艺，与伊通的区别为沿用了威翰特有的四面开启式模框，以有利于自动清洁模具；翻转后的承坯侧板采用了钢架与面板的活动扣接方式连接，避免了高温使侧板产生变形；行走和翻转采用全地面解决方案；完成切割后，再对坯体进行二次 $90°$ 翻转，以除去底部废料，最后仍以侧立形式入釜养护。新的威翰工艺装备，大量采用气电联动控制，使生产线实现了高度自动化，成为主要的引进目标。江苏宝鹏建筑工业化材料有限公司引进的"60 线"是威翰推出的最新技术，该技术大部分保持威翰特点，只在切割以后，在翻转去底时更换承载侧板为大底板，使坯体在翻转去底后保持卧放方式，并且底板也改为箅式结构，装载行车则增加了取放支杆的机械手，全部操作均由设备自动完成。该技术可以减少制品的粘连，提高蒸压养护效率，但也带来制品表面的锈迹污损。最近，威翰还推出了坯体在完成切割后进行掰分的技术，该技术避免了完成蒸压养护后对制品进行掰分。因为此时制品已经具有较高强度，如进行掰分一是设备能耗高，二是掰分产生的废品难以处理。

7. 艾尔科瑞特工艺

艾尔科瑞特工艺是荷兰的蒸压加气混凝土技术。贵州长通装配式建材有限公司引进的艾尔科瑞特工艺是在威翰Ⅰ型的基础上形成的一种工艺技术。该技术保持四面开启式模具和坯体夹运方式，模具尺寸 $6.20m\times1.58m\times0.72m$，底板则改为 4mm 厚钢片组合式，代替矩形钢管组合式；横切采用预铺提拉方式，纵切则在坯体移动中通过切割门架完成。该技术的特点是：模具四面打开，便于机械化清理涂油；底板由4mm厚钢片组成并可任意调整，使切割规格可以达到最小37mm，即制品的切割厚度最小为37mm；纵切钢丝分前后两道，后一道钢丝直径大于前一道，前道钢丝完成切割，而后道钢丝则起拉光作用，以实现高光洁度制品的生产；钢片组合式底板还能完成坯体分掰，以避免成品分掰消耗功率大、废品率高的不足。艾尔科瑞特工艺是一种模具及底板辊道行走、坯体卧式切割、卧式入釜养护的工艺。

8. 玛莎、道斯腾、赫滕、海狮和WKB工艺

玛莎、道斯腾、赫滕、海狮和WKB五种技术都来自德国，并且都有一个共同特点，即采用空翻脱模、侧立切割的方式，但各种技术又各有特点：玛莎采用带清洁箱的浇注头；道斯腾采用铡刀式横切；赫滕曾采用纵切钢丝和坯体同时按不同速度运行，以保证钢丝运行速度与坯体强度智能配合；海狮篦条式底板以实现卧式分掰，坯体卧式入釜；WKB采用独立块组合坯体支撑方式，以实现卧式分掰，卧式品字形码坯入釜。

9. 翻转切割工艺

翻转切割工艺（也称地面翻转工艺），是以中国建筑东北设计院设计的6m翻转式切割机为核心的蒸压加气混凝土生产工艺线，年生产能力为10万 m³。其特点是：各种物料分别处理后配料；采用移动式搅拌浇注机，模具为（侧面）螺栓紧固式，底板则为凸台式，就此装配成不易漏浆的模具，并就地静停预养，采用翻转式切割机；机上有脱模装置，坯体脱掉模框后在地面翻转成侧立状进行切割，切割完毕仍恢复平放，在原底板上入釜养护；蒸压釜的规格为$\phi 2.85m \times 25.6m$，模具规格为6.0m×1.5m×0.6m；工艺中配有湿排粉煤灰脱水浓缩设备，是国内最早规模化设计的工艺线。为适应蒸压加气混凝土的发展，市场已推出了多种4.2m系列机型，浇注方式也已大部分改为固定浇注，模具则改为带锥度固定一体式，底板取消了凸台，模具与底板的密封主要靠模具的自重实现。需要特别说明的是，当模具和底板用料过于节省时，由于自重较小或刚度及变形量难以控制而达不到密封的要求，采用螺栓将模具与底板强行固定密封，虽能解漏浆之虑，却使模具和底板产生弹性变形，影响了坯体的质量。

10. 4m预铺钢丝卷切式工艺

该工艺为上海华东新型建材厂自行设计完善，其核心为预铺卷切式切割机，卷切式是切割时卷动钢丝，使其逐步收紧缩短，以达到切割目的，规模为年产5万 m³。其特点是：采用部分粉煤灰与石灰混合碾磨；干物料采用杠杆式计量秤计量；采用固定式浇注和移动预养，是国内最早的固定浇注和移动预养工艺；模具规格4m×1.5m×0.64m，坯体经热室静停，以负压吊吸吊脱底板后上切割机；切割机上预先放置另一底板，并预铺好切割钢丝；切割后坯体连同底板入釜养护，配合用$\phi 2.85m \times 25.6m$蒸压釜，为适合国内企业需要，该工艺同时有3.9m×1.2m×0.64m模具，配$\phi 2m \times 21m$釜。

11. 3.9m预铺钢丝提拉式工艺

该工艺基本与预铺钢丝卷切式工艺一致，核心设备切割机为北京建都设计研究院

（当时为北京建材工业设计所）设计，其差别主要是切割机的纵切与卷切式不同而采用提拉切割方式。

12. 手工切割工艺

手工切割工艺，曾经是我国许多小型企业采用的工艺形式，该工艺的核心是采用手工切割或简易机械切割（如行车辅助提吊切割）。其特点是：投资省，见效快，能够适合多种材料、多种配套设备，缺点是劳动强度大、劳动效率低、切割质量难以控制，是明令淘汰的工艺。

从实践角度看，引进线以伊通和威翰为主，国产线则以空中翻转分步式切割工艺为主；根据生产规模，模具的规格有 $4.2m \times 1.2m \times 0.6m$、$4.8m \times 1.2m \times 0.6m$、$6.0m \times 1.2m \times 0.6m$ 和 $6.5m \times 1.2m \times 0.6m$；配用的浇注搅拌机则以导流筒和高速顶推两种为主。

各种原材料加工工艺、配料工艺和切割机布置工艺，与以上各工艺相配合，共同构成了蒸压加气混凝土的生产工艺，比较典型的有：

1. 混磨制备混合料工艺

混磨制备混合料工艺是乌尼泊尔工艺的配套技术（详见"乌尼泊尔工艺"），是区别于通常采用的各种物料单独制备的技术，能有效地改善浇注稳定性，提高浇注合格率。其代表是北京现代建材有限公司的乌尼泊尔生产线。

2. 水热球磨工艺

水热球磨工艺是原国家建材局建筑材料科学研究院谢尧生团队与武汉硅酸盐厂（现为武汉春笋墙体材料有限公司）共同开发的技术，能有效提高粉煤灰和砂浆的稳定性。其代表是武汉春笋墙体材料有限公司蒸压加气混凝土生产线。

3. 错层配料工艺

错层配料工艺是常州盛德建材设计咨询有限公司（原常州加气混凝土技术中心）开发的配料技术，特点是将配料楼一分为二，高低错开布置，分别满足人员工作的空间要求和设备布置的空间要求，以降低物料落差，简化设备布置和建筑结构，避免各楼层开设楼梯和设备洞口，可以有效地降低建筑高度，方便设备维修保养，减少生产电耗。其代表为徐州永发新型墙体材料有限公司蒸压加气混凝土生产线。

4. 集成式工艺

集成式工艺生产线是常州盛德建材设计咨询有限公司具有代表性的设计，生产线采用空中翻转切割设备、室内回路循环以及内置式配料楼，将整个生产线融合在一个车间内，同时将通常采用的桥式起重机改为专用液压起吊输送装置，使行走轨道与车间主体脱离，并避免了采用桥式起重机的报检工作。该工艺简化了建筑结构，降低了建筑高度，避免了因"U"形布置产生的用地死角，而保留了"U"形布置集中的特点，符合现代工业设计简洁流畅、化零为整、减小落差和最大限度地利用自然光照及自然通风的要求，同时具有车间整齐美观、空间利用充分和物料输送距离短、高差小并有利于中水利用的特点，最大限度地实现了降低投资、提高土地利用率和降低生产能耗的目的。生产线借鉴了威翰的去底技术，采用地翻去底或空翻去底技术，使空中翻转分步式切割工艺实现了无硬废料产生。

集成式工艺生产线的典型项目有：武汉春笋新型墙体材料有限公司年产 30 万 m³ 砌块线（科达·新铭丰 4.8m×1.5m×0.6m 工艺设备）、温州弘正节能新墙材有限公司年产 25 万 m³ 板材线（科达·新铭丰 4.8m×1.2m×0.6m 工艺设备）、恩施建始县红土地新型节能建筑材料有限公司年产 25 万 m³ 板材线（天元 4.8m×1.2m×0.6m 工艺设备）、敦煌市立创环保建材有限公司年产 20 万 m³ 砌块线（三工 4.2m×1.2m×0.6m 工艺设备）、新疆恒泰百联新材料科技有限公司年产 30 万 m³ 板材线（科达·新铭丰 6.0m×1.2m×0.6m 工艺设备）。

集成式工艺生产线自动化程度较高，从原料制备到成品包装均采用自动控制，生产线大量采用新技术，如旋转摆渡（武汉春笋）、双向摆渡车（温州弘正）、空翻去底及液压专用起吊输送装置（敦煌立创）、悬空去底（恒泰百联和长兴二线）以及蒸压加气混凝土和标砖双线合一设计（恩施红土地）等，使生产线更加紧凑合理，便于高效利用场地、降低建筑造价、安全生产以及设备维护保养。

5. 双线合一工艺

双线合一工艺指同一生产区内同时具有两种产品的生产线或者同种产品两条生产线。双线合一设计最大的优势是场地利用率高，便于生产管理；但也存在相互干扰较多、投资效益不明显的不足。

双线合一设计一般有以下几种：

独立运行：两条生产线各自独立布置，生产独立组织，共用建筑设施。优点是生产既互不干扰，又可机动调配人物资源，便于总图布置；缺点是安全与消防存在隐患。

共用原料：两条生产线原料共用，其他独立设置和运行。优点是生产互不干扰，原料系统设备配置合理且利用效率高，弥补了蒸压加气混凝土生产线原料系统产能过剩的不足；缺点是生产线原料输送距离较长。

头尾共用：两条生产线原料部分和出釜包装部分共用，其他独立设置和运行。优点是原料系统和出釜包装系统设备配置合理且利用效率高，便于生产组织；缺点是总图有缺陷、安全生产存在隐患等。

产品兼顾：两种产品的浇注和成型系统独立设置，其他均兼用。这种生产线实际上是一条线上兼顾其他产品的生产，主要是蒸压加气混凝土生产线兼有蒸压砖的生产能力。优点是市场风险小；缺点是设备利用率低，设备配置不平衡，相互干扰较多。

单一蒸压加气混凝土产品的双线合一设计，通常有三种布置方式。第一种是将两条线的浇注和切割系统都布置在中间，而蒸压养护系统则布置在两侧，俗称面对面布置。这种布置的长处是主要设备和作业面处在中间，便于两条线的统一管理，特别有利于设备的维护保养和检查修理。不足是人流不易分散，人流物流混合，给安全生产带来一定隐患；操作较少的蒸压养护系统布置在便于采光的两侧，而操作较多的切割及出釜系统却布置在不便于自然采光的中间，不能做到最大限度地自然采光和自然通风。第二种是将两条线的浇注和切割系统布置在两侧，而蒸压养护系统布置在中间，俗称背对背布置。这种布置的长处是人流易分散，人流物流合理分流；可最大限度地自然采光和自然通风。不足是难以统一管理。第三种是将两条线重复布置，即浇注和切割系统与蒸压养护系统交替重复，既不利于统一管理，也不利于人流分散，自然采光和自然通风也仅利用了一侧。

2.3 主要专用设备

蒸压加气混凝土生产装备分通用设备和专用设备。蒸压加气混凝土装备水平可划分为：智能化装备、自动化装备、机械化装备和简单机械化装备。因引进装备比较少，并且在智能化自动化程度上各有不同，因此可将其单独归为一类。智能化装备指采用计算机控制，具有全程在线检测、数据分析和指令编辑功能，采用 AGV 自动输送系统，减少人为干预，保证系统有序工作，可提高整线产品质量和降低物料消耗的生产装备；自动化装备指采用预设指令的计算机控制，生产过程完成数据收集和传输，全系统为一个完整工作体系（暂不含钢筋焊接组网系统）的生产装备；机械化装备指分单元实现自动控制的全套生产装备；简单机械化装备指实行单台设备控制，分单元配套的生产装备。

许多蒸压加气混凝土专用设备尚无国家和行业标准可依，这给用户选型、商务谈判带来一定困难。为此，中国加气混凝土协会组织编制的《蒸压加气混凝土生产设计规范》JC/T 2275—2014 对专用设备的功能和要求做了原则性规定。为准确辨别设备，该规范还规定了蒸压加气混凝土专用设备的标记。标记分基本标记和生产标记两个部分，基本标记主要表明设备的所属分类、用途、规格和配置等，基本标记是设备型号的组成部分，生产标记表示设备的制造信息。

蒸压加气混凝土专用设备基本标记表示方法如图 2-2 所示。

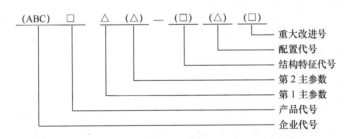

图 2-2 蒸压加气混凝土专用设备基本标记表示方法

注：1. 带"（）"的符号，有内容时表示，但不带括号；无内容时可不表示；

2. "□"表示为大写拉丁字母；

3. "△"表示为阿拉伯数字。

型号还可在最后增加其他代号。

基本标记由产品代号、第 1 主参数、第 2 主参数、结构特征代号和配置代号构成。

产品代号由大写拉丁字母表示，第一个字母表示所属分类，第二个字母表示设备特性。主参数由阿拉伯数字表示，当只用一个主参数即能表示时，只表示第 1 主参数；当需用两个主参数表示时，则第 1 主参数和第 2 主参数都要表示，其中按模具规格区别用途的以模具规格划分，通用的则以体积、长度等划分。结构特征代号以大写字母表示。配置代号以阿拉伯数字表示。

生产标记由设备制造企业根据以下原则编制：

（1）企业代号，由 2～3 个字母表示，并经相关部门确认；

（2）生产时间，应表明生产的年、月、日；

（3）批次代号，可由 2～3 个阿拉伯数字或再加小写拉丁字母表示；

（4）具有可追溯性。

专用设备主要有原材料处理设备、配料搅拌设备、钢筋网（笼）制备设备、坯体切割设备、蒸压养护设备和质量检验设备等。

2.3.1 原材料系统

原材料系统设备主要有各种破碎机、磨机、浓缩机、皮带输送机和螺旋输送机等通用设备，还有料浆搅拌机、料浆储罐、滚动筛、渣浆泵等专用设备。

1. 料浆搅拌机

原材料系统使用的搅拌机有制浆搅拌机、过渡搅拌机、废浆搅拌机等，统称为料浆搅拌机。

制浆搅拌机是用于粉煤灰、砂等粉状物料加水搅拌制浆的设备，主要包括筒（壳）体、搅拌器和阀门等，一般在地面以下时采用混凝土筒（壳）体，在地面以上时采用钢筒（壳）体。根据工艺要求，制浆搅拌机还可实现自动控制，即在搅拌机上设有计量传感器和料浆密度仪，以自动控制给水和给料。

过渡搅拌机是用于料浆储罐至下一级设备的中间过渡设备，一般设置在地面以下（采用混凝土壳体），配合渣浆泵使用。

废浆搅拌机是用于收集生产过程中废浆废水的设备，由混凝土筒（壳）体、搅拌器构成，当需要实现自动控制时，可加设废浆浓度控制系统。

2. 料浆储罐

料浆储罐是用于承接上下道工序过渡的贮存设备，主要包括筒（壳）体、搅拌器和阀门等，一般在地面以上时采用钢筒（壳）体，称为料浆罐；在地面以下时采用混凝土筒（壳）体，称为料浆池。料浆储罐除承担贮存作用外，还承担料浆的均化和陈化作用，以使料浆符合工艺要求。

料浆储罐的规格较多，构造也不尽相同，一般 $8\sim50\mathrm{m}^3$ 的储罐采用中心搅拌方式，$100\mathrm{m}^3$ 以上的则采用行星搅拌方式；$8\sim20\mathrm{m}^3$ 的储罐采用平面框式搅拌器，$30\mathrm{m}^3$ 以上的采用三角搅拌器，或采用桨式搅拌器。

3. 滚动筛

滚动筛是用于筛除砂或粉煤灰中大颗粒和团块物的设备，配合制浆搅拌机、球磨机等设备使用，主要由机架、筛筒和传动系统组成。

4. 渣浆泵（砂浆泵）

蒸压加气混凝土生产中使用的渣浆泵（砂浆泵）不同于一般的泥浆泵和污水泵，因其工质为砂浆或粉煤灰浆，要求必须具有较好的耐磨性。

立式渣浆泵（砂浆泵）为单级、单吸、悬臂式结构，固定盘至叶轮、泵壳不设轴承，无密封与支撑，以避免砂浆对器件的磨损，保证使用效果与寿命。

卧式渣浆泵（砂浆泵）为离心式单壳结构，过流部件采用耐磨合金，密封则采用副叶轮填料密封和机械密封，机械密封的水冲洗为单独管路，既不稀释料浆，又可有效保证使用效果。

2.3.2 钢筋处理系统

钢筋处理系统主要有通用设备钢筋调直机或拉丝机、钢筋（多头）点焊机等，专用设备有钢筋网焊机、网片焊机、钢筋浸渍槽、涂料烘干机、钢筋网（笼）输送车和钢钎浸蜡槽等。

1. 钢筋网焊机

钢筋网焊机是将经预先拉拔处理的钢筋，按设定参数焊接成钢筋网的设备。钢筋网焊机按成型网数量可以分成单网焊机和双网焊机两种；按喂料方式可以分为连续喂料和间隙喂料两种。

2. 网片焊机

网片焊机是采用铁件焊接式网笼工艺，将两个网片通过固定铁件焊接为网笼的专用焊接设备（采用塑料卡组装网笼的工艺不用），由网片悬挂机架及手提焊枪组成。

3. 钢筋浸渍槽

钢筋浸渍槽是用于钢筋网（笼）浸渍涂料的设备，应具有保证涂层饱满均匀的作用，由行走式涂料搅拌器、浸渍槽和吊具构成。

4. 涂料烘干机

涂料烘干机是用于将浸涂完钢筋涂料的钢筋网（笼）进行烘干的设备，由网（笼）烘干架、行走装置、加热器和箱体构成，加热器热源一般为蒸汽或电力。

5. 钢筋网（笼）输送车

钢筋网（笼）输送车是将钢筋网（笼）来回运输的车辆，根据模具规格确定输送车的规格。

6. 钢钎浸蜡槽

当采用成组钢筋网（笼）整体浸渍时，为避免涂料黏附于钢钎，需先进行组网钢钎涂蜡处理，钢钎浸蜡槽即用于对钢钎浸涂蜡层。钢钎浸蜡槽一般采用电或蒸汽进行加热保温；钢钎浸蜡槽有分体式和整体式两种。

2.3.3 配料浇注系统

配料浇注系统的通用设备有输送设备，专用设备主要有各种计量设备、铝粉搅拌机、浇注搅拌机、模具及侧（底）板和电振消泡机等。

1. 计量设备

计量设备由具有一定容积的罐体、计量元器件（传感器）、数据处理显示器、出料控制阀和结构件等构成，计量精度0.5%～1.0%。

粉料秤用于石灰、水泥等粉状物料计量，主要包括筒体、传感器、显示器和阀门等。

浆料秤用于粉煤灰、砂等与水的混合料浆计量，主要包括筒体、加热器、传感器、显示器和阀门等。

水秤用于水的计量，主要包括筒体、加热器、传感器、显示器和阀门等。

2. 铝粉搅拌机

铝粉搅拌机用于将铝粉与水配制成要求浓度的浆体。铝粉搅拌机分三种形式：

（1）普通型：由筒体和搅拌器组成的搅拌机，铝粉（膏）和水经人工计量后投入搅拌，一般一模一计量；

（2）计量型（半自动型）：由大小两个筒体（大的筒体称为母筒，小的筒体称为子筒）、两个计量系统、两个搅拌器、泵和阀门组成的计量搅拌系统，人工投入一定量（大约20kg）铝粉（膏）至搅拌机母筒，控制系统根据母筒投入的铝粉（膏）量，自动完成加水并启动搅拌，使用时控制系统根据配料量由子筒自动完成铝粉（膏）浆体的计量并投入浇注搅拌机；

（3）自动型：在半自动型基础上，配有铝粉（膏）投料装置和贮存装置的计量搅拌系统，成袋（桶）铝粉（膏）置于投料装置，自动投入贮存装置，然后由控制系统根据设定量控制贮存装置的给料机构向母筒投入铝粉（膏）量，自动完成加水并启动搅拌，使用时控制系统根据配料量由子筒自动完成铝粉（膏）浆体的计量并投入浇注搅拌机。

现在，市场上又推出一种半自动型铝粉（膏）计量搅拌机，与前述半自动型的区别是母筒存放干粉（膏），可避免临时停产而使已制铝粉浆报废。

3. 浇注搅拌机

浇注搅拌机用于各种物料及水进行混合并完成浇注。浇注搅拌机应满足快速分散、搅拌均匀和快速浇注的要求，并具有温度显示调节功能，方便混合料浆检验；不应出现内壁大量积料，搅拌时间应小于4min，浇注时间应小于1min，浇注料浆的均匀性以模内温度场表示，应小于1.5℃，不能有未融合的铝粉颗粒，浆体不得有团块和灰点。

浇注搅拌机主要包括筒体、搅拌器、温度调节及控制系统和阀门等，一般分以下几种形式：

按是否移动分为定点式浇注搅拌机和移动式浇注搅拌机（也称浇注车）；

按筒体外形分为圆筒式（筒体底部及顶部均为抛物线形）、半圆筒式（筒体底部为抛物线形）和平底式；

按搅拌器形式分为导流筒式、高速螺旋桨式和涡轮式；

按下料方式分为底部升降下料、底部下料、侧下料。

4. 模具

模具由模框、侧（底）板组成，应满足生产不同干密度等级产品的刚度要求，具有不易变形、密封性好、开启组合自如和互换性好等特性，要求模框在重载吊运或翻转时对角线偏差小于2mm，侧（底）板重载挠度为1/2000；模框与侧（底）板的组合不应采用附加装置强制密封。模具主要规格见表2-1。

表 2-1　模具主要规格

规格（m）	尺寸（mm）		
	长	宽	高
4.2×1.2×0.6	4200	1200	600
4.2×1.5×0.6	4200	1500	600
4.8×1.2×0.6	4800	1200	600
4.8×1.5×0.6	4800	1500	600
5.0×1.2×0.6	5000	1200	600
5.0×1.5×0.6	5000	1500	600
6.0×1.2×0.6	6000	1200	600
6.0×1.5×0.6	6000	1500	600
6.5×1.2×0.6	6500	1200	600

注：表中数据为切割后坯体净尺寸，模框高度不少于640mm，模框长度和宽度制作尺寸应大于规格尺寸60mm。

模框用于和侧（底）板组成模具，以完成料浆发气膨胀并初步硬化，与配套的工艺一样主要分为空中翻转分步切割工艺模框（简称：空翻模框）和地面翻转切割工艺模框（简称：地翻模框）。

空翻模框一般按牵引方式分为：摩擦轮式、辊道式、行走（牵引）式、定点式。

地翻模框一般分为：整体式、开拆式。

侧（底）板用于和模框组成模具，一般配合空中翻转分步切割工艺称为侧板，配合地面翻转切割工艺称为底板。

侧板分焊接式和扣接式。

底板分平板式和凸台式。

5. 电振消泡机

电振消泡机是采用高频振动，用于消除浇注后料浆中存在的大气泡的设备，由机架、振动棒和行走系统构成，一般按安装方式分固定式和摆渡车式。

6. 网（笼）鞍架

网（笼）鞍架，也称鞍架和横梁，用于组合网（笼），并使成组网（笼）固定的器具。网（笼）鞍架上设有若干用于插入钢钎的圆孔，间距一般为25mm，以符合不同规格板材的要求。

7. 网（笼）组装架

网（笼）组装架也称鞍架座，指用于将钢筋网（笼）组合在网（笼）鞍架上，并能整体与模具组合，使钢筋网（笼）按规定尺寸要求固定于模具的设备，同时具有将网（笼）鞍架移动和传送的功能。

8. 鞍架循环机

鞍架循环机是用于放置网（笼）鞍架和网（笼）组装架，以完成钢筋网（笼）组装的一组带轨道的行走架，分电动和手动两种，一般生产线至少配两台，一台用于接收拔钎后的网（笼）组装架，另一台放置完成组装的网（笼）组装架。

9. 组装架摆渡车

组装架摆渡车用于两台鞍架循环机的连接，以将完成组装的网（笼）转移至准备置入（也称插钎）的鞍架循环机。

10. 网（笼）置入机

网（笼）置入机，也称插钎机，是用于将组合在网（笼）鞍架上的成组网（笼）置入到模具的设备。鞍架循环机和网（笼）置入机上下部分重叠。

11. 拔钎机

拔钎机是用于在切割前拔去钢钎，并传送网（笼）鞍架、网（笼）组装架至鞍架循环机的设备。鞍架循环机和拔钎机上下部分重叠。

2.3.4 静停切割和编组系统

静停切割和编组系统均采用专用设备，这些设备包括摆渡车、轨道牵引机或摩擦轮、吊运设备、切割机组、侧（底）板输送设备、翻转去底设备、小车、废浆池等。

1. 摆渡车

摆渡车用于不同轨道间的过渡，也称横移车，由车架、行走装置、牵引装置和定位装置构成。摆渡车按用途、功能和形式可做不同的分类：

按用途分为浇注摆渡车、切割摆渡车、编组摆渡车和出釜摆渡车；

按行走方式分为轮轨式和齿条式；

按牵引方式分为无牵引摆渡车和有牵引摆渡车，有牵引摆渡车又分为链条式、齿条式、绳缆式和离车牵引式（带有自行并能离开母车完成牵引工作子车的摆渡车，也称子母式摆渡车）。

按是否定位分为无定位摆渡车、自动定位摆渡车。

2. 轨道牵引机

轨道牵引机用于牵引模具和养护小车在轨道上移动，一般分链条式和绳缆式。其中，链条式又分为单链式和双链式两种。

3. 摩擦轮

摩擦轮是利用摩擦力推动模具等在轨道上行走的装置。

4. 吊运设备

吊运设备用于生产线中坯体和成品的运输，一般由吊运传送车和吊具两大部分组成。

吊运传送车是蒸压加气混凝土行业的一种专用行车，要求运行平稳，定位准确，但一般在平面上只做一个方向的运行，并具有两个位置相对固定的起吊点，两个起吊点应严格同步。吊运传送车根据起吊动力方式分为卷扬机式、液压式和链条式；根据行走方式分为轮轨式和齿条式。定位一般配有电子控制定位、机械强制定位和齿条定位三种方式，更多采用的是电子控制和其后任一种的组合定位。

吊具与吊运传送车配合完成对模具、养护小车、坯体和半成品的吊运，一般按用途有如下几种：

普通吊具用于地面翻转切割工艺中模具、底板及坯体和成品吊运。

翻转吊具用于空中翻转分步切割工艺中模具吊运，并完成模具的翻转、脱模、组模等功能，包括翻转机构、脱模机构、导向装置、液压系统及控制系统等。

半成品吊具用于空中翻转分步切割工艺中侧板及坯体和成品吊运，包括吊具和导向装置等。

5. 切割机组

切割机组用于对蒸压加气混凝土坯体进行几何分割和外形加工，按国内现有配备分为空中翻转分步切割机组和地面翻转切割机组等。切割机组的规格按模具规格配置。

空中翻转分步切割机组是由翻转吊具将坯体连同模具吊起在空中翻转90°，并完成脱模，使坯体侧立于切割小车，经过切割机组的不同工位，分别进行纵切、铣槽、横切、掏孔等加工的系统设备。一般包括切割小车系统、纵切机构、横切机构、真空吸罩及控制系统五大部分。纵切机构具有纵切、大面铣削、铣槽和退换刀功能；横切机构具有小车置换、横切和掏孔功能，小车置换方式有液压顶升和机械整体抬升两种，各种具体做法因配套工艺不同而各有差异。各种功能以工艺和用户要求配置。

行走式（坯体固定）切割机组是空中翻转分步切割机组的一种简化型，切割时坯体不运动，纵切机构和横切机构分别于运动过程中完成对坯体的切割。

空中翻转分步切割机组可按不同的要求进行配置：

钢丝张紧方式：气缸张紧、弹簧板张紧；

钢丝摆动方式：同步摆动、分组对错摆动、不摆动；

钢丝摆动原理：整体框架摆动、框架内同步轴分组摆动；

坯体行走方式：齿条式、链条式、缆绳式。

地面翻转切割机组是由脱模吊具将脱模后的坯体连同底板吊运至翻转台上做水平移动，并使坯体一个侧面靠紧小滑车，坯体翻转90°，小滑车水平移动，使坯体脱离底板并运送到切割位置，在同一工位分别完成水平切割（纵切）、面包头切割和垂直切割（横切）的系统设备，一般包括翻转台、切割系统和控制系统三大部分。翻转台具有滑车移动、翻转和小滑车移动的功能；切割系统具有各方向切割和铣槽功能。

切割机组根据工艺要求还有多种形式。

6. 侧（底）板输送设备

侧板输送设备用于空中翻转分步切割工艺中侧板的输送和清洁，分侧板传送机和辊道两种。

侧板传送机用于空中翻转分步式工艺完成侧板及成品在地面传送，由多组托轮、牵引装置组成。

辊道用于空中翻转分步切割工艺完成模具、侧板及成品在地面传送，由多组有动力辊和无动力辊及控制系统组成。其他工艺也采用辊道作为底板传送工具。

侧板清理器用于空中翻转分步切割工艺完成侧板清理，一般与侧板辊道或侧板传送机配合使用。

7. 翻转去底设备

翻转去底设备用于对完成切割的坯体进行底部废料的清除，分去底吊具和去底翻转台两种。

去底吊具是用于空中翻转分步切割工艺对完成切割的坯体进行空中翻转以去除底部废料并可实现吊运码坯的专用机具，主要由空中翻转机构、废料刮除装置等组成，也称空翻去底。

去底翻转台是用于空中翻转分步切割工艺对完成切割的坯体在地面进行翻转以去除底部废料的机具，主要由地面翻转台和废料刮除装置组成，也称地翻去底。

悬空翻转去底装置是在空翻去底和地翻去底的基础上开发的新的去底设备，采集了空翻去底的简单、废料处理便捷和地翻去底便于刮除边料的优势，具有运行稳定、维护保养方便的特点，是最新的一种去底设备。

8. 小车

小车用于运载模具及坯体，一般在空中翻转分步切割工艺中只有用于蒸压养护的小车，也叫蒸养车；在地面翻转切割工艺中，分用于蒸压养护和静停预养两种小车，前者称蒸养车，后者称预养车。

9. 废浆池

废浆池是切割机组的附属设备，主要用于搅拌和贮存切割废料浆，主要包括搅拌器和渣浆泵，也可附加团块打碎机。

2.3.5 蒸压养护系统

蒸压养护系统的蒸压釜和锅炉均为通用设备，但因工作特性不同又有其专门的要求。该系统的进出釜过桥装置则是专用设备。

1. 蒸压釜

蒸压釜是用于对坯体进行高温高压饱和蒸汽养护（也称为蒸压养护），使其完成水热合成反应并获得物理力学性能的设备，工作压力为1.3～1.6MPa，工作温度为191～201℃。蒸压釜由釜体、釜门、运载轨道、仪表阀门和安全装置等组成。釜体、釜门材料宜采用Q345R容器板，釜体法兰和釜盖法兰材料宜采用16MrⅡ锻件，轨道应采用标准轻轨。蒸压釜分手摇减速机开闭釜门方式和自动开闭釜门方式两种。蒸压釜主要规格见表2-2。

表2-2 蒸压釜主要规格

内径 （m）	长度 （m）	设计压力 （MPa）	工作压力 （MPa）
φ2.0	21，22.5，26.5(27)，31(31.5)	1.4	1.3
φ2.5	26.5，31(32)	1.6	1.5
φ2.68	26，32，38，44.5	1.6	1.5
φ2.75	26，32，38	1.6	1.5
φ2.85	26，32，38	1.6	1.5

2. 锅炉

锅炉用于蒸压加气混凝土生产中为蒸压养护工序提供蒸汽，蒸汽应满足工作压力为 1.3~1.6MPa、工作温度为 191~201℃ 的要求，同时应满足在 1.5h 内完成升温的要求，即锅炉在运行中不应因补水而间断降压，因此，一般选用 1.6MPa 的双锅筒燃煤锅炉。随着国家环保要求的日益提高，燃煤锅炉受到一定限制，代之以生物质锅炉、燃气锅炉和燃油锅炉，因资源限制，循环流化床锅炉也是热力供应的选项。所谓生物质锅炉是采用最适合生物质燃料的燃烧技术——往复炉排技术，锅炉在结构设计上，相对传统锅炉炉膛空间较大，炉排进料端高，并采用阶梯往复运动形式，同时布置了二次送风，有利于生物质燃料燃烧时瞬间析出的大量挥发分充分燃烧。

3. 过桥装置

过桥装置用于地面轨道和蒸压釜内轨道的连接，有过桥车和过桥器两种。

过桥车有人力推动行走、手工对接轨道和电（气）动行走及搭轨的不同形式。

过桥器安装在每台釜前后（不移动），通过气动升降实现轨道自动对接。

2.3.6 成品包装系统

成品包装系统均采用专用设备，主要有分模机、分掰机、检验夹具、成品夹具、包装输送机、并模机、敷板机、包装机、热塑包装机等设备。

1. 分模机

分模机是用于在两模以上制品采用整体吊运方式时，为使成品夹具夹运而完成各模成品之间分开的设备，在工艺设计中，也常用于成品的过渡和输送，一般由机架和输送链构成。

2. 分掰机

分掰机原专用于空中翻转分步切割工艺对出釜成品进行分掰，随着市场对产品要求的提高，现在即使坯体平卧切割，也会配套坯体分掰机对切割以后的坯体进行分掰。一般包括分掰系统、提升系统和控制系统。

分掰机一般分如下几种形式：

按安装方式可分为固定式和移动式。固定式也分两种，一种安装于地面，又分坯体升降式和坯体固定式；另一种安装于吊运传送车轨道，但固定而不做移动。移动式则与吊运传送车配合工作。

按结构方式可分框架式和杠杆式。

坯体分掰机是一种新的分掰设备，是对切割后坯体进行分掰的设备。

3. 成品夹具

成品夹具用于夹运成品，并使其脱离侧（底）板，一般与吊运传送车配合使用，包括夹具、导向装置、液压系统和控制系统。夹具可按工艺和功能等分类。

按工艺分为空中翻转分步切割工艺成品夹具和地面翻转切割工艺夹具。

按用途分为整模式夹具、非整模式夹具和抱夹（装于叉车）。

4. 检验夹具

检验夹具是用于产品在最后包装前进行质量检验并分别堆码的设备。为了满足板材包装方式的要求，检验夹具也可兼有成品翻转功能。

5. 包装输送机

包装输送机是用于成品包装传送的链式输送机组。包装输送机分单模式和双模式。单模式带转角链，双模式带并模机构或周转托板回送机构。

6. 并模机

并模机是配合包装输送机，将两模制品合并在一起的设备。并模机分整模式和单元式。

7. 敷板机

敷板机（也称发盘机）配合包装输送机，以进行自动敷设包装托板。敷板机分单模式和双模式。

8. 包装机

包装机配合包装输送机进行自动包装。包装机分为袋式包装机和打包机。打包机又分单模式（穿箭式）和双模式（环绕式）。

9. 热塑包装机

热塑包装机是采用天然气为热源，通过热风使塑料包装袋遇热收缩以实现包装的机械，一般配合包装输送机工作。

2.3.7 成品加工设备

成品加工系统的通用设备主要有成品切割机、花纹镂刻机等设备。随着技术要求的提高，也已开发成专用于蒸压加气混凝土板材的成品切割机。专用设备主要有铣槽机，用于坯体未铣槽的板材；还有一种专门用于砌块铣槽的装置，专门用于铣削拉结筋槽，一般和包装输送机配合使用。

思 考 题

1 蒸压加气混凝土的生产工艺流程包括哪些主要工序？
2 我国蒸压加气混凝土主要有哪些工艺形式？
3 试述蒸压加气混凝土的专用设备。
4 试述本企业的生产工艺过程。

3 原 材 料

生产蒸压加气混凝土的原材料较多，每一种原材料也可以选用不同的品种。工厂采用的原材料，主要依据当地的资源条件、生产的产品品种以及工厂的生产、技术、设备条件而定。我们可以把用于生产蒸压加气混凝土的原材料分成四大类，即基本材料、发气材料、调节材料和结构材料。

3.1 基 本 材 料

基本材料是指形成蒸压加气混凝土的主体材料。在配料浇注和蒸压养护等工艺过程中，它们将发生一系列物理化学变化并相互作用，产生以水化硅酸钙为主要成分的新生矿物，从而使蒸压加气混凝土具有一定的抗压强度等物理力学性能。

基本材料共分两大类，一类是硅质材料，主要成分为 SiO_2，如砂、粉煤灰等；另一类是钙质材料，主要成分是 CaO，如生石灰、水泥、粒状高炉矿渣等。以上材料构成了我国蒸压加气混凝土的三大系列：水泥-石灰-砂系列、水泥-石灰-粉煤灰系列和水泥-矿渣-砂系列。此外，含硅的尾矿砂、煤矸石、石材加工废弃粉末和水泥管桩生产中产生的废浆等也常用作原料。

3.1.1 砂

砂是蒸压加气混凝土工业广泛使用的硅质材料，其作用主要是提供 SiO_2。自然界中的砂由岩石风化或水流冲击形成，其外观和颗粒状态不尽相同，化学成分和矿物组成也不一样。

砂的主要化学成分是 SiO_2，也有少量的 Al_2O_3、Fe_2O_3 和 CaO 等。砂的矿物组分很复杂，有时可达几百种，含量最多的是石英，其次是长石，有时还夹杂着云母、碳酸盐、黏土等。砂中的 SiO_2 一部分以石英态存在，另一部分以长石或其他矿物组分存在。但是，无论是纯石英态的 SiO_2，还是化合态的 SiO_2，都具有稳定的晶体结构，处于最小内能状态。因此，常温下砂是惰性材料，高温水热处理时，砂的溶解度增大，各种矿物的 SiO_2 均能与 CaO 反应生成水化硅酸钙。其中以石英与 CaO 的反应产物抗压强度最高。因此，砂中石英含量越多，质量越好。

石英为单组分矿物，化学式是 SiO_2，呈玻璃光泽，无解理，贝壳状断口，断口呈油脂光泽，硬度 7，密度 $2.65g/cm^3$；云母为层状矿物，化学式 $R^+R_3^{2+}[AlSi_3O_{10}]$ $[OH]_2$ 或 $R^+R_2^{3+}[AlSi_3O_{10}][OH]_2$，晶体通常呈六方形或菱形片状或板状，有时呈假六方柱状，玻璃光泽，解理面呈珠光泽，硬度 $2\sim3$；长石为架状矿物，化学式可写作 $K[AlSi_3O_8]$ 和 $Na[AlSi_3O_8]$ 等，颜色浅，常因含有多种杂质而呈黄、褐、浅红、深灰等色，折射率低，硬度 $6\sim6.5$，密度 $2.5\sim2.7g/cm^3$。由此可见，用肉眼判别砂的质量时，好的砂应该是具有玻璃光泽、色泽浅、有透明感、有折光的均匀颗粒。

砂中还含有一定数量的 Na_2O 和 K_2O，在蒸压加气混凝土生产过程中，它们生成可溶性 Na_2SO_4 和 K_2SO_4。随着制品中水分的迁移而移至制品表面，并根据蒸发条件的不同，将会在制品的表面或表层下析出盐类结晶体（白霜），这就是盐析。在盐析过程中，由于结晶体体积膨胀，会导致饰面层脱落或者表面剥离。由于钠盐吸水性较强，结晶体颗粒较大，膨胀也大，因而盐析的破坏比钾盐的破坏更大。

砂中含有有机酸（腐殖物），对蒸压加气混凝土的生产不利，它会中和蒸压加气混凝土料浆中的碱。当有机酸含量过多时，将降低料浆碱度，影响料浆发气和坯体硬化。

砂中的黏土杂质对蒸压加气混凝土性能的影响有两重性：一方面，黏土是颗粒非常小的（$<2\mu m$）可塑的硅酸铝盐。除了铝外，黏土中还包含少量镁、铁、钠、钾和钙。黏土一般由硅酸盐矿物在地球表面风化后形成。由于黏土是一种高分散物料，吸水性强，含量过高时，会使料浆黏度增大，若为了保证一定的黏度而增加用水量，则会延长坯体硬化时间；另一方面，黏土中含有一定量的 Al_2O_3，它可以促进托勃莫来石的生成。黏土和过细砂有所区别，黏土除了颗粒细小以外，颗粒上带有负电性，因此有很好的物理吸附性和表面化学活性，具有与其他阳离子交换的能力。而过细砂的颗粒比黏土颗粒大，并不具备吸附性。砂中的碳酸钙物质（如珊瑚、贝壳等）不宜过多，一般不希望大于 10%。

砂的技术要求是（JC/T 622—2009《硅酸盐建筑制品用砂》）：

		优等品	一等品	合格品
SiO_2	$\geqslant$	85%	75%	65%
K_2O+Na_2O	$\leqslant$	1.5%	3.0%	5.0%
云母	$\leqslant$	0.5%	0.5%	1.0%
SO_3	$\leqslant$	1.0%	1.0%	2.0%
泥含量	$\leqslant$	3.0%	5.0%	8.0%

不含杂质（树皮、草根等）。

此外，用于板材生产时，砂的氯化物含量（以 NaCl 计）不得大于 0.02%（优等品）和不得大于 0.03%（一等品和合格品）。

一些企业由于条件所限，砂的 SiO_2 含量往往不足 75%，虽然也可使用，但增加了生产控制的难度。总的来说，砂中 SiO_2 含量是越高越好（过去国外通常要求大于 90%），杂质越少越好。

现在，许多企业拓展了生产原料，使用采矿尾砂、石材加工产生的石屑等工业废弃物代替天然砂为硅质材料，但所有这些材料毕竟是工业废弃物，必须符合蒸压加气混凝土的技术要求和环保要求，并在试验验证后才可使用。

一般来说，海砂和机制砂不能用于蒸压加气混凝土生产，这是因为海砂中含有大

量的 Na^+ 和 K^+；而机制砂主要用作混凝土的集料，对化学成分不做过多的要求。因此，由于原料的限制，SiO_2 含量难以满足蒸压加气混凝土的需要。但随着人们对自然资源的不断增长的需求，海砂也在被逐步利用，前提是必须经过淡化处理。

按照现代绿色生产的要求，技术先进的企业应首先选用低品位的原材料。所以，国际上已经尽量不对砂做具体规定，而是由企业根据自身技术条件选择。

3.1.2 粉煤灰

粉煤灰在蒸压加气混凝土中的作用主要是提供 SiO_2，同时，其中的 Al_2O_3 除参与蒸压养护过程中的水化反应外，在浇注以后的静停过程中也有较大作用。传统上，按照排灰方式的不同，粉煤灰被分别称之为干排灰和湿排灰。随着现代燃烧技术的发展，循环流化床锅炉和沸腾炉、垃圾发电锅炉应用日趋普及，粉煤灰中又有了性质与一般粉煤灰性能迥异的品种，因此，粉煤灰也被以不同的方式加以利用。通常所说的粉煤灰是在大型火电发电厂，煤经过磨细后与空气混合喷到炉膛完成燃烧后经淬冷而形成，这种粉煤灰成分和性质稳定，便于大规模工业化利用；循环流化床锅炉因采用颗粒煤，在炉膛内存有大量床料，由炉膛下部配风，使燃料在床料中呈"流化态"反复燃烧，且多使用劣质煤，所形成的粉煤灰活性较低并含钙较高，这种粉煤灰成分和性质都会随煤质而有较大波动，工业化利用具有一定难度；沸腾炉采用液态排渣，需添加石灰石来降低熔点，因此粉煤灰的含钙量很高，不易在蒸压加气混凝土行业利用；垃圾发电产生的粉煤灰含钙、铝、铁较高，含硅较低，并含有机污染物，不宜在蒸压加气混凝土行业利用。本节主要讨论我国最普遍的煤粉发电锅炉所产生的粉煤灰。

大约每燃烧 1t 煤，生成 150～200kg 粉煤灰。2017 年全国粉煤灰年排放量已达 6.86 亿吨，同比增长 4.7%，占用了大量土地（或山谷）、江河、湖泊。因此，如何利用粉煤灰是我国迫切需要解决的问题。

1. 粉煤灰的特性

粉煤灰是从煤粉炉烟道气体中收集的粉末。煤中除可燃物外，主要含有黏土质矿物，所以粉煤灰实际上是黏土质矿物在高温燃烧后的产物。锅炉中煤粉的燃烧温度高达 1100～1500℃，由于煤粉中的黏土矿物在燃烧过程中生成的 SiO_2、Al_2O_3、Fe_2O_3 在 1000℃ 时便成为熔融状，在排出炉外时经急速冷却，因大部分自由分子来不及形成晶体而成为细小的球形颗粒状玻璃体，从而具有良好的活性。

（1）化学成分

粉煤灰的化学成分主要是 SiO_2 和 Al_2O_3，还有少量的 Fe_2O_3、CaO、MgO 及其他微量成分。此外，还有一定数量的未燃尽炭（以烧失量表示），化学成分的数量都随煤质及燃烧工艺的不同而不同。我国粉煤灰化学成分变动范围大致如下：烧失量不超过 20%；SiO_2：40%～60%；Al_2O_3：20%～35%；CaO：1%～10%（高钙灰 10%～25%）；Fe_2O_3：3%～10%；MgO：5% 以内；SO_3：2% 以内；K_2O+Na_2O：3.5% 以内。进入 21 世纪，随着电力系统的技术改造和新电厂的投入运行，粉煤灰的烧失量有了大幅度的降低，平均 6.9%，而 SO_3 则由平均 0.32% 提高到 0.8%。

（2）矿物组成

粉煤灰的主要矿物是硅铝玻璃体，其含量一般在70％左右，其他还有结晶矿物莫来石和石英、少量的碳酸钙、赤铁矿和磁铁矿等。此外尚残存少量形状不规则的焦炭颗粒和半焦炭颗粒。

（3）物理性质

粉煤灰是一种浅灰色或黑色细粉，含炭量越多，颜色越深；有些粉煤灰因钙和铁含量较高而呈暗红色。一般质量好的粉煤灰是灰色。粉煤灰密度通常在1.8～2.5g/cm³之间，细度（0.08mm方孔筛筛余）3％～30％，电收尘的干灰细度较小。颗粒粒径一般为1～50μm。标准稠度需水量变化在24.3％～74.1％之间。粉煤灰颗粒表面粗糙多孔，而粗大并多孔隙的颗粒大多是未燃尽的炭粒。因此，衡量其品质的好坏，除了细度，标准稠度需水量也是一个重要指标。

2. 粉煤灰的活性及其影响因素

粉煤灰本身虽不具有单独的硬化性能，但当它与石灰、水泥等碱性材料加水混合以后，即能在空气中硬化，并在水中继续硬化，这就是粉煤灰的活性。活性是综合反映粉煤灰中各成分与CaO进行反应的能力指标。

（1）粉煤灰的细度

粉煤灰与石灰的反应主要靠其颗粒表面可溶物质的溶解并与$Ca(OH)_2$生成水化硅酸钙，从而把尚未参加反应的颗粒残核黏结起来形成整体并具有一定强度。粉煤灰的细度直接反映了其参与水化反应的能力。另外，粉煤灰的细度还反映了煤粉燃烧的状态。一般来说，活性好的粉煤灰颗粒较小。谷章昭认为粉煤灰的细度与其他性能具有较好的相关性，也就是说，细度基本上反映了粉煤灰的质量特性。

（2）标准稠度需水量

如前所述，粉煤灰颗粒表面往往是粗糙多孔的，且粗大并多孔的颗粒大多是未燃尽的炭。另外，由于冷却条件的限制，粉煤灰中玻璃体含量降低，也表现在粉煤灰颗粒的粗大多孔上。多孔的颗粒必定使混合的水料比增大。标准稠度需水量能比较准确地反映粉煤灰的颗粒形貌。

（3）玻璃体的含量

粉煤灰中的玻璃体物质是黏土矿物在煅烧后，成熔融状经急冷而成的无定形的SiO_2和Al_2O_3，我们已经知道，无定形的玻璃体具有较高的内能，易参加与$Ca(OH)_2$的水热合成反应。因此，玻璃体含量高，粉煤灰的活性就好。

3. 粉煤灰的技术要求（JC/T 409—2016《硅酸盐建筑制品用粉煤灰》）

细度（0.080mm方孔筛筛余）	≤	25％
烧失量	≤	8.0％
SiO_2	≥	40.0％
SO_2	≤	2.0％
Cl^-	≤	0.06％

以上质量要求是以普通粉煤灰（CaO：≤10％）而制定。若采用高钙粉煤灰，因

CaO 的形成温度波动较大，其性质也有较大不同，应做专门试验后方可使用。一般来说，生产工艺上应有较大调整，才能适用高钙粉煤灰。循环流化床锅炉的粉煤灰，虽有其特殊性，但经生产实践，也基本上可用于蒸压加气混凝土。

4. 循环流化床锅炉粉煤灰

近年来，随着环保要求的提高，城市供热采用的循环流化床锅炉越来越多，此类粉煤灰的使用也日趋普遍。

循环流化床锅炉是从鼓泡床沸腾炉发展而来的一种新型燃煤锅炉，它的工作原理是：将煤破碎成小于 10mm 的颗粒后送入炉膛，同时炉膛内存有大量床料（炉渣或石英砂），由炉膛下部配风，使燃料在床料中呈"流化态"反复燃烧，并在炉膛出口或过热器后部安装气固分离器（一般均采用旋风分离器），将分离下来的固体颗粒通过回送装置再次送入炉膛燃烧。循环流化床锅炉的运行特点是燃料随床料在炉膛内多次循环，这为燃料提供了足够的燃烧时间，使粉煤灰含碳量大大下降。对以使用高热值燃料、运行良好的循环流化床锅炉来说，燃烧效率可高达 98%～99%，相当于煤粉燃烧锅炉的燃烧效率。

与其他类型锅炉相比，循环流化床锅炉具有良好的燃料适应性，一般燃烧方式难以正常燃烧的石煤、煤矸石、泥煤、油页岩、低热值无烟煤，以及各种工农业垃圾等劣质燃料都可以在循环流化床锅炉中有效燃烧，排出的粉煤灰色泽差异很大，既有灰黑色，也有砖红色。循环流化床锅炉有两个显著特点，一是反复燃烧，二是低效燃烧。反复燃烧产生的粉煤灰没有一个淬冷机会，不会形成具有活性的玻璃体，成为如炉底渣一样的死烧状态；燃料热值较低，必然除可燃成分以外的钙、铝、铁等成分偏高，因此，许多循环流化床锅炉的粉煤灰又是高钙灰或黏土质灰；由于呈"流化态"燃烧，烧尽的灰才会被风带走，排放的粉煤灰的颗粒较小。所以，循环流化床锅炉的粉煤灰表现为活性低，且需水量大。

3.1.3 石灰

石灰是石灰石（主要成分 $CaCO_3$）经高温煅烧，分解释放出 CO_2，但尚未达到烧结状态的白色块状物。其主要成分是 CaO，其分解反应式如下：

$$CaCO_3 \xrightarrow{900\sim1200℃} CaO + CO_2 \uparrow$$

$CaCO_3$ 的分解反应是吸热反应，分解 1kg 的 $CaCO_3$ 理论上需要 1780kJ 的热量。$CaCO_3$ 分解时，按质量约 44% 的 CO_2 逸出，但其体积仅缩小 10%～15%。因而石灰具有多孔结构，其晶粒尺寸为 0.3～1μm。当煅烧温度过高和时间延长时，石灰将逐渐烧结，石灰的密度也不断增大。完全烧结时，石灰的密度可达 3340kg/m³。石灰烧结过程中，其晶粒尺寸不断增大，而内比表面积则不断减小。布特（ЮМ·Бутт）的试验表明：CaO 在 900℃时的晶粒尺寸为 0.5～0.6μm；1000℃时为 1～2μm；1100℃时为 2.5μm；1200℃时，起初晶粒增大到 6～13μm，然后晶粒互相连生在一起；1400℃以上时，经过长时间恒温煅烧得到完全烧结的 CaO，这就是通常所说的"死烧"。

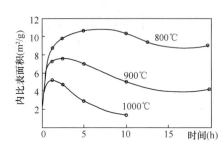

图 3-1 CaCO₃ 在不同温度煅烧时煅烧
时间与石灰内比表面积的关系

图 3-1 为 $CaCO_3$ 在不同温度下烧成的石灰其内比表面积随煅烧时间的变化。它表明随着煅烧温度提高和煅烧时间延长，石灰的内比表面积将逐渐减小。

过烧石灰的内部多孔结构变得致密，CaO 结晶变得粗大，消化时与水反应的速度极慢。

煅烧温度过低和时间太短，石灰石烧不透，形成生烧。

1. 化学成分

石灰的化学成分主要是 CaO，也含有少量的 MgO、Fe_2O_3 和 SiO_2 等。由于在煅烧时 $CaCO_3$ 的分解往往不是很完全，所以石灰中常含有未分解的 $CaCO_3$ 和其他化合物。因此，石灰的成分可分为两部分。一是从 $CaCO_3$ 分解出来呈游离状态（非死烧）的 CaO，是活性部分，是蒸压加气混凝土中参与水热合成反应的有效成分，故又称之为有效氧化钙（以 A-CaO 表示）；另一部分是非活性部分，包括未分解的 $CaCO_3$、死烧的 CaO 等，此部分不参与水热合成反应。

2. 分类

石灰可按加工方式、MgO 含量及消化速度分类。

按煅烧后的加工方式不同可分为：

（1）块状石灰：由原料煅烧而得到的未加工产品，主要成分 CaO。

（2）磨细石灰：由块状石灰碾磨而得到的石灰粉，主要成分 CaO。

以上两种都是生石灰。

（3）消石灰：将生石灰用适量的水消化而得到的粉末，亦称熟石灰，主要成分 $Ca(OH)_2$。

（4）石灰浆：将生石灰用较多的水（为生石灰体积的 3～4 倍）消化而得到的可塑浆体，亦称石灰膏，主要成分是 $Ca(OH)_2$ 和 H_2O。

根据 MgO 含量可分为：

（1）钙质石灰：MgO 含量不大于 5%。

（2）镁质石灰：MgO 含量 5%～20%。

（3）白云质石灰（亦称高镁石灰）：MgO 含量 20%～40%。

根据消化速度可分为：

（1）快速石灰：消化速度在 10min 以内。

（2）中速石灰：消化速度 10～30min。

（3）慢速石灰：消化速度 30min 以上。

消化速度是指在标准容器中消化石灰试样时，达到最高温度的时间。影响石灰消化速度的因素，主要是石灰的煅烧温度和时间。通常，正火石灰（煅烧温度 800～1000℃）为快速石灰；过火石灰（煅烧温度 1200～1400℃）为慢速石灰；而欠火石灰则 A-CaO 含量及消化温度较低。

3. 石灰在蒸压加气混凝土中的作用

石灰是生产蒸压加气混凝土的主要钙质材料，其主要作用是提供有效氧化钙，使之在水热条件下与硅质材料中的 SiO_2、Al_2O_3 作用，生成水化硅酸钙，从而使制品获得强度。石灰也提供了铝粉的发气条件，使铝粉进行发气反应，其反应式为：

$$Al + H_2O \xrightarrow{OH^-} Al(OH)_3 + H_2 \uparrow$$

石灰水化时放出大量的热，1mol CaO 水化时放出的热量 64.9kJ，1kg CaO 放热 1160kJ，其反应式为：

$$CaO + H_2O \longrightarrow Ca(OH)_2 + 64.9kJ$$

石灰的这种迅速大量放热能力，不仅为蒸压加气混凝土料浆提供了热源，而且坯体硬化阶段可以使坯体升温达 $80 \sim 90℃$，促进坯体中胶凝材料的进一步凝结硬化，从而促进了坯体强度的迅速提高。

石灰水化时，其体积将膨胀约 44%。对于磨细生石灰来说，这一膨胀过程大部分发生在开始水化后 30min 内。因此，放热和体积膨胀一方面促进蒸压加气混凝土坯体的硬化，同时，也有可能因调控不当，造成放热过多。温度过高或体积膨胀发生在坯体具有一定强度而失去塑性时，会造成坯体的开裂等。

4. 对石灰的要求

（1）采用磨细生石灰

在蒸压加气混凝土生产中，一般均采用磨细生石灰粉，而不宜使用消石灰。因为生石灰粉消化时，放出大量的热量，促进了水化凝胶的生成，有利于生产工艺的控制，从而保证了产品质量。而采用消石灰，会提高需水量，加之不能提供消化热，从而延缓了坯体的硬化，不利于形成良好的坯体，既增加了工艺控制难度，也降低了产品质量。

（2）消化速度

在蒸压加气混凝土生产中，石灰的消化速度对蒸压加气混凝土的浇注稳定性具有较大影响。蒸压加气混凝土料浆在浇注后的初期，铝粉大量发气，料浆缓慢稠化，保持足够的流动性，可使发气顺畅，并形成良好的气孔结构。而一旦发气结束，料浆应迅速稠化，稳住气泡，同时支撑住浆体，以形成一定强度的坯体。这就要求以石灰来保证料浆稠化速度与铝粉发气速度的相互适应，一般来说，生产蒸压加气混凝土以 $8 \sim 15min$ 的中速石灰为好。

（3）化学成分

石灰中的 A-CaO 是直接参与水化反应的成分，因此，要求含量越高越好。虽然 A-CaO 含量也决定了石灰消化热，但因检验方法的限制，测试所得 A-CaO 数值不能真实反映实际消化热，石灰极易吸收空气中水分而部分消化，使消化热降低。因此，应同时提出消化温度的要求。

石灰中的 MgO 因过烧而消化极慢，往往会在坯体硬化之后或在蒸压过程中消化，从而因其体积的膨胀而破坏坯体。因此，MgO 含量应属严格控制的指标。

（4）细度

提高石灰的细度，一方面可增加石灰的溶解度，促进与硅质材料的反应，生成较多的水化产物；另一方面，可以减少石灰消化过程中的体积膨胀，避免坯体的开裂。但过高的细度会提高消化速度，影响浇注稳定性，同时，经济上也不合理。

（5）石灰的技术要求（JC/T 621—2021《硅酸盐建筑制品用生石灰》）

		Ⅰ级	Ⅱ级	Ⅲ级
A(CaO＋MgO)，％	≥	90	75	65
SiO_2，％	≤	2	4	6
MgO，％钙质石灰	≤	2	5	
镁质石灰		>5 且≤10		
石灰中的残余 CO_2，％	≤	2	5	7
消化速度，min	≤	15		
消化温度，℃	≥	60		
产浆量，L/10kg	≥	25		
未消化残渣，％	≤	5	10	15
细度(0.080mm 方孔筛筛余量)，％	≤	10	15	

以上要求只是对石灰最一般的要求，对于生产高品质产品，显然仅有这些指标是不够的，因为测试 10g 石灰在 20mL 水中的消化温度，理论计算出的最大温升（最高温度减初始温度）可达 134℃。水温达到 100℃即沸腾，当石灰质量非常好、测试环境接近绝热时，温度可能超过 100℃。由于有蒸发热的原因，超过 100℃的测试值与所设想的结果就会有较大的差异。所以，这些指标尚不能准确描述石灰的消解特性和烧成质量（生烧和过烧程度），因此，德国的企业还提出了石灰的消解曲线要求（图 3-2），试验方法是基于石灰消解的理论温升（测得的最高温度减初始温度）为 68.0℃。当初始水温在 20℃时，理论上可测得的最高温度为 88℃，不超过水沸腾温度，因此测试结果相对更加准确。并且考虑到生产对石灰消解的需要，要求提供 2min、5min、10min、20min、30min 和 40min 的消解温度，达到最高温度的时间，达到 60℃的时间和反应结束时间。同时，一些企业还提出粉状石灰的松散密度要求，

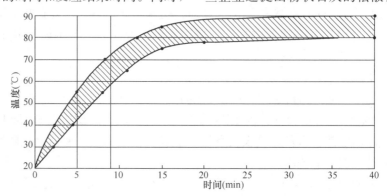

图 3-2　德国企业对石灰消解特性的要求

008mm 筛余量(％)8.0～11；松散密度(g/cm³)0.9～1.2；T_{end}(℃)80～90；t_{60}5～9min；
A-CaO(％)≥78；MgO(％)≤2.0

控制石灰的产浆量指标，显然，这些对生产 B05 以下级别的制品至关重要。

从图 3-2 看出，德国企业不仅要求使用中速石灰，而且提出了消解温度达到 $60℃$ 的时间应该控制在 $5\sim9min$ 之间。对于板材生产，对石灰的要求更严格，陆洁在总结国外技术的基础上提出：$t_{60}=4\sim14min$，$t_{max}=20\sim50min$。

5. 对石灰生产的要求

在蒸压加气混凝土生产中，石灰质量的控制往往必须从石灰的生产环节开始，这是因为我国石灰主要供应建筑工地，有效氧化钙、消解温度和消解速度等并不是主要控制指标，因此，作为蒸压加气混凝土原料的生石灰，必须在生产环节进行有效控制。

石灰石的质量是获得高品质石灰的基本保证。我国虽然石灰石资源丰富，但其质量却相差很大，我们要求的石灰石必须 $CaCO_3$ 含量高，而其他成分含量少，一般要求 $CaCO_3$ 含量在 90% 以上，具体要求列于表 3-1。

表 3-1　用于生产石灰的原料及化学成分

原料名称	化学成分（%）		
	$CaCO_3$	$MgCO_3$	$SiO_2+R_2O_3$
纯石灰石	96～100	0～2	0～2
弱白云石化石灰石	91～96	3～6	0～2
白云石化石灰石	75～92	7～24	0～2
弱泥灰质石灰石	92～96	0～2	3～6
弱泥灰质白云石化石灰石	70～90	7～24	3～6
贝壳	75～96	1～4	3～21
白垩	88	3	9

我国石灰基本上是采用立窑甚至是土窑烧制，也有采用回转窑烧制的。以立窑为例，石灰的煅烧过程如图 3-3 所示，立窑自上至下可分为预热、煅烧和冷却三个区。石灰石和燃料从窑的顶部加入，烧成的石灰由底部卸出，形成连续的生产过程。在预热区，从下部煅烧区上升的热气流将原料干燥和预热；窑的中部为煅烧区，包括燃料燃烧和石灰石分解，是进行主要化学反应的区域，其煅烧过程是由外到内；冷却区燃料已经烧尽，烧成的石灰被下面引入的空气冷却，同时，冷空气被预热。显然，在石灰石通过煅烧区的时间一定时，石灰石的均匀性直接影响烧成质量，我们要求入窑石灰石粒径在 $50\sim100mm$，避免过大或过小的块体，以避免生烧或过烧（中速石灰要求轻微过烧）。

据石灰窑的煅烧温度和石灰石在煅烧区的停留时间及燃煤的分布关系到石灰的消解特性，一般情况下，我国蒸压加气混凝土企业适应中速石灰，我们可以结合石灰窑的特性和燃煤质量提出相应的要求。

如何煅烧适用于蒸压加气混凝土的石灰？生石灰在煅烧过程中，随着温度的升高，其结构要经过碳酸钙分解成亚稳定和稳定的氧化钙晶体，氧化钙晶体连生以及"烧结"等几个过程。形成这种变化的因素，除石灰石自身的物理化学形态外，温度和时间是主要的外部条件。试验表明，当煅烧温度达到 $1000\sim1100℃$ 时，生石灰的消解特性和生石灰的晶体颗粒直径变化较小，而当煅烧温度达到 $1150\sim1200℃$ 时，生石灰的上述性能就会发生明显的变化，即氧化钙结晶体的扩大、连生和变得更加致

密，因而与水的反应活性降低。当温度大于 1250℃
时，生石灰就会出现"烧结"现象，石灰颗粒相互粘
连，体积塌缩，结块甚至局部熔融变色，这时其消化
能力变得十分迟钝，甚至不消化。根据石灰煅烧过程
中其内部结构和消化性能随温度而变化的情况可以看
出，为了制得适合蒸压加气混凝土需要的具有较缓慢
的消化特性的生石灰，关键是石灰的煅烧温度，即控
制最高温度在1050～1250℃的范围之内。同时要保证
物料在高温下使氧化钙晶体得以充分长大的适当的持
续时间。

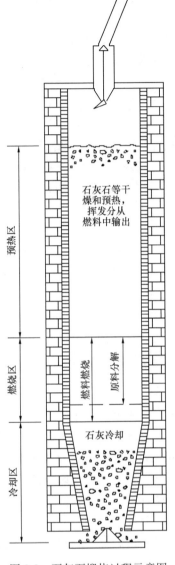

我国"水泥-石灰-砂蒸压加气混凝土研究小组"
对烧制中速硬烧灰的工艺方法做过较深入的研究。认
为煅烧这种生石灰时必须做到以下几点：

（1）煅烧工艺参数

石灰石粒径：5～10cm

燃煤粒径：<5cm

煅烧温度：1200℃±50℃

煅烧时间：

预热带停留时间：3～5h

高温带停留时间：12～16h；

冷却带停留时间：2～4h；

高温带停留时间要大于总煅烧时间的一半。

（2）窑型

针对国内一般石灰窑的情况提出以下改进意见：

① 窑的高径比不得小于 5，以延长石灰石在窑内
的总停留时间。

② 由于采用高温煅烧，煤石比较高，所以必须改
进窑顶的布料装置，以保证石灰石和煤的均匀分布，
避免出现局部温度过高现象。

图 3-3 石灰石煅烧过程示意图

③ 要适当提高石灰窑内高温区域窑壁耐火砖的耐火度，可采用一级耐火砖和高铝砖。

（3）操作

① 煅烧带长度和风量、风压的选择

在煅烧过程中，石灰窑的通风量不宜过大，否则将引起炉温降低，火层拉长、燃
煤不集中，一般宜采用窑内空气过剩系数在 1.0～1.3 之间。而煅烧中速硬烧灰时，
由于煤石比高，过大的风量更易造成窑内高温带温度偏高而持续时间缩短的现象，对
石灰的均匀烧透不利，因此，风压也宜稍低一些，一般以 590～780Pa 较合适。石灰
的落料速度则要和风压、风量、煅烧带长度相配合，适时落料并随时根据窑内煅烧情
况调整。

② 封窑

在生产运行期间若遇到偶然情况必须暂停时，应注意做好降温保窑和封窑保温工作。

由于窑内温度高达 1200℃ 左右，因而窑壁蓄热量很大，物料表面会附着一层由高温燃烧的煤粒和熔点较低的杂质形成的黏滞物，一旦突然停风降温，物料下落运动减慢或停滞，就容易发生"结瘤"现象，影响石灰窑继续运行。因此，需要封窑时，一般应提前几天逐步降低煤石比，进行降温保窑，使窑温逐步降至物料"结瘤"温度以下。

封窑时，可根据封窑时间的长短，增加配煤量，并加入一定量的石灰石，然后停止送风，关闭窑门，封好进风口，并将料钟盖紧再用碎石封严，尽量做到不漏气。

封窑保温期间，应密切注意窑内温度变化情况，按时记录窑温。如窑温上升较快，煅烧区迅速上移，应及时终止保温，启封、卸火、加料，观察窑的燃烧情况，采取措施处理之后决定是否再行封窑。

国外蒸压加气混凝土行业对生石灰的性能及生产方法也有类似的要求。

下面是有关立窑的主要数据：

窑体总高度：	38m
有效高度：	17m
内径：	3m
冷却带直径：	2.4m
石灰石加料量：	72t/d
燃煤加料量：	7.7t/d
加料间隔时间：	2h
出料间隔时间：	1h
每次加石灰石量：	6t
每次加煤量：	0.64t
空气压力：	290~490Pa
物料下移速度：	0.3m/h
煅烧周期：	28~30h
煅烧带高度：	9m
最高温度：	1200℃

对烧成的石灰进行验收，是保证石灰质量的最后一关。我们要求出窑石灰块体均匀，色泽发白或白中略带粉红，密度适中，应避免过多粉状、结瘤和密度过大或过小的石灰，同时还应避免炉渣等杂质混入成品石灰，还要求在贮存和运输过程中避免雨淋和长时间暴露在空气中。

回转窑工艺具有质优环保的优势，现在石灰采用回转窑煅烧也越来越多。回转窑（又称旋窑）是一个有一定斜度的圆筒状窑体，斜度为 3%~3.5%，借助窑的转动来促进物料在窑内的充分混合、与热气流充分接触以实现充分反应。窑头喷煤燃烧产生大量的热，热量以火焰的辐射、热气的对流、窑砖传导等方式传给物料。物料依靠窑筒体的斜度及窑的转动在窑内向前运动。

回转窑一方面是燃烧设备，煤粉在其中燃烧产生热量；同时也是传热设备，物料吸收热量进行煅烧；又是输送设备，将原料从进料端输送到出料端。而燃料燃烧、传热及物料运动三者间必须合理配合，才能使燃料燃烧所产生的热量在物料通过回转窑的时间内及时传给物料，以达到高产、优质、低消耗的目的。

物料颗粒在回转窑内运动情况比较复杂。假定原料颗粒在窑壁上及原料层内部没有滑动现象时，通常认为：物料在摩擦力的作用下与窑壁一起像一个整体一样慢慢升起，当转到一定的高度时，即物料层表面与水平面形成的角度大于堆积角时，物料颗粒在重力的作用下，将沿料层滑落下来。由于回转窑有一定倾斜度，物料颗粒滚动时，沿着斜度的最大方向下降，因此向前移动了一定的距离。

当物料在窑内运动时，运动方式有周期性的变化，或埋在料层里面与窑一起向上运动，或到料层表面而降落下来。但只有在物料沿表面层降落时，才会沿着窑长方向前进。

物料在窑内运动的情况将影响到在窑内的停留时间（即物料受热时间）；物料在窑内的填充系数（即物料受热面积）、物料翻动情况，也影响到物料的均匀性（即影响到燃烧产物与物料的表面温度）。

3.1.4 水泥

水泥是一种广泛使用的水硬性胶凝材料，品种很多，适用于蒸压加气混凝土的是通用硅酸盐水泥（GB 175《通用硅酸盐水泥》）。按国家标准，通用硅酸盐水泥分六个品种，即：硅酸盐水泥（代号 P·Ⅰ、P·Ⅱ）、普通硅酸盐水泥（代号 P·O）、矿渣硅酸盐水泥（代号 P·S·A、P·S·B）、火山灰质硅酸盐水泥（代号 P·P）、粉煤灰硅酸盐水泥（代号 P·F）和复合硅酸盐水泥（代号 P·C）。蒸压加气混凝土使用较多的是 P·Ⅰ（P·Ⅱ）42.5 硅酸盐水泥和 P·O42.5 普通硅酸盐水泥，若用于板材生产，则宜采用 52.5 硅酸盐水泥和 P·O52.5 普通硅酸盐水泥。

1. 通用硅酸盐水泥的化学成分和矿物组成

通用硅酸盐水泥的化学成分主要是 CaO、SiO_2、Al_2O_3、Fe_2O_3 以及少量的 MgO 和 SO_3 等。前四种成分在水泥熟料中形成主要的四种矿物，即硅酸三钙（$3CaO·SiO_2$，简写 C_3S）、硅酸二钙（$2CaO·SiO_2$，简写 C_2S）、铝酸三钙（$3CaO·Al_2O_3$，简写 C_3A）、铁铝酸四钙（$4CaO·Al_2O_3·Fe_2O_3$，简写 C_4AF）。一般通用硅酸盐水泥熟料的化学成分和矿物组成见表 3-2。

表 3-2 一般通用硅酸盐水泥熟料的化学成分和矿物组成

化学成分（%）					矿物组成（%）			
SiO_2	Al_2O_3	Fe_2O_3	CaO	MgO	C_3S	C_2S	C_3A	C_4AF
20～24	4～7	3～5	62～67	4～5	50～59	20～30	5～12	10～18

应该指出，水泥的化学成分并不是固定的，它随水泥的品种、强度等级、混合材等而变化。因此，水泥在使用前应进行成分分析。

一般来说，P·O42.5 水泥 3d 的水化热约 230kJ/kg，大约是石灰的五分之一。水泥的细度以 0.08mm 方孔筛筛余不大于 10%，以比表面积计为 3000cm²/g。

2. 水泥在蒸压加气混凝土中的作用

水泥是生产蒸压加气混凝土的主要钙质材料。它可以作为钙质材料单独使用，但更多的是和石灰一起作为混合钙质材料使用。

在水泥熟料的四种矿物组成中，C_3S 是 CaO 的主要提供者，同时，C_3S 和 C_4AF 水化反应进行得最快，决定着水泥的水化、凝结速度和早期强度。因而对蒸压加气混凝土料浆的发气、凝结硬化和制品强度都有重要影响。从这方面看，水泥的 CaO 含量高有利于蒸压加气混凝土生产。

当水泥作为单一钙质材料单独使用时，它是料浆中 $Ca(OH)_2$ 的主要来源，在蒸压养护过程中与硅质材料中的 SiO_2 和 Al_2O_3 反应生成水化硅酸钙和水化铝酸钙，从而使蒸压加气混凝土获得强度。

当水泥与石灰混合使用时，石灰是 CaO 的主要提供者。水泥的作用主要是保证浇注稳定并可加速坯体的硬化，改善坯体的性能并提高制品质量。

由于水泥的水化热比石灰低得多，因此水泥的用量也能调节钙质材料的水化热，从而调节料浆的温度和稠化速度。

水泥在硅酸盐混凝土中有助于提高制品的耐久性。

3. 对水泥的技术要求

生产蒸压加气混凝土所采用的水泥，主要是从水泥的品种和强度等级两个方面进行选择。从水泥在蒸压加气混凝土中的作用看，一是要提供 CaO，二是要求促进坯体的硬化。因此，我们应该首先选择 P·Ⅰ（P·Ⅱ）42.5 硅酸盐水泥或 P·O 42.5 普通硅酸盐水泥（混合材掺量 P·Ⅱ水泥≤5%，P·O 水泥为 5%～20%），当条件限制时，也可选择其他型号的水泥，但这些水泥已经至少加入了 20%～70% 的混合材，水化硬化延缓，用量明显增加，并会带入一定可溶盐。

在蒸压加气混凝土生产中，对水泥的游离氧化钙（f-CaO）含量可以适当放宽。因为其在坯体的静停及蒸压养护过程中将全部消化，即使安定性不合格的水泥，f-CaO 含量大于 5% 时，也可以使用。

按照通用硅酸盐水泥标准规定，硅酸盐水泥、普通硅酸盐水泥、矿渣硅酸盐水泥、火山灰质硅酸盐水泥、粉煤灰硅酸盐水泥和复合硅酸盐水泥的初凝时间必须大于 45min，硅酸盐水泥和普通硅酸盐水泥的终凝时间必须小于 390min，矿渣硅酸盐水泥、火山灰质硅酸盐水泥、粉煤灰硅酸盐水泥和复合硅酸盐水泥的终凝时间必须小于 600min。这是由于作为普通水泥混凝土和砌筑粉刷等用途的水泥，要保证输送和施工有足够的时间。然而蒸压加气混凝土制品在蒸压养护以前，水泥的重要作用是使料浆尽快凝结硬化，使发气后的料浆不致塌陷，以保证浇注的稳定性。因此，对于蒸压加气混凝土，水泥的初凝及终凝时间不宜过长。

水泥中往往含有微量铬酸盐，铬酸盐是强氧化剂，会使铝粉颗粒表面氧化生成三氧化二铝，从而阻止铝粉发气。试验表明，当铬酸盐含量超过 $30～40×10^{-6}$，就会明显推迟铝粉开始发气时间。因而，水泥中的铬酸盐含量应限制在 $20×10^{-6}$ 以下。

当水泥中铬酸盐含量过多时，可在料浆中加入适量硫酸亚铁，使 6 价铬离子还原成 3 价铬离子，以消除铬酸盐对铝粉的氧化作用。

3.1.5 粒状高炉矿渣

在炼铁过程中，从高炉内排出的熔融状态的废渣液，经水淬急速冷却成为松散多孔的细小玻璃态颗粒，叫粒状高炉矿渣，俗称水淬矿渣或水渣，这是一种良好的活性材料。随着工业技术的发展，水渣目前已被水泥工业大量作为活性混合材。在蒸压加气混凝土行业，苏联地区使用比较广泛，而在我国只有少数工厂仍在使用。

1. 矿渣的物理特性和化学成分

粒状高炉矿渣为外观呈白色、灰白色、黄色或黄绿色的松散小颗粒，其颜色与矿渣的化学成分和水淬条件有关。颗粒粒径通常在 10mm 以下，大多在 0.5～5mm 之间，堆积密度为 $500～800kg/m^3$，密度为 $2.95g/cm^3$ 左右。

矿渣的化学成分主要是 CaO、SiO_2、Al_2O_3、MgO 和 Fe_2O_3，还有少量的硫化物（CaS、MnS、FeS），少数矿渣还有 TiO_2、P_2O_5 等。表 3-3 列出了我国一般矿渣及水泥熟料的化学成分。

表 3-3　我国一般矿渣及水泥熟料的化学成分

	SiO_2	CaO	Al_2O_3	Fe_2O_3	MgO	SO_3	MnO
水淬矿渣	26～42	38～48	7～20	0.2～1	4～13	1～2	0.1～1
硅酸盐水泥熟料	20.50	63.93	6.25	5.48	0.37	—	—

2. 矿渣的活性

由于矿渣的化学成分与水泥熟料相似（CaO 含量较低），并在急冷过程中固化，具有较高的玻璃体含量，因此，有着潜在的活性，在少量激发剂（石灰或水泥）的作用下，可以表现出胶凝性。矿渣的这种活性，主要取决于自身的化学成分、矿物组成和水淬条件，同时，也与应用矿渣的方法及环境有关。

3. 矿渣的质量评价

矿渣的化学成分、矿物组成比较复杂，还由于成粒条件不同而产生结构差异，这些特性都从本质上影响了矿渣的质量。而不同激发剂的存在，又影响矿渣的活性发挥，使其表现出来的活性也不一样，这就造成了评定矿渣质量的复杂性。

用化学成分分析来测定矿渣的活性，虽然还不够全面，没有涉及矿渣内部结构，但是用这种方法已能说明矿渣的本质特性。所以，这是目前国内评价高炉矿渣的主要方法。

根据国标 GB/T 203—2008《用于水泥中的粒化高炉矿渣》，矿渣质量好坏按以下三个方面进行评估：

（1）质量系数 $[(CaO＋MgO＋Al_2O_3)/(SiO_2＋TiO_2＋MnO)]$ 不得小于 1.2。质量系数反映了矿渣中的活性组分 CaO、MgO、Al_2O_3 与非活性组分 SiO_2、MnO、TiO_2 之间的比例，质量系数越大，则矿渣的活性越高。

（2）以 MnO 计，锰化合物含量不大于 2%（高炉冶炼锰铁时，所得矿渣可放宽到 15%）；以 TiO_2 计，钛化合物含量不大于 2%（以钒钛磁铁矿为原料的高炉矿渣可放宽到 10%）；以 F 计，氟化合物含量不大于 2%。

（3）淬冷处理必须充分，堆积密度不大于 $1.2 \times 10^3\,kg/m^3$；最大粒度不大于 50mm，大于 10mm 颗粒的质量分数小于 8%，玻璃体质量分数大于 70%。

4. 矿渣在蒸压加气混凝土中的作用

磨细的水淬矿渣在饱和的 $Ca(OH)_2$ 溶液中，会产生显著的水化反应，有明显的胶凝性能，即矿渣的潜在活性被激发和释放出来，显示出水化和硬化的能力。在蒸压加气混凝土料浆中，当原材料中有生石灰时，生石灰水化生成 $Ca(OH)_2$，在水泥作为其钙质材料时，水泥中的 C_3S、C_2S 等硅酸盐矿物也水化生成 $Ca(OH)_2$，使料浆呈碱性，因而可以激发矿渣的活性，从而具备了水热合成反应的条件。

3.2 发气材料

发气材料在蒸压加气混凝土中的作用是在料浆中进行化学反应，放出气体并形成细小而均匀的气孔，使蒸压加气混凝土具有多孔状结构。

蒸压加气混凝土的基本组成材料的密度一般都在 $1.8 \sim 3.1\,g/cm^3$，而蒸压加气混凝土制品的干密度通常为 $400 \sim 700\,kg/m^3$，甚至更低。因而，蒸压加气混凝土必须有较大的孔隙率，一般在料浆的发气膨胀阶段要求料浆的体积膨胀量在 1 倍或 1 倍以上，为此，要求发气材料能够提供大量的、不溶或难溶于水的气体。为了使这些气体能够在料浆中形成尺寸适当、大小均匀的球形气泡，并能保持稳定而不变形破裂，除了料浆本身要具备一定的温度、稠度等条件以外，适当的气泡稳定剂（稳泡剂）是十分重要的。我们称提供气体的材料为发气剂，称对气泡起稳固作用的材料为稳泡剂。

发气剂的种类比较多，主要可分为金属和非金属两大类。金属发气剂有铝（Al）、锌（Zn）、镁（Mg）等粉剂或膏剂，铝锌合金和硅铁合金等。非金属类有双氧水（H_2O_2）、碳化钙（CaC_2，俗称电石）等。

目前，世界各国生产蒸压加气混凝土时，绝大多数采用金属炭气剂来产生气体。而在金属炭气剂中，真正用于工业生产的是铝粉（铝粉膏）。国际上多采用铝粉作为发气剂，我国过去也以使用铝粉为主，现在除少数引进生产线外，大多数已改用铝粉膏。本节着重介绍作为发气剂的铝粉（铝粉膏）。

稳泡剂种类也较多，原则上，凡是能降低固-液-气相表面张力，提高气泡膜强度的物质均可起到稳泡的作用，都是一种稳泡剂。但从其稳泡功能的强弱和对加气混凝土料浆的适应力来看，采用较多的主要是"可溶油"、拉开粉、皂荚粉等以及某些合成物或再制品。

3.2.1 铝粉的发气反应

铝的密度仅为 $2.7\,g/cm^3$，在标准状态下，每 1g 铝产生氢气 1.24L，因而用量少，成本低。铝的产量较大，来源比较广泛，且用于蒸压加气混凝土生产在工艺上比较好控制，是用于发气的最常用的材料。

铝是很活泼的金属，它能与酸作用置换出酸中的氢，也能与碱作用生成铝酸盐。金属铝在空气中很容易被氧化生成氧化铝，其反应式如下：

$$4Al+3O_2 \longrightarrow 2Al_2O_3$$

氧化铝在空气和水中是稳定的。我们日常生活中使用的铝制品，有了氧化铝的钝化保护膜后，阻止了金属铝的进一步氧化，但氧化铝在酸性或碱性环境下，仍能与酸或碱反应，生成新的盐，使保护层破坏。

$$Al_2O_3+6H^+ = 2Al^{3+}+3H_2O$$

$$Al_2O_3+2OH^- = 2AlO_2^-+H_2O$$

金属铝遇水反应，置换出水中的氢，并生成氢氧化铝。

$$2Al+6H_2O = 2Al(OH)_3+3H_2\uparrow$$

我们所使用的发气铝粉，往往颗粒表面已经氧化，生成了氧化铝保护膜，阻止了铝与水的接触。只有消除氧化膜后，铝粉才能进行反应，置换出水中的氢。因此，我们说作为发气剂的铝粉，应该在碱性环境下进行发气反应。

铝与水反应生成的 Al(OH)$_3$ 是凝胶状物质，也阻碍着水与铝的进一步反应，但 Al(OH)$_3$ 同样也能溶解在碱性溶液中，生成铝酸盐：

$$Al(OH)_3+OH^- = AlO_2^-+2H_2O$$

这样，在碱性环境中，铝就可以不断与水反应，生成氢气，直到金属铝消耗尽为止。

在蒸压加气混凝土料浆中，碱性物是 Ca(OH)$_2$。因此，铝粉与水的反应可以写成：

$$2Al+3Ca(OH)_2+6H_2O = 3CaO \cdot Al_2O_3 \cdot 6H_2O+3H_2\uparrow$$

3.2.2 铝粉的生产过程及主要特性

铝粉是将铝锭熔解后，用压缩空气喷成细粒（称喷粉），然后经分选后，取一定粒度的细粉加入密闭的球磨机中碾磨而成。为了防止铝粉在碾磨过程中氧化，并由此引起燃烧爆炸，除球磨机系统的特殊设计，保证严格密封并充入氮气保护外，还要在铝粉中加入一定量的硬脂酸，使铝粉在碾磨过程中同时在颗粒表面形成硬脂酸保护层。现在，通常采用的发气剂铝粉膏，在碾磨过程中不加硬脂酸，也不以氮气保护，而是加入介质和各种助剂进行碾磨，碾磨后的铝浆经离心（或压滤）浓缩而成膏状体，实际是半干的粉体。碾磨介质有两类：一种是矿物油，由此制得的铝粉膏称为油性铝粉膏；另一种是水，形成的铝粉膏为水性铝粉膏。铝粉膏的原料也采用包装铝箔的边角料，这种材料纯度高，而且价格低，所制得的铝粉膏已被广大企业所接受，但其细度、颗粒形貌和分散性往往影响蒸压加气混凝土的产品质量。

铝粉表面的硬脂酸，在使用时必须除去，即脱脂。常用的方法有烘烤法和化学法两种。烘烤法已不多用，化学法是以化学脱脂剂与铝粉一起搅拌而脱去表面的硬脂酸。常用的化学脱脂剂有拉开粉（二异丁基萘磺酸钠）、平平加（高级脂肪醇环氧乙烷）、皂素粉或皂素植物浸出液及普通洗衣粉等。

用于蒸压加气混凝土生产的铝粉，并不仅仅能与水反应产生氢气这么简单。前面我们讨论了蒸压加气混凝土的强度，其中包括蒸压加气混凝土的气孔结构。要形成理想的气孔结构，就必须是铝粉的发气与蒸压加气混凝土料浆的稠化硬化相适应，这就要求铝粉不仅要有较多的金属铝含量，即能参加反应，置换水中氢元素的铝——活性铝的含量较多；还要求具有一定的细度及颗粒形状，以保证合适的发气曲线；蒸压加气混凝土对发气质量的要求很高，包括发气的速度、气泡的大小及均匀性以及生产的稳定性，对铝粉细度的均匀性和铝粉颗粒级配有较高的要求。

1. 铝粉的发气量

铝粉的发气量决定了铝粉在蒸压加气混凝土中的用量。铝粉的发气量指单位质量的铝粉在标准状态下与水充分反应产生的氢气体积。1g 金属铝，在标准状态下的理论发气量为 1.24L。而工业用铝粉中总含有少量杂质，有些铝受到氧化而成为氧化铝，从而使铝粉的实际发气量低于理论值。显然，铝粉中金属铝含量越多，发气量就越大。在蒸压加气混凝土料浆中，参加反应的活性铝越多（能参加发气反应，产生氢气的铝，称为活性铝；在铝粉膏中，区别于活性铝的另一个指标是固体分），实际发气量也就越大。为此，用于蒸压加气混凝土的铝粉通常用纯度比较高的铝锭（纯度 98％以上）来生产。而铝粉的金属铝含量一般要求不小于 98％，活性铝含量（GB/T 2085.2—2019《铝粉　第 2 部分：球磨铝粉》）不小于 85％（铝粉膏稍低）。

2. 铝粉的细度

铝粉的细度不影响发气量，但影响发气速度。铝粉越细，比表面积越大，参加反应的表面积越大，因而发气开始时间也越早，速度快，同时，发气结束也早。

一般来说，铝粉经过生产过程中比较严格的质量控制，其细度通常控制在一定范围之内，但因生产企业及生产工艺的不同，实际细度仍有较大的波动，即使是同一家企业的同一批产品，细度的波动也很大，以致成为影响浇注稳定性的重要因素之一。

3. 颗粒形状

铝粉颗粒形状对铝粉的发气特性有重要影响。铝粉颗粒形状主要有两种，一种是液滴状和不规则针状，是在喷制过程中形成的；另一种是阔叶状或不规则鳞片状，是喷粉经研磨而形成的。液滴状的喷粉化学活性很低，在蒸压加气混凝土料浆中几乎不发气。其主要原因是，这种铝粉是从高温熔融的液态被压缩空气喷吹成粒，在空气中逐渐冷却的过程中，已被强烈氧化，形成了致密的氧化铝钝化膜，严重阻碍了化学反应。经过碾磨后的铝粉颗粒，形成扁薄鳞片状，具有较大的新的金属表面，从而增大了发气反应的面积。而且，在碾磨过程中，铝粉颗粒被碾磨体冲击、碾压而被延展和折断，使铝粉颗粒变成扁平状且有大量不规则边缘。其不规则边缘的金属晶格必然发生更多的扭曲变形和断裂，成为活性更大的化学活泼区域，从而促使铝粉具备良好的发气特性。

3.2.3　评定铝粉的质量指标

评定铝粉质量的指标，首先是铝粉的发气量，这是显而易见的。但蒸压加气混凝土的生产过程比一般混凝土复杂，仅有很大的发气量并不一定能形成理想的气孔，如果发气过快过早，氢气易从料浆逸出，造成塌模或气孔聚集形成大孔；而铝粉发气过晚或发气延续时间过长（长尾巴），当料浆逐步稠化、失去流动性时，气体必将憋在浆体内部，造成气孔与气孔相互贯通。这一现象我们称之为"憋气"，这对制品是相当有害的。因此，评定铝粉的质量还必须考虑其发气特性。

1. 盖水面积

盖水面积是表征铝粉细度和形状的物理指标。铝粉盖水面积是指每克铝粉在水面上按颗粒单层连续排列，在颗粒间无可见空隙时所具有的面积。一般情况下，铝粉的细度对应的盖水面积列于表 3-4。

表 3-4　铝粉颗粒细度与盖水面积的关系

颗粒细度（μm）	盖水面积（cm²/g）
200	900
150	1450
100	1660
90	2970
75	3440
60	4300
<60	6420

由表 3-4 可以看出，铝粉越细，盖水面积越大。同时铝粉颗粒越细小，形成阔叶状，盖水面积也越大。但是，某些喷粉颗粒很小，氧化严重，虽然盖水面积较大，但活性极差。因此，单纯用盖水面积，还不能全面反映铝粉的特性。

2. 发气曲线

铝粉的物理化学性能是否满足生产蒸压加气混凝土的需要，最后必然反映在料浆的发气膨胀过程中。因此，测定铝粉在料浆中的发气过程，可以对其性能作出综合的评价，我们把铝粉在发气过程中，产气量随时间而变化的曲线叫作铝粉的发气曲线。通常，采用的方法是借用瑞典西波列克斯公司对铝粉的标准发气曲线试验规定：铝粉 70mg，在温度 45℃，由 50g 水泥、30mL 水、20mL 摩尔浓度为 0.1mol/L 的 NaOH 溶液组成的水泥浆中进行发气，其发气时间与发气量（换算成标准状态的产气量）的关系曲线即为发气曲线。现在，JC/T 407—2008《加气混凝土用铝粉膏》已对试验方法做了严格的规定。

通常，我们要求铝粉的发气曲线落在一定范围之内，如图 3-4 所示。发气曲线落在 1 区的铝粉，颗粒过细，发气过早、过快。发气曲线落入 2 区的铝粉，则可能颗粒过大，反应迟缓，往往使整个发气过程拖了一个长长的尾巴。

盖水面积试验（原北京加气混凝土厂试验方法）仪器见图 3-5，GB/T 2085.2—2019《铝粉　第 2 部分：球磨铝粉》中，盖水面积按 YS/T 617.10—2007《铝、镁及其合金粉理化性能测定方法　第 10 部分：铝粉盖水面积的测定》进行，铝粉的发气曲线可以通过测定其发气量获得，发气量试验装置见图 3-6。

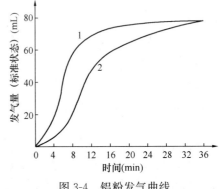

图 3-4　铝粉发气曲线

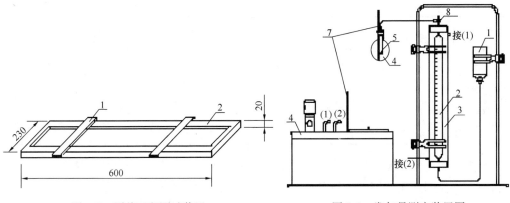

图 3-5 覆盖面积测试装置
1—玻璃板条；2—测量铝槽

图 3-6 发气量测定装置图
1—水准瓶；2—气量管；3—保温管；
4—恒温水浴；5—塑料小皿；6—发气瓶；
7—温度计；8—三通旋塞

3. 对铝粉及铝粉膏的要求

现在，大多数工厂已经改用铝粉膏。铝粉膏除有发气铝粉的一般特性以外，还不易起尘，不产生静电，且有一定稳泡作用，是一种安全、经济的新品种。JC/T 407—2008《加气混凝土用铝粉膏》对铝粉膏提出的质量指标见表 3-5。一些生产有特殊要求的企业仍使用铝粉。

表 3-5 蒸压加气混凝土用铝粉膏技术要求

品种	代号	固体分（%）≥	固体分中活性铝（%）≥	细度 0.075mm 筛筛余（%）≤	发气率（%）			水分散性
					4min	16min	30min	
油剂型铝粉膏	GLY-75	75	90	3.0	50～80	≥80	≥99	无团粒
	GLY-65	65						
水剂型铝粉膏	GLS-70	70	85		40～60			
	GLS-65	65						

GB/T 2085.2—2019《铝粉 第 2 部分：球磨铝粉》中对作为蒸压加气混凝土发气剂的铝粉的规定见表 3-6。

表 3-6 铝粉的粒度分布、松装密度、盖水面积和化学成分

牌号	粒度分布		松装密度（g/cm³）≤	盖水面积（m²/g）≥	化学成分	
	筛网孔径（μm）≥	质量分数（%）≤			活性铝≥	杂质（油脂）≤
FLQ80B	80	1.5	0.25	—	90	3.5
FLQ80D	80	1.0	—	0.42	85	2.8
FLQ80E	80	1.0	—	0.60	85	2.8

牌号	粒度分布		松装密度 (g/cm³) ≤	盖水面积 (m²/g) ≥	化学成分	
	筛网孔径 (μm) ≥	质量分数 (%) ≤			活性铝 ≥	杂质 (油脂) ≤
FLQ80F	80	0.5	—	0.60	85	3.0
FLQ63A	63	0.3	0.25	—	88	3.5

外观要求：铝粉呈银灰（白）色、花瓣状；铝粉中应无夹杂物和粉块。

为了满足生产要求，一些企业也对铝粉或铝粉膏提出了标准以外的质量要求，以利于生产控制，比如细度的波动范围、颗粒级配、铝粉的包装要求等。

3.2.4 气泡稳定剂

蒸压加气混凝土料浆在发气以前是固-液两相系统。当铝粉在料浆中放出氢气后，料浆就变成固-液-气三相体系，形成的气泡是由液体薄膜包围着气体。这样，体系内增加了许多新表面。同时，石灰消化时放出的热量使料浆温度上升，气泡受热膨胀，进一步增加了气-液界面，体系表面自由能急剧增大，体系极不稳定。由于表面张力的作用，液体表面要自动缩小，气泡容易破裂；当小气泡合并成大气泡，大气泡上浮逸出，从而料浆平衡被破坏，造成塌模。因此，降低料浆体系的表面能，增加气泡膜的机械强度，均可以防止气泡破裂。表面能是表面张力与气孔表面积的乘积。降低气孔表面积显然是不允许的，因此，为了稳定料浆中的气泡，只有降低液体的表面张力。

气泡稳定剂就是表面活性物质，其作用是降低水的表面张力，增加气泡壁的机械强度。常用的有以下几种：

1. 可溶油

可溶油是将油酸、三乙醇胺和水在常温下按 1∶3∶36 的比例配合而成。

衡量油酸是否适用，可以参照该种油脂的皂化值和碘值来考虑，皂化值即油脂在皂化时所需要的氢氧化钾的毫克数。油脂的平均分子量越大（即脂肪酸部分碳原子数越多），则单位质量的油脂所含摩尔数就越小，皂化时所需碱量也就越小。碘值是100g 油脂与碘起加成反应时所需碘的克数。碘值越大，则油脂的不饱和程度越大。作为稳泡剂，希望油脂的平均分子量大一些，不饱和程度大一些，即希望用皂化值小、碘值大的油脂。

三乙醇胺是一种胺类化合物，由氯乙醇、环氧乙烷与氨作用而得，具有弱碱性。其分子式为 $N(C_2H_4OH)_3$，熔点为 20～21℃，沸点为 360℃，为无色或微黄色黏稠液体，有吸湿性，易溶于水和乙醇。

油酸和三乙醇胺混合水解反应生成皂类表面活性物质——脂肪酸皂（$C_{17}H_{33}COONa$），它是一种很好的稳泡剂。

2. 氧化石蜡皂

氧化石蜡皂是石油工业副产品。它是以石蜡为原料，在一定温度下通入空气进行氧化，再用苛性钠加以皂化后得到的一种饱和脂肪酸皂。分子式为 $C_nH_{2n+1}COONa$（$n=5\sim22$）。氧化石蜡皂是棕色膏状体，溶于水。对氧化石蜡皂的技术要求是：总脂酸为（37 ± 2）%，羧酸 22%～24%，羟酸 15%，游离钙＜0.1%，不皂化物 5%。氧化石蜡皂易与碳起作用，因此不宜用于粉煤灰制品或煤矸石制品中。

3. 皂荚粉

皂荚粉的主要成分是皂素、糖甙、丹宁及醣类、纤维、蛋白质、脂肪等。皂荚粉中约含 23% 的皂素，呈中性，在水中可呈胶状，即使在高浓度下也是分子状态。它具有较强的表面活性，是一种非离子型表面活性剂。

与皂荚有相同作用的野生植物还有多种，如皂角、肥皂荚、无患子以及茶子饼等，均属富含皂素物质。因而也都具有相近的使用价值，可以根据当地具体情况选用。需要说明的是，皂荚粉在使用前应先进行浸取。茶皂素（或皂素粉）及制品是茶子的制取物，具有比以上天然物质更方便的使用性能。

4. SP 和 TS 稳泡剂

SP 和 TS 稳泡剂都是野生皂素植物的再制剂。SP 稳泡剂是从油茶榨油后的残渣，经提纯、结晶、真空干燥后获得的米黄色粉末。TS 稳泡剂是从脱脂茶籽饼粕中提取出来的以茶皂素为主体的液剂。

5. GT-717 稳泡剂

GT-717 是高分子复配型液体稳泡剂，主要用于提高蒸压加气混凝土生产浇注稳定性，提高气泡的均匀性，减少制品中的大气孔，提高产品品质的内添型外加剂。GT-717 具有很强的聚水性，使料浆中的水与固体颗粒相溶，保持料浆的黏度与稠度以使发气平稳。

3.3 调 节 材 料

为了使蒸压加气混凝土料浆发气膨胀和料浆稠化相适应，使浇注稳定并获得性能良好的坯体；为了加速坯体硬化，提高制品强度；为了避免制品在蒸压过程产生裂缝，都需要在配料中加入适当的辅助材料，使蒸压加气混凝土在生产过程中某一工艺环节上的性能得以改善。这些材料统称为调节材料。

不同的蒸压加气混凝土，需要不同的调节材料，在水泥-矿渣-砂系列中，常用的有纯碱、水玻璃、硼砂和菱苦土；在水泥-石灰-粉煤灰和水泥-石灰-砂系列中，常用的有烧碱、水玻璃、石膏等；在生产加筋板材时，则加入菱苦土。

3.3.1 石膏

石膏是一种常用的胶凝材料，在蒸压加气混凝土中常用作发气过程的调节剂。在石灰-粉煤灰制品中，石膏不仅作为发气过程调节剂，同时也因参与水热合成反应而提高制品强度，减少收缩，提高抗冻性。在石灰-砂、水泥-砂制品中，则主要为调节作用。石膏的调节作用主要体现在对生石灰消解和料浆稠化速度的延缓上。

石膏的主要化学成分是 $CaSO_4$。自然界存在的石膏主要有两种，一种是含 2 个结晶水的二水石膏，即生石膏（$CaSO_4 \cdot 2H_2O$）；另一种是不含结晶水的无水石膏，即硬石膏（$CaSO_4$）。这两种石膏都可以从矿床中直接开采获得。

将生石膏加热烧炒，使其失去一个半水分子，形成半水石膏［$CaSO_4 \cdot (1/2)$ H_2O］，又叫熟石膏。半水石膏在遇水后会立即与水结合，生成含 2 个水分子的二水石膏。人们利用石膏的这一特性制作各种模型和石膏胶凝材料。所以，废模型石膏可当二水石膏使用。

另外，在工业生产中也有废石膏产生，这些大多是在石灰脱硫时形成，如制造磷酸时以二水石膏为主要成分的下脚料，因含有磷酸盐杂质，故称为磷石膏；在发电企业和炼钢企业等脱硫工艺中也产生脱硫石膏；生产氢氟酸时的下脚料（因含氟）氟石膏，其主要成分也是二水石膏。

蒸压加气混凝土较常用的是天然生石膏、废模型石膏和脱硫石膏。氟石膏近年来因氟里昂产量增加而有所增加，与一般石膏不同，氟石膏具有促凝作用，因而被一些工厂用来生产低密度蒸压加气混凝土，但因对蒸压釜有一定的腐蚀作用，所以未被广泛采用。因脱硫工艺不同，所形成的产物不尽相同，比如有生石灰（CaO）存在时，会产生亚硫酸钙［$CaSO_3 \cdot (1/2)H_2O$］。由于亚硫酸钙溶解度很低（仅为石膏的1.5%），不仅几乎没有石膏的缓凝作用，对坯体强度的增长也无促进，在蒸压加气混凝土生产中应予以注意，并应对其进行控制。

石膏在蒸压加气混凝土中的作用：

（1）抑制石灰的消化，使其消化时间延长，并降低最终消化温度。石膏延缓石灰消解的原因在于：石膏作为一种电解质，在溶液中可降低石灰的溶解而延缓其水化。这是因为 SO_4^{2-} 离子以比 OH^- 离子更大的亲合力包围在石灰颗粒表面 Ca（OH）$_2$ 胶体层之外，形成紧密的扩散层从而阻止水分子与石灰的进一步接触。

（2）参加铝粉的发气反应，当有石膏存在时，和铝粉与水反应生成的氢氧化铝在高温下进一步反应，生成硫铝酸钙。因此，在某些蒸压加气混凝土（如水泥-矿渣-砂、水泥-砂）生产时，水泥中石膏被铝粉的反应消耗过多时，由于水泥中铝酸盐成分得不到石膏的抑制就可能发生快速凝结，这时应补充石膏。

（3）提高坯体及制品的强度，改善收缩等性能。石膏在静停过程中的坯体内参与生成水化硫铝酸钙和 C-S-H 凝胶，使坯体强度提高，增强了坯体适应蒸压养护时温差应力和湿差应力的能力。在蒸压养护过程中，石膏可以促进水热反应的进行，使CSH（Ⅰ）向托勃莫来石转化。同时，可以抑制水石榴子石的生成，从而使游离的铝离子进入 CSH（Ⅰ）中，其中部分转化为铝代托勃莫来石，而 Al_2O_3 本身也能促进CSH（Ⅰ）向托勃莫来石转化，阻止其向硬硅钙石转化，因而强度提高，收缩值降低。

3.3.2 纯碱

纯碱即碳酸钠（Na_2CO_3），主要用于水泥-矿渣-砂蒸压加气混凝土，其作用为：

（1）提高料浆碱度，参与并加速铝粉的发气反应。

（2）加速蒸压加气混凝土坯体的硬化，缩短坯体切割时间（主要是用于激发矿渣的潜能）。

（3）提高蒸压加气混凝土制品的强度。因为 Na_2CO_3 能促进 SiO_2 溶解，有利于生成更多的水化产物。

3.3.3 硼砂

硼砂是白色结晶颗粒，分子式是 $Na_2B_4O_7$，分无水硼砂、5 个结晶水硼砂和 10 个结晶水硼砂。

硼砂在水泥-矿渣-砂蒸压加气混凝土料浆中的作用是延缓料浆中水泥的水化和凝结，从而调节料浆的稠化速度，使其与铝粉发气相适应，并促进料浆的稳定。

3.3.4 烧碱

烧碱或称苛性钠即氢氧化钠（NaOH），易溶于水，能吸收空气中的水和二氧化碳生成碳酸钠。烧碱具有强碱性和强烈的腐蚀性。

烧碱可以有效提高蒸压加气混凝土料浆的碱性，从而改善铝粉的发气条件，提高铝粉的发气速度。对于不用矿渣的蒸压加气混凝土，可以不用纯碱，而用烧碱来促进铝粉的发气反应。在采用矿渣的蒸压加气混凝土中，有时候为了改善发气和料浆流动性也采用少量烧碱。在以石灰为钙质材料的蒸压加气混凝土中一般很少使用。

3.3.5 水玻璃

水玻璃是将固体硅酸钠（或硅酸钾、硅酸钾钠）溶解在水中而得到的具有一定黏性的液体，分为钠水玻璃（$Na_2O \cdot nSiO_2$）、钾水玻璃（$K_2O \cdot nSiO_2$）和钾钠水玻璃（$Na_2O \cdot K_2O \cdot nSiO_2$）。式中 n 是 SiO_2 与 Na_2O（或 K_2O）的摩尔比，又称为模数。一般水玻璃的相对密度在 $1.30 \sim 1.60$ 之间，模数在 $2.0 \sim 3.5$ 之间，模数越大，水玻璃越黏。

水玻璃在蒸压加气混凝土生产过程中的作用是延缓铝粉在料浆中开始发气的时间，消除因铝粉、料浆温度、料浆碱度变化所引起的发气过早或过快的现象，使铝粉开始发气的时间与料浆浇注速度和稠化速度相适应。

水玻璃之所以能调节铝粉发气速度，目前有两种看法。一种看法认为水玻璃溶于水后生成硅酸胶体（H_2SiO_3），它可以推迟料浆中 NaOH 与铝粉的反应，其反应式如下：

$$Na_2SiO_3 + 2H_2O \Longrightarrow 2NaOH + H_2SiO_3$$

另一种看法认为水玻璃在水中形成黏性胶体，黏附在铝粉颗粒表面，阻碍了其与料浆的接触，从而推迟铝粉的发气。

水玻璃不仅能延缓铝粉开始发气时间，对铝粉的整个发气过程也有一定影响。若水玻璃过多，铝粉发气虽然控制了，但料浆稠化可能因此而提前，造成不良的后果。因此，用量应考虑多方面因素。

3.3.6 菱苦土

菱苦土又叫煅烧镁石灰，淡黄色或略带棕色的粉末，是菱镁矿（$MgCO_3$）经

700～1100℃煅烧后碾磨而得，故又称苦土粉，是目前使用最多的蒸压养护过程的调节剂。

菱苦土的主要成分是 MgO，相对密度 3.5 左右，堆积密度 800～900kg/m³，煅烧时的分解反应式为：

$$MgCO_3 \rlap{=\!=\!=} MgO + CO_2 \uparrow$$

低温（700～900℃）烧成的菱苦土遇水很快反应生成 Mg(OH)₂，体积比原来增加 118%。而高温（1000～1100℃）烧成的菱苦土则在遇水后消解时间延长至 8h 以后，因此可用来调节蒸压过程中蒸压加气混凝土制品的膨胀。

配置钢筋的蒸压加气混凝土制品在蒸压养护过程中，制品中钢筋与蒸压加气混凝土都将发生膨胀。由于钢的热膨胀系数为 $1.2 \times 10^{-5}/K^{-1}$，而蒸压加气混凝土的热膨胀系数只有 $0.8 \times 10^{-5}/K^{-1}$ 左右。也就是说一块 6m 长的蒸压加气混凝土配筋板，由 60℃ 上升到 198℃ 时，在长度方向上，钢筋与蒸压加气混凝土的热膨胀之差约为 2.48mm。显然，将导致板的裂缝。而菱苦土的加入，则可提高蒸压加气混凝土的热膨胀系数，使其尽量与钢筋的热膨胀系数相一致。

对菱苦土的质量要求，主要看其消化时间是否满足生产的需要，过去一般要求消化时间在 8h 以上，现在应按各企业工艺确定。菱苦土的消化时间与其煅烧温度有关，其煅烧温度最好在 1000～1100℃。

3.4 结 构 材 料

生产蒸压加气混凝土板材时，必须使用钢筋作为结构材料，以便使构件能够承受由弯曲荷载产生的拉应力。由于蒸压加气混凝土不同于普通混凝土而特有的多孔结构，不能有效地保护其内部钢筋不发生锈蚀。相反，因其蒸压养护工艺及使用过程中的吸湿性，钢筋极易被锈蚀。所以，在钢筋的使用上也不同于普通混凝土构件而必须进行防锈处理，其通常的方法是以钢筋涂料浸涂。

3.4.1 钢筋

在蒸压加气混凝土生产中使用的钢筋，应当满足蒸压加气混凝土板材受力情况和焊接的需要，应当考虑到蒸压加气混凝土制品进行蒸压养护等工艺特点。目前，在蒸压加气混凝土板材中，最常用的是热轧圆盘条钢筋。

1. 对钢筋的技术要求

根据标准 GB 15762—2020《蒸压加气混凝土板》的规定，钢筋应符合 GB/T 1499.1《钢筋混凝土用钢 第 1 部分：热轧光圆钢筋》、GB/T 701《低碳钢热轧圆盘条》和 JC/T 540《混凝土制品用冷拔低碳钢丝》的规定。

在国内外，生产特殊用途板材时，也曾使用过不锈钢丝、钢丝编织网、钢丝焊接网和钢板拉伸网，但因各种原因而没有形成成熟的生产技术。国内也曾推荐使用带肋钢筋，其生产工艺并无阻力，实际使用效果却不明显，因此最终未被采纳。

2. 钢筋的冷加工

为了提高钢筋的性能，人们利用钢在受到超过其弹性极限的外力作用下而表现出的产生不可逆塑性变形，而其强度和硬度得到提高的现象，对钢材进行预加工，从而达到减小钢材断面、节约钢材用量的目的。通常采用的是在常温或在再结晶温度下进行冷加工，其方法有冷拉、冷轧、冷拔和冷弯。冷加工后的钢筋，强度提高，材质变硬，故这种现象和加工工艺又叫冷加工硬化。

对不同的工艺，钢筋冷加工的要求也略有不同，其一，在对钢筋冷拔时不宜一次完成，而是采用两道冷拔，每一道冷拔，冷拔后的钢筋直径是未冷拔时的 0.85～0.90；其二，采用自动化网片焊接机时，应严格控制冷拔后钢筋的直径偏差。这些都基于冷拔应力变化，冷拔对钢筋的性能有较大提高。但是，冷拔的过程会使钢筋产生应力，因此必须在冷拔时减小应力差，并在焊接之前尽量消除应力，保证焊接网片的变形量在允许范围内。

3.4.2 钢筋涂料

钢筋防锈蚀的措施是针对钢材发生锈蚀的原因来采取的。其措施主要有三种：一是在钢材外表面施加保护性膜层，这里包括电镀、喷镀各种抗腐蚀性好的金属膜，涂刷、浸渍各种非金属的水溶性或油溶性的保护涂层；二是在增强钢材自身的抗锈蚀性能上采取特殊措施，如在冶炼过程中加入某些元素制成不锈钢或对表面进行钝化处理（发蓝、发黑）等；三是提高使用环境（如混凝土）对钢筋的保护能力。蒸压加气混凝土一般采用防锈涂料浸渍进行钢筋的防锈处理。

由于蒸压加气混凝土的特性，钢筋的作用难以发挥，表现在蒸压加气混凝土对钢筋的黏着力（也称握裹力）较低。因此，钢筋防锈涂料必须具备另一重要功能，即提高黏着力，为此，钢筋防锈涂料不仅仅防锈，故而被称为钢筋涂料。

1. 对钢筋涂料的要求

蒸压加气混凝土的性能和生产工艺的特点，要求钢筋涂料除了应具备通常的防锈功能外，还应当满足与蒸压加气混凝土特点相适应的性能。其主要表现为：

（1）涂层必须能经受蒸压加气混凝土料浆和坯体高碱度（pH≥12）、高温（180～200℃）和高湿（饱和蒸汽）的作用，不发生粉化、流淌、蒸发、脆裂或其他变质现象。

（2）经过蒸压养护以后，涂层应与钢筋和蒸压加气混凝土牢固地黏结。在做黏着力试验时，破坏应发生在蒸压加气混凝土中，而不应发生在涂层与钢筋或涂层与蒸压加气混凝土之间。

（3）涂料必须具有可加工性，如用浸渍槽浸涂；涂料必须有足够的可贮存时间，在这一时间里，不产生沉降离析，不凝结，不结膜，不变质，能保持良好的流动性和黏稠性。

（4）不论用什么方法浸涂，涂层必须很容易黏着于钢筋上，并在钢筋表面形成一层具有一定厚度且坚固的涂层，保证涂层在钢筋网片的搬运和组装过程中不损坏。涂层的弹性模量应远大于蒸压加气混凝土，以保证板材在长期荷载作用下具有良好的结构性能。

（5）涂料的防锈能力应达到规定的标准，即应具有良好的抗渗性，能有效地防止氧气和其他腐蚀性气体及物质的浸渗，本身对钢筋没有腐蚀性。

（6）成本较低，原料易于解决，生产加工工艺便于掌握和控制，并符合环保要求。

2. 钢筋涂料的主要类型

世界各国应用的钢筋涂料种类较多，且具有各自的专利，但无论哪种钢筋涂料，都在憎水、密实、耐温、耐碱、高强和工艺方便各方面具备了一定程度的实用性。其中最主要的且研究应用最多的钢筋涂料有以下三种类型：

蒸压加气混凝土钢筋涂料的主要类型

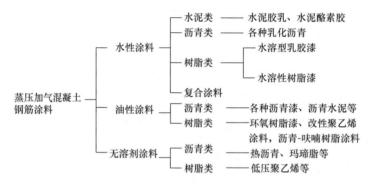

（1）水性涂料

以水为分散介质，将构成防锈涂层的各种物料分散或溶解在水中，形成具有良好工艺性能的乳浆状水性混合物。其最大优点是利用廉价的水为工艺媒介，而且无毒、不燃烧、便于操作。在这类涂料中，又可按构成涂层的物料种类分为水泥类、沥青类、合成树脂类和复合类等四个类型。

（2）油性涂料

油性涂料以有机溶剂为媒介，将以高分子有机物质为主体的物料溶解稀释，制成可以涂刷施工的流体涂料。根据溶质性质，又可将这类涂料分为沥青类和树脂类两种类型。这类涂料大多具有良好的憎水性，涂刷方便，能形成牢固的保护膜，但有机溶剂一般较贵，溶剂的挥发和易燃性也是其缺陷之一，所以目前实际使用较少。

（3）无溶剂涂料

无溶剂涂料是以加热熔化的办法使涂料成为可流动状态，然后涂敷于钢筋上。这类涂料主要分沥青类和树脂类两种。

我国蒸压加气混凝土工业先后试制、应用过石灰乳化沥青涂料、水泥-酪素-乳胶涂料、水泥-酚醛-沥青涂料（即727防腐剂）、沥青-硅酸盐涂料、苯-丙乳液涂料、沥青-乳胶涂料（LR防腐剂）、聚合物水泥涂料（872防腐剂）、水性高分子涂料（西北-1型）和GT-818型钢筋涂料等，具有各自的特点，也有各自的不足，其中GT-818型钢筋涂料是水性涂料类产品，具有不沉淀、不凝结、便于使用的优点。

3.4.3 钢筋防锈能力及黏着能力

钢筋在完成调直除锈、切断焊接等加工后，即可进行钢筋涂料的浸涂，浸涂的效果主要以钢筋防锈性能和钢筋黏着力来评定。

钢筋的防锈性能一般通过在湿热条件下加速钢筋的锈蚀，并以锈蚀程度来判定。GB 15762—1995《蒸压加气混凝土板》附录 A 提供了 10 种锈蚀图，分别对应十级锈蚀，将经锈蚀试验的钢筋与锈蚀图对照，即可确定钢筋涂层的防锈性能。JC/T 855—1999《蒸压加气混凝土板钢筋涂层防锈性能试验方法》则以锈蚀面积来判定，修订后的 GB/T 15762—2020《蒸压加气混凝土板》采用了 JC/T 855—1999《蒸压加气混凝土板钢筋涂层防锈性能试验方法》规定的方法。

钢筋黏着力是通过分别向钢筋和蒸压加气混凝土（基材）施力，来测定钢筋-涂层-蒸压加气混凝土的黏着力，GB/T 15762—2020《蒸压加气混凝土板》附录规定的方法是"顶出试验法"，在试验判定时，除了按要求达到规定的黏着力指标外，试验的破坏层不应是涂料与钢筋的黏着层，也不应是涂料与蒸压加气混凝土的黏着层，而应该是蒸压加气混凝土本身。

思 考 题

1 蒸压加气混凝土的基本组成材料是什么？
2 铝粉的发气原理是什么？
3 简述砂、粉煤灰、石灰、水泥和石膏的作用。
4 蒸压加气混凝土中使用的钢筋为什么要防腐？
5 石膏在蒸压加气混凝土中的作用是什么？
6 石灰煅烧温度对石灰性质有何影响？如何能获得中速石灰？
7 石膏为什么能延缓石灰的消解？

4 原材料制备

蒸压加气混凝土的原料绝大多数要进行加工制备，以符合工艺要求，通过加工制备，使物料改变物理形态，改善物理化学性能以及便于计量与输送。

4.1 粉煤灰的脱水浓缩

粉煤灰脱水浓缩是针对湿排粉煤灰进行的（采用管道输送的尾砂也需进行脱水浓缩，其工艺可参照进行）。湿排粉煤灰从排灰源用高压水经排灰管道排入灰池时，按设备条件，排入的粉煤灰悬浮液浓度通常只有 2.5%～5%，即水和灰的液固比高达 (40∶1)～(20∶1)。因此，必须把过多的水分除掉才能投入使用。脱水程度一般要求能达到以下两点：

（1）脱水后的粉煤灰料浆浓度不低于 50%，按配方要求粉煤灰的用量来确定其允许含水率。

（2）脱水浓缩的粉煤灰浆要便于输送和贮存。

通常，采用的脱水方法有自然沉降、自然沉降加真空脱水和机械脱水三种。

1. 自然沉降

自然沉降是一种比较原始的脱水方式，基本不需要设备投入，但脱水时间较长，占地面积较大。通常是砌筑连在一起的几个贮浆池，轮流注满粉煤灰悬浮液，使表层的清水溢出，并经一定时间沉淀后，用人工或机械挖取。自然沉降脱水后的粉煤灰含水率由气候条件决定，一般能满足生产要求。

2. 自然沉降加真空脱水

在专用的沉降池中，沉降池底部设真空排管。当灰水排入池中后，先以自然沉降从溢流口排出清水，溢流水排完后，开动真空泵将沉积在池底部的粉煤灰浆中的游离水吸去，脱水的粉煤灰含水率为 30%左右，可采用机械挖取及皮带输送机输送。

3. 机械脱水

机械脱水也可分为两种：一种是真空脱水机械，配以旋转的筒体，粉煤灰悬浮液喷淋于筒体外表，并从筒体中部以真空泵抽吸脱水，脱水后的粉煤灰含水量较低。若工艺上采用湿磨，该方法脱水的粉煤灰则需加水，若采用干磨则需进行烘干，考虑到设备投入较高，蒸压加气混凝土生产中一般不采用此法脱水。

为了使用方便且灰浆浓度更为稳定，在有条件的情况下，可将排灰管直接接至厂内，在厂内有限的地方，以较快的方法处理浓度很小的大量粉煤灰悬浮液，实现连续、快速、高效地使粉煤灰悬浮液得到浓缩，通常采用耙式浓缩机脱水浓缩，这是机械脱水的另一种方式。

以耙式浓缩机为核心设备的脱水生产线由进灰管、灰渣分离振动筛、排渣胶带输送机、耙式浓缩机、浓浆搅拌罐、砂浆泵、贮浆罐等设备组成。灰水经振动筛去渣后引入浓缩池，在池内自然沉降到池底，清水由上边溢流口排出，池底粉煤灰通过浓缩机的钢耙收集到底部中心卸料口，经管道排入搅拌罐。这时的粉煤灰为较浓的浆状，在搅拌罐内的灰浆调整到适当浓度后用砂浆泵输送到贮浆罐备用。

机械脱水可使粉煤灰浆浓度达到 $53\%\sim56\%$，其浓缩脱水的速度由进灰、排灰速度及钢耙转速决定，而钢耙转速取决于粉煤灰的细度。粉煤灰细，沉降速度慢，容易被搅动泛起，则钢耙应慢速运行；反之，粉煤灰粗则可提高运行速度，同时排浆次数也可加快。根据我国一些厂的经验，钢耙转速通常在 $4\sim8m/min$。

使用浓缩池应当注意以下几个方面：

(1) 灰水放入池后应适时启动耙灰机。启动过早不利于粉煤灰沉降；启动过晚，则容易发生"压耙"事故。

(2) 脱水过程中，新的灰水输入时，应避免向池中直接冲卸，以免把已经沉降的粉煤灰重新搅动泛起，最好在沉降池前设一溜槽，使灰水平缓流入池内。

(3) 沉降池应设紧急排浆口，以便在必要时将不合要求的灰水排出。

(4) 在突然停电或发生机械故障时，应用高压水冲排池底的积灰，以免因静置时间过长而结池。

浓缩后的粉煤灰浆，均要测定其含水率，以干燥前后的质量来确定其含水率。但此方法费时较长，不便于控制使用。比较简便的方法是通过测定粉煤灰浆的密度（过去称为比重）来计算含水率，此法在控制球磨机出料速度方面也同样快捷方便。方法是：先称取一定体积（500mL）的粉煤灰浆，计算其密度，然后烘干称量，再计算浓度；重复以上步骤，建立粉煤灰浆密度与浓度的对应关系，列出不同密度时对应的浓度关系表以备查用。需要注意的是，此法是建立在粉煤灰密度不变的条件下，也就是说，适用于某一种粉煤灰。当粉煤灰出现变化时，此表也应相应修正。

4.2 物料的破碎、碾磨和制浆

为了使物料符合工艺要求，一般钙质材料与硅质材料都要经过碾磨，而有些块状物料进入磨机前，还必须首先进行破碎，以达到要求的进料粒度。

4.2.1 破碎

块状物料如生石灰和天然石膏等，在进行碾磨之前必须破碎到适合磨机要求的进料粒度。常用的破碎机械有多种，蒸压加气混凝土行业主要使用颚式破碎机和锤式破碎机。选择破碎机主要根据物料的品种、出料粒度与产量，同时参考设备的投入与维修。

在蒸压加气混凝土工厂中，块状物料的破碎量小而简单，常采用单独一台（种）破碎机进行。为了提高磨机效率，现在也常采用二级破碎，即第一道采用颚式破碎机，第二道采用锤式破碎机，以保证物料进入磨机的粒度。破碎点也是生产线的主要扬尘点，应注意防尘及安全。

破碎机的进料口，常被用于物料的第一次均化。操作员应树立工艺质量观念，严格按工艺操作规程进行操作。破碎后的粒状物料，通过输送设备送至磨头仓。磨头仓的作用一是贮存物料，以起到两道工序间的缓冲，保证碾磨的连续进行；二是对物料进行第二次均化。

4.2.2　碾磨的作用

对粒状物料进行碾磨是蒸压加气混凝土生产工艺的主要环节之一。碾磨一般分干磨、湿磨、干混磨及湿混磨四种。碾磨对从浇注成型到制品的最终性能都有着重要的影响。

（1）碾磨可以极大地提高物料的比表面积，增强物料参与化学反应的能力。

（2）碾磨使物料颗粒变小，也打破了如粉煤灰的团粒，产生了许多新的表面，处于新表面的石英晶体因碾磨扭曲晶格，变得不完整或无定形化，提高了溶解速度；粉煤灰、矿渣颗粒熔融物坚硬的外壳，也因碾磨被打破，有利于玻璃体的无定形硅的溶解；从而促进了 SiO_2 与 CaO 的反应，起到了激发某些物料内能的作用（如粉煤灰、矿渣），使得这些物料的活性得以充分发挥。

（3）经碾磨的物料，单颗粒的体积和质量大大降低，减缓了物料的沉降分离速度，为料浆的稳定创造了条件。

（4）碾磨的料浆具有较好的保水性及部分成分的溶解而具有较高的黏度，可以使料浆具有适当的稠度和流动性，给发气膨胀创造了良好的条件。

（5）适当细度的物料，有利于料浆保持适当的稠化速度，有利于形成良好的气孔结构及提高坯体强度，加快硬化速度，以满足切割要求。

（6）当两种以上物料（包括钙质材料和硅质材料）同时进行碾磨，可以提高物料的均匀性，并使其进行初步反应，特别是水热球磨，能产生 C-S-H 凝胶，对料浆及制品均有利。

4.2.3　材料的碾磨

碾磨的流程主要是由磨头仓、喂料机、磨机及料仓（料罐）等组成，中间以溜管、螺旋输送机、斗式提升机、气力输送装置及输送泵等连接。根据不同的碾磨形式及材料，配置不同的设备，蒸压加气混凝土生产一般选球磨机作碾磨设备，在对石灰进行碾磨时，也常采用高压磨机（立式磨、雷蒙磨）。球磨机由一个圆形筒体、两个端盖、端盖的轴颈支承轴承和装在筒体上的齿轮组成（图 4-1）。

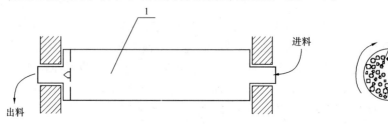

图 4-1　球磨机工作原理示意图
1—筒体；2—碾磨体和物料

根据需要，可在筒体的进料端加装给料器，在出料端加装圆筒料筛。筒体内装入一定量的适当规格的研磨体（钢球和钢段）和被磨物料，通常其总装入量为筒体有效容积的 25%～45%。当电动机通过齿轮带动筒体转动时，磨内研磨体和物料在摩擦力和离心力的作用下被带动做相应的弧形运动。当磨机转速达到工作速度时，钢球通过衬板被带到筒体的上部，在接近顶端的位置，由上向下抛落或泻落，从而对下部物料进行冲击；而钢段则主要做翻滚运动，通过对物料的碾压完成碾磨。钢球的冲击，以破碎大颗粒为主，钢段的碾压是以碾磨较小的颗粒为主。球磨机就是通过不断的冲击和碾压，实现对物料的碾磨。磨细的物料通过磨机出料端的格子板、扬料板和轴颈内的过筛卸出。

球磨机是蒸压加气混凝土生产中碾磨原料的主要设备，目前国内市场提供的球磨机大部分采用巴氏合金轴瓦支撑，设备使用耗电一般占全部耗电的 40% 以上。轴承式节能型球磨机，能有效降低磨机电耗。

球磨机是满负荷启动的重型设备，要求主轴承具有较大的承载能力，传统球磨机中空轴采用巴氏合金滑动轴承（轴瓦），其滑动摩擦阻力大于滚动摩擦阻力。尤其在启动阶段，球磨机尚未达到形成润滑油膜的临界转速之前，由于主轴承轴瓦尚处于不完全润滑状态，造成磨机启动扭矩成倍增加，启动时间长，启动负荷大，对电网冲击影响也大。节能型球磨机采用大型滚柱轴承，取代巴氏合金滑动轴承，滚动轴承使用的动载能力是磨机转动荷载的 10～20 倍，工作寿命长，密封性能好，拆卸清洗方便，并配有自动润滑系统。

节能型球磨机由于采用滚柱轴承而减少了摩擦阻力和静阻力矩，使球磨机的电机功率较传统轴瓦球磨机减少了 10%～30%，节能效果十分显著，目前正得到普及。

球磨机节能的另一途径是以橡胶衬板代替铸钢衬板，以降低磨机的总重，并增加碾磨物料和碾磨体量，从提高产量的角度降低电耗，这一技术已经得到普及。

高压磨机是在雷蒙磨的基础上改进的立式磨粉机，由筒体、磨辊、磨盘、选粉机和风机、收尘装置等组成（示意图 4-2 中不含风机和收尘装置）。高压磨机的特点一是产量高，二是质量好。

高压磨主机内，磨辊吊架上紧固有 1000～1500kg 压力的高压弹簧，磨机开始工作后，磨辊围绕主轴旋转，并在高压弹簧与离心力的作用下，紧贴磨盘滚动，其滚动压力比同等动力条件下的雷蒙磨高 1.2 倍，因此产量得到提高。

当物料进入磨腔后，由铲刀铲起送入磨辊与磨盘之间进行碾压，碾压后的粉末随鼓风机的循环风带入选粉机，符合要求的细粉随气流进入旋风集粉机即为成品，大颗粒物料落回磨机重磨。循环风返回鼓风机重复以上过程，余风则进入袋式收尘器净化后排空。

1. 干磨

蒸压加气混凝土原材料采用干磨工艺的有石灰单一干磨、石灰和石膏的混磨、石灰和粉煤灰（或砂）混磨。

石灰单独碾磨是蒸压加气混凝土工厂最常见的碾磨方式。其过程是块状石灰经破碎以后进入磨头仓，由磨头仓经给料机送入球磨机。石灰的硬度并不高，但相对于其他原材料，却有其特殊性，即石灰在碾磨过程中易吸湿而引起糊磨，使磨机效率降低。通常，在碾磨的过程中需要加入适量的助磨剂，一般采用三乙醇胺，其方法是在喂料器出料口设一自流滴管，控制一定的速度滴加。三乙醇胺的加入量控制在 0.16%～1.3%。

采用三乙醇胺助磨剂，除了提高碾磨效率、消除糊磨现象外，还能有效延缓石灰的消化速度（但作延缓剂时，还需适当增加用量），在使用快速石灰时，也是一个很好的调节手段。

另外，A-CaO 含量较高，消化温度较高的石灰，可掺入大约 5% 的炉渣助磨，也能起到提高碾磨效率、调节消化速度的作用。

在规模较小的企业，石膏不是采用单独一台磨机进行碾磨，通常是按配比掺入石灰一同混磨或与石灰轮换使用同一台磨机碾磨。前者石膏还能起到助磨作用，并使两种物料混合更加均匀，有利于石膏发挥调节石灰消化速度和促进水化产

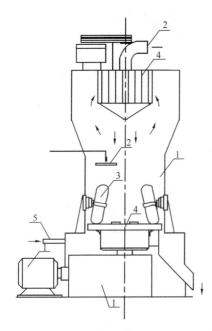

图 4-2　高压磨机工作原理示意图
1—筒体；2—进料口；3—磨辊；4—磨盘；
5—进风口

物生成的作用。但是，因石膏已掺入石灰，比例已固定，若生产中需单独调整石灰或石膏的比例时，都将带入另一物料，因而，减少了生产中调节的机会；后一种形式在碾磨后分别送入不同的配料仓，配料时，石灰、石膏仍单独计量配料。但在轮换粉碾物料时，仍然使石灰里掺有一定的石膏或石膏里混有部分石灰，而且，主要集中在轮换的开始阶段，造成了物料参数波动。石膏中掺入石灰对浇注的影响较小，但石灰中混有石膏，对浇注的影响就比较大。因此，配料时更应注意。

粉煤灰与砂干磨，在控制上比石灰方便，硅质材料与钙质材料的混磨工艺采用此方法，如干粉煤灰中掺入石灰和石膏、水泥，或砂中掺入部分石灰、水泥等，具有提高碾磨效率、使物料充分混合的优点。

干磨的质量控制主要是检测物料的细度。一般都是以测定物料的筛余量来实现。

2. 湿磨

湿磨，顾名思义就是湿法碾磨（主要针对硅质材料）。在工艺上基本与干磨相同，所采用的磨机也相似（进料口、衬板区别较大），所不同的是贮存改用罐，而输送改用渣浆泵。

当所采用的硅质材料含有较多的水分时，可采用湿磨工艺来制浆，从而避免了湿物料的烘干工艺及烘干过程的能源消耗。湿磨也能大大降低生产场地的粉尘污染，提高生产效率。

通常，湿磨是在磨机喂料口加水，加水量直接影响磨机出浆的浓度及物料的细度。加水量大，则出料速度快，而细度较粗；加水量小，出料慢，出料细度小，但也往往造成糊磨或出料堵塞。因此，各厂都应根据各自的原料，掌握各自合适的加水

量。一般，以控制出料的密度较为方便，既可控制浆体浓度，也能控制细度。

对于已经比较细小、又容易黏结的物料，常采用预制浆碾磨方式，即先将待磨物料按要求密度制成浆体，然后再由给料设备送入磨机碾磨。

硅质材料碾磨后的贮浆罐通常设置两个以上，不仅具有贮存作用，以保证配料的连续进行，更是碾磨的质量控制点，以控制细度和调节浓度。同时，浆体的贮存过程，也将改善其材料的某些性能。因为贮存有利于粉煤灰玻璃体的溶解，也使石英砂的 SiO_2 有微弱的溶解，以此提高浆体的黏度，改善其悬浮性能，有利于浇注稳定。

为了改善硅质材料浆体的悬浮性，我国科技人员结合国情，开创出水热球磨工艺，即将部分石灰等提前与硅质材料一同加水湿磨，提供了一个石灰预先消化并与硅质材料初步反应的机会。水泥-石灰-砂蒸压加气混凝土的水热球磨投入的是全部磨细的砂子、石膏，掺入配比中5%的石灰（约占石灰用量的25%）；水泥-石灰-粉煤灰蒸压加气混凝土的水热球磨是全部的粉煤灰和石膏，掺入配比中5%～10%的石灰（占石灰用量的20%～30%）。在湿磨或制浆时加入部分废浆，不仅起到"水热球磨"的作用，也减少了配料楼的荷载，改变了在配料时加入废浆这种单纯消纳废浆的方法，此方法配合错层配料工艺首先用于徐州永发新型墙体材料有限公司，后在温州弘正节能新墙材有限公司、重庆启晟建材有限公司等企业得到普遍应用。

4.2.4　制浆

当砂或粉煤灰在加水碾磨时，也同时完成了制浆工作。目前有相当一部分企业，在采用较细的粉煤灰时，通常不经球磨机碾磨而直接进行制浆。

干粉煤灰制浆，可由库底给料机经增湿搅拌机（双轴搅拌机）初步增湿后送入制浆搅拌机与水搅拌制成符合浓度要求的粉煤灰浆。湿粉煤灰则可直接用装载机或经皮带机投入制浆搅拌机与水制成符合浓度要求的浆体。

制浆的水量应接近设计水料比的总用水量，用水量的控制不能仅凭观察确定，因为对于有些材料，在相同用水量下会越搅越稠，而有些材料又会越搅越稀。制浆用水量的目标是在配料搅拌时不加或少加外加水。

制浆过程可采用电脑自动控制，也可人工控制。自动控制一般采用两种方式，一种是以传感器先计量好需要的用水量，然后计量需要掺入的粉煤灰，所有计量和给料均以电脑控制完成，此控制方式只适合干灰的制浆。另一种方式是以密度计（又称管道秤）连续检测料浆的密度（浓度），并将检测的信号反馈到中心控制器，由中心控制器给出指令调节粉煤灰或水的给入量，直到料浆符合要求浓度。

4.3　液体物料及铝粉悬浮液的制备

4.3.1　纯碱溶液的配制

纯碱和硼砂系固体粉末，在水中溶解较慢（尤其是硼砂），因此，必须事先配成溶液才能满足配料浇注的要求。

碱溶液的浓度不宜太高和太低。浓度太高，在贮存和输送过程中，纯碱和硼砂容易结晶析出，使管道和阀门堵塞；浓度太低，使配制和贮存容器体积增大，同时还要增加配制碱溶液的操作次数。根据原北京加气混凝土厂的情况和经验，碱溶液浓度在35%～40%比较适宜。

碱溶液的温度根据碱溶液的浓度和贮存条件而定。当碱溶液浓度定为40%时，其温度最好保持在60～80℃，低于此温度时，由于纯碱和硼砂的溶解降低，溶解速度减慢，配制搅拌时间要加长。另外，配好的溶液也容易结晶析出，对生产使用不利。

4.3.2 可溶油的配制

将40～50℃的热水加入可溶油搅拌机（容积为0.2m³，转速80r/min，电机功率0.2kW）内，开动搅拌机；加入三乙醇胺和油酸，继续搅拌，直到油酸全部溶解为止。注意，用凉水配制时，搅拌时间应延长并最好在开始时少加水，等搅开后再补齐水量。

4.3.3 铝粉悬浮液的配制

目前，蒸压加气混凝土行业大多数企业已采用铝粉膏作为发气剂，但部分以高端产品为主的企业仍采用铝粉为发气剂。通常，若采用铝粉时，均以脱脂剂进行脱脂，而不使用烘烤法脱脂，以保证生产的安全。

1. 铝粉的脱脂

（1）以拉开粉（二异丁基萘磺酸钠）作脱脂剂

将拉开粉用50℃左右的热水稀释溶解。拉开粉与水的质量比为1:500。使用时把计量好的拉开粉溶液注入铝粉脱脂搅拌机内，然后加入计量好的铝粉，搅拌至铝粉均匀分散地悬浮在水中即可。每克拉开粉可处理铝粉25g。

（2）以SP型稳泡脱脂剂处理铝粉

用温度为50～60℃的热水浸泡稳泡剂干粉8h，配制质量比为干粉:水=1:20。使用时把溶液搅匀，取溶液连同渣滓一起加入铝粉脱脂搅拌机中即可。每克SP干粉可处理铝粉1g。

（3）以净洗剂7102作脱脂剂

将净洗剂计量后倒入桶内，放入自来水使液面到达预定的高度，搅拌使溶液均匀。溶液浓度为1%。使用时先在铝粉搅拌机内放适量温水，水温约40℃。然后计量净洗剂溶液并倒入搅拌机，在搅拌的情况下放入计量好的铝粉并继续搅拌至形成悬浮液即可。每克净洗剂可处理100～150g铝粉。

（4）以皂素粉为脱脂剂

先计量皂素粉，然后将其倒入已经放有适量自来水的铝粉搅拌机中，搅拌约1min。将计量好的铝粉倒入搅拌机，搅拌至铝粉悬浮于水中为止。每克皂素粉可处理铝粉1～1.5g。

除以上工艺外，还可以用平平加、石蜡皂、天然皂素植物和洗衣粉等处理铝粉，因平平加、石蜡皂已基本不用，天然皂素植物类使用很少（提前数小时制备，以便皂素析出），洗衣粉等使用时可以直接加入水中，因而本节不再详述。

必须注意的是，如皂素粉等起泡力较强的材料，在使用时应注意不要过分搅拌，以免泡沫过多溢出搅拌机。处理铝粉的水温虽然对脱脂有一定帮助，但水温过高（60℃以上），可能会造成脱脂铝粉表面的氧化而发气迟缓，严重时可能发生不发气现象。另外，处理好的铝粉悬浮液最好及时使用，不要长时间贮存，以免铝粉变质，影响发气和浇注的稳定。

2. 铝粉膏制备悬浮液

通常，铝粉膏不用脱脂，且目前市场提供的铝粉膏多为亲水性产品，水分散性较好，可直接投入搅拌机。为了使铝粉膏能迅速与料浆混合均匀，并改善浆体的稳定性，在实际使用时，可将其制成悬浮液。其方法是将 1500g 铝粉膏溶入 6~8L 50℃左右的温水中，经搅拌即可。为保证分散效果，也可加入 200~500g（视铝粉膏和洗衣粉性能而定）普通洗衣粉一同搅拌制成铝粉悬浮液待用。

随着技术水平的提高，自动化生产已日益普及，许多企业在铝粉或铝粉膏脱脂制成悬浮液时，已不再采用一模一配的方式，而是将一个日班或若干模用量的铝粉一次制成悬浮液，然后逐模计量悬浮液使用。需要说明的是，铝粉脱脂以后，极易氧化，即使制成了含有脱脂剂或稳泡剂的悬浮液，金属铝也在缓慢反应并产生氢气（虽然反应的量较小），使铝粉（膏）不能充分发挥作用，因此，采用一次制成悬浮液时，悬浮液的量不宜太大，一般以 15~20 模用量为宜，同时应有通风措施。

有一种铝粉膏自动计量设备，由大小两个罐体组成，大罐体为铝粉膏贮存仓，可贮存约 25kg 铝粉膏；大罐底部为一圆盘给料器，可通过传感器准确给料；两个罐体的中间是计量秤，接受有圆盘给料机送来的铝粉膏，经按单模用量计量后送入下面的搅拌机；最下部是铝粉搅拌机，可将计量秤定量送入的铝粉膏搅拌制成铝粉浆备用。整个系统全部实现自动控制，美中不足的是，铝粉贮存仓的进料由人工完成。

4.4 物料的储备

原材料的储备主要为保证生产的连续性和原材料的稳定性，其起着均化、缓冲和物料检验的重要作用。生产的连续性是为满足生产节拍的要求；原材料的稳定性则主要通过储备来实现不同来源、质量等的原材料的合理配合，以期达到工艺要求，或通过储备使原材料趋于稳定。

4.4.1 干物料的储备

干物料一般采用联合储库或筒库储备，储库的容积主要由物料的供应条件、运输条件和合理的储备期决定。

筒库则应采用圆筒形结构，使进出料部位处在中部，以实现锥形堆料和锥形放料的均化作用（堆料时，物料从上部落下，自然堆积成锥形，物料也就会顺着锥体向四周滑落；而放料时，又是先从中部下落，四周的物料向中部滑落，如此通过堆料和放料，使物料不断向四周或中部滚动，从而实现了物料的均化），筒库均化原理图见图 4-3。

目前，许多企业的砂或粉煤灰等只是堆放在堆场，输送则采用装载机，具有便利灵活的优点，但易造成粉尘污染，应有相应防治措施；材料的均化靠人工控制完成。

储库应具备均化功能，联合储库可设置抓斗完成均化。

4.4.2 料浆的储备

砂或粉煤灰在碾磨制浆后（特别是未经碾磨的粉煤灰浆），应有一定的储备期，在冬季，储备的作用尤为明显。因为砂或粉煤灰在水中有一个溶解过程，时间越长，溶解量越大，浆体稳定性越好，越有利于浇注；溶解的 SiO_2 也容易与石灰溶解出的 CaO（石灰中的 CaO 较易溶解）进行反应。当采用干粉煤灰制浆时，储备还能使粉煤灰充分与水混合，因为粉煤灰具有多孔性，并且是单端封闭的孔，水分很难在短时间内进入粉煤灰的内部，若此时用于配料浇注，会影响浇注的稳定性；同时，混合料浆提供的稠度等参数也不准确，易给人假象。砂或粉煤灰浆通常采用带搅拌装置的储罐储备，储备时间与电耗成正比，从生产实践看，储备 4h 比较合适。

料浆储备一般采用料浆储罐，规格有 $100m^3$、$50m^3$、$20m^3$ 等，视规模和储备物料性能选用。通常 $100m^3$ 和 $50m^3$ 料浆储罐的搅拌器制成三角形或桨叶式，以保证搅拌器的刚度和搅拌效果的匹配。桨叶式搅拌器一般分三层，更便于安装和维修。搅拌电机功率为 15kW，转速为 17r/min，$20m^3$ 料浆储罐的搅拌器则可制成平板框架式，搅拌电机功率为 7.5kW，转速为 24r/min；$50m^3$ 和 $20m^3$ 料浆储罐为中心搅拌，$100m^3$ 料浆储罐则为行星搅拌。图 4-4 为 $100m^3$ 料浆储罐的示意图。

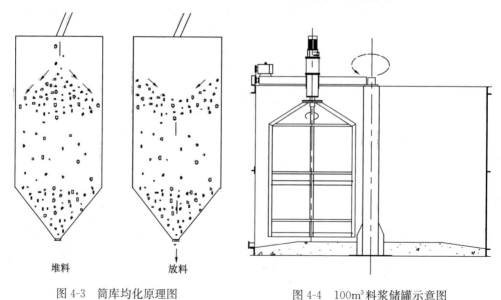

图 4-3　筒库均化原理图　　　　　　图 4-4　$100m^3$ 料浆储罐示意图

思 考 题

1 碾磨对硅质材料有什么改善作用？

2 干混磨的益处是什么？水热球磨有什么意义？

3 为什么说原材料的加工过程也是对原材料的均化过程？

4 石灰碾磨可以改变其哪些性能指标？

5 试述储备的作用。

5 配料浇注

配料浇注是将各种加工制备好的物料按配合比要求进行计量、搅拌混合后浇注入模，经过发气膨胀形成蒸压加气混凝土坯体的过程，是蒸压加气混凝土生产过程中的关键工序。

从坯体形成的过程来看，蒸压加气混凝土坯体实际上经过了形成气孔和坯体硬化两个阶段。因此，配料浇注的目的在于使料浆产生气孔，形成含有符合要求的气孔的坯体。前者靠发气材料在料浆中发气来实现，后者主要靠料浆中的各种材料的消化和水化反应完成。两者性质不同而又紧密相关。没有顺畅的发气，就不能形成好的坯体。同时，没有良好的消化和水化反应，也不能实现顺畅的发气，同样得不到好的坯体。这一切都由配料浇注过程中的配合比及工艺条件所决定。可以说，它关系到坯体性能的好坏，因而关系到蒸压加气混凝土制品性能的优劣和产品质量水平。

5.1 料浆的特性

5.1.1 蒸压加气混凝土的料浆

蒸压加气混凝土是由坯体经蒸压养护而形成的，坯体的前身是蒸压加气混凝土料浆，料浆决定了蒸压加气混凝土获得良好性能的可能性，而且是蒸压加气混凝土能否获得良好气孔结构至关重要的基本条件。因此，了解蒸压加气混凝土料浆的组成及其性质是十分必要的。

1. 蒸压加气混凝土料浆的组成

蒸压加气混凝土料浆是由除发气材料外的全部组成材料形成的混合体。在大量的水介质中，各种固体基本组成材料以悬浮状态分散于水中；具有水化活性的钙质材料或本身就是一种胶体的材料在水中以溶胶形式分布于各个部分；某些溶解物质均匀地溶于水中；另外，由于固体粒子、胶体或表面活性物质的作用，在搅动情况下还可能混入少量空气，从这个角度看，蒸压加气混凝土料浆是一种由悬浮液、溶液、乳液和胶体物质组成的多元相的混合物。

蒸压加气混凝土料浆中的钙质材料——石灰和水泥将进行水化反应。根据水泥的一般矿物组成和水泥、石灰在常温下与水结合时的反应过程和反应产物，其水化反应如下：

$$CaO + H_2O \Longrightarrow Ca(OH)_2 + 65J$$
$$C_3S + nH_2O \Longrightarrow C_2S \cdot (n-1)H_2O + Ca(OH)_2$$
$$C_2S + mH_2O \Longrightarrow C_2S \cdot mH_2O$$

$$C_3A + 6H_2O \Longrightarrow C_3A \cdot 6H_2O$$
$$C_4AF + 7H_2O \Longrightarrow C_3A \cdot 6H_2O + CF \cdot H_2O$$
$$C_4AH_6 + Ca(OH)_2 + mH_2O \longrightarrow C_4AH_{12}$$
$$C_4AH_{12} + 3CaSO_4 \cdot 2H_2O + mH_2O \longrightarrow Ca(OH)_2 + C_3A \cdot 3CaSO_4 \cdot 31H_2O$$

以上反应所得产物形成对自由水的消耗并产生胶体物质，使蒸压加气混凝土料浆变稠、变黏，并随上述物质水化的继续进行而发展；上述反应产生的水化热将使料浆温度上升。

由于蒸压加气混凝土不同品种的组成材料不同，各种材料的相对数量不一样，性能也有所区别，以上反应可能有强弱先后之分，对蒸压加气混凝土料浆的影响也不一样。但从总体看，蒸压加气混凝土料浆具有一定的黏度，这种黏度随时间逐渐增加的规律，是蒸压加气混凝土料浆性能的一个重要特征。因此，从这个角度，又可以说，蒸压加气混凝土料浆是一种具有一定黏度的流体，或者说是黏度随时间变化的流体。

2. 蒸压加气混凝土料浆的流变性

蒸压加气混凝土料浆的流变性是指蒸压加气混凝土料浆的流动性随时间而变化的规律。它属于流变学研究的范畴。流变学是专门研究物体变形和流动规律的一门科学。在研究这一规律时，时间是一项重要的因素，因此也可以说流变学是研究变形和流动随时间而变化的规律，它表达的是材料内部结构和宏观力学特性之间的关系。为了了解蒸压加气混凝土料浆的特性，有必要对流变性问题作一基本的了解。

1）物体的流变方程

流变学从力与变形的关系出发，把物体划分为三种理想状态，并用应力与应变的关系式表达出来，这三种理想物体是：

（1）胡克弹性体

胡克弹性体是理想的弹性物体。它的特点是，当其受到外力作用时，物体的变形与所受外力大小成正比，而当外力取消之后，其变形也随之消失，物体恢复原状。胡克弹性体的流变学表达式（即流变方程）为：

$$\tau = \mu\gamma \tag{5-1}$$

式中　τ——物体受到的剪应力（N）；

　　　γ——在剪应力 τ 作用下物体的位移梯度（m）；

　　　μ——为该弹性体的刚性模量，即该弹性物体在弹性范围内，产生位移所需的剪应力（N/m）。

上述表达式为一直线方程，在直角坐标图上是一条通过原点的斜线。斜线与水平坐标轴 γ 的夹角即为该方程的比例系数，物理学上称之为刚性模量。（图5-1）

胡克弹性体是一种理想的完全弹性体。但是当外力超过某一数值时，应力与应变不再服从上述方程，发生不可恢复的变形，这就超出了该物体的弹性范围。这个限度叫弹性极限，相应于弹性极限的

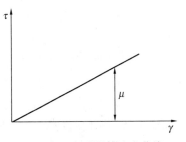

图5-1　理想弹性体流变曲线

剪应力称为极限剪应力或屈服剪应力，表示为 τ_0。

（2）圣维南塑性体

圣维南塑性体即理想塑性体。其特点是，当其受外力作用时，开始时产生弹性变形。但当外力超过其屈服应力 τ_0 后，在应力不变的情况下，它就会继续产生塑性变形，出现所谓塑性流动现象。如果这个外力等于屈服应力 τ_0，物体将以匀速流动，如图5-2所示。

圣维南塑性体的流变方程为：

$$\tau = \tau_0 \tag{5-2}$$

式中　τ_0——屈服应力（N）。

圣维南塑性体的模型可以用一个静置于桌面上的重物表示。重物与桌面之间存在着摩擦力。当外力 P 作用在重物上，达到并超过重物与桌面之间的静摩擦力时，重物就开始移动。当 P 维持不变并保持与摩擦力相等时，重物即以匀速继续移动(图5-3)。

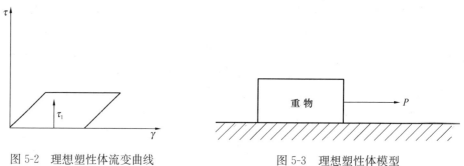

图5-2　理想塑性体流变曲线　　　　　图5-3　理想塑性体模型

（3）牛顿黏性液体

当液体流动时，若沿着其流动方向在液相中将其分为若干层，则可以发现各层液体的流速并不相同。这说明，在相邻两液相层之间存在着与流动方向相反的阻力。我们称这种阻力为液体的黏性或内摩擦。

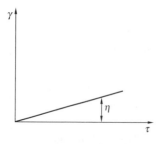

图5-4　理想黏性液体流变曲线

牛顿黏性液体是一种理想状态的黏性液体。它的剪切应力（τ）与速度梯度（γ）之比为一常数，这个常数称为黏性常数，简称黏度（η），如图5-4所示。其流变方程见式(5-3)：

$$\tau = \eta\gamma \tag{5-3}$$

牛顿黏性液体可以用图5-5中示意的模型来说明。它是一个带孔的活塞在装满黏性液体的圆柱形油壶内运动。如果这种液体服从牛顿液体方程，则这种液体即为牛顿液体。

以上三种物体，严格地说实际上是不存在的。自然界大量存在的是介于这三种理想物体之间的非均质物体。不过，可以通过对上述三种理想状态的研究来更好地理解和分析复杂物体的流变特性，并建立它们的流变方程。

E·C·宾汉姆在研究硅藻土、瓷土、油漆等弹-塑-黏性物体的形变过程时，发现当所施加的外力较小时，它所产生的剪应力小于极限剪应力 τ_0 时，物体将保持原状不发生流动，而当剪应力超过极限剪应力 τ_0 时，物体就发生流动变形。我们把这类物体叫作宾汉姆体。其流变方程为：

$$\tau = \tau_0 + \eta_{PL} \gamma \qquad (5\text{-}4)$$

式中　η_{PL}——塑性黏度系数。

图 5-5　理想黏性液体模型

宾汉姆体的流变曲线与流变模型可用图 5-6 表示。

从模型图中可以看出宾汉姆体在受力之后复杂的变形规律。当外

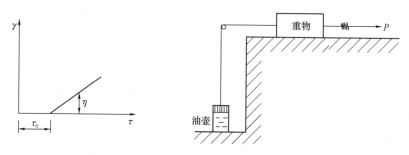

图 5-6　宾汉姆体流变曲线与流变模型

力 P 作用于物体之上时，在弹簧的弹性范围内，首先是弹簧要产生变形，而如果这时的外力还没有达到重物的摩擦力的话，那么变形仅发生在弹簧上，而重物不移动。这时 $\gamma=0$。当 P 达到 τ_0 时，重物被拖动，而弹簧保持原来伸长状态不变。重物向前移动时，由于油壶内黏性液体的阻力不可能像圣维南体那样自由移动，而是需要克服黏滞阻力，即应力要增加，才能使重物保持向前运动。这就是弹-塑-黏性体受力变形的基本规律。

2）水泥浆的流变特性

水泥浆是一种介于弹、塑、黏性体之间的非匀质物体，即弹-塑-黏性体。当受到的外力所产生的剪应力小于其极限剪应力时，它表现出固体的性质，当剪应力大于极限剪应力时，它表现出塑性体的性质，所以可以把水泥浆近似地看成宾汉姆体。这样就可以用极限剪应力 τ_0 和塑性黏度系数 η_{PL} 来表征水泥浆的流变特性。

因为水泥浆中水泥在不断水化，水泥浆体的结构不断形成和发展，宏观现象就是水泥浆的凝结、硬化。因此，水泥浆的流变参数是随时间而变化的，即 τ_0 和 η_{PL} 将随时间增加而增大。

3）蒸压加气混凝土料浆的流变特性

从蒸压加气混凝土料浆的组成和在外力作用下所表现出来的流变学特征可以看到，蒸压加气混凝土料浆是一种类似于水泥浆的弹-塑-黏性体。当把蒸压加气混凝土原材料与水混合后，其中的水泥和石灰立即开始与水作用，水泥水化析出氢氧化钙，石灰水化生成氢氧化钙，料浆碱度迅速提高。原料中其他活性物料也随即开始进行或参加反应。料浆中的各种水化产物逐渐增多，形成胶体，而自由水逐渐减少，料浆稠

度增大，流动性逐渐减弱。从流变学的观点看，就是料浆的结构黏度和极限剪应力随时间而增加。最后，料浆将形成具有一定形状的坯体。在这个过程中，料浆温度也伴随着不断升高；铝粉的发气反应将在其中一段时间内完成，从而使料浆内部产生大量的氢气泡并由此而形成巨大的内表面积。这些反应以及产物也都对料浆流变性产生着重要的影响。

通过对蒸压加气混凝土料浆的观察不难发现，蒸压加气混凝土料浆从形成浆体到最后变成坯体，基本上都要经过三个阶段：在料浆配制形成的初期，料浆中的水化反应刚刚开始，水化产物很少，料浆中的物料基本上都是固体悬浮物。在不长的一段时间内，胶体生成的数量也不太多，不足以明显地增加料浆的黏度，这时的料浆表现出良好的流动性。因此，从流变学的观点看，这时的料浆更接近于黏性液体；当料浆中水化反应大量进行，气泡也开始大量产生后，料浆黏度明显增加，其流动性逐渐变差，而塑性逐渐明显，从流变学的观点看就是其极限剪应力增加，这时的料浆表现出明显的黏塑性，逐渐衍变为接近塑性固体；在料浆逐步发展到变成硬化坯体的后期，料浆内部的水化产物已经形成具有较强结构黏度的凝胶网络，极限剪应力显著增加，从流体的角度看可以认为这时的料浆已经丧失了流动性，而表现出弹塑黏性。这就是初期的坯体。

蒸压加气混凝土料浆流变性特性的形成和发展是一个连续的过程。其宏观表现的各个阶段的具体情况和延续时间因蒸压加气混凝土品种、物料性能、用量和其他配料工艺参数不同而不一样。比如上述的所谓第一个阶段，在水泥-石灰-砂蒸压加气混凝土料浆中，在实际生产中可能就不够明显，这要看石灰的质量和工艺方法。

为了准确判断料浆流变性变化的情况，人们想出了一些方法。最简单的就是"划槽法"，但用这种办法只能从宏观定性的角度了解料浆稠化的大致情况，而且还得凭经验。因而不够准确，无法定量说明而且容易因人而异。

武汉工业大学与上海华东新型建材厂合作研究中，以自制的仪器进行过这方面的研究。即用所谓拔片法，测定了蒸压加气混凝土料浆随时间而变化的极限剪应力。该仪器装置是由一台500g的天平改装而成。天平一端用金属丝钩住预先埋在料浆中的表面粗糙的纤维增强塑料片，塑料片尺寸为3cm×7.5cm；另一端的秤盘中放一烧杯。试验前先用砝码平衡，挂上塑料片后，向烧杯中滴水，当天平游标开始偏转，立即停止滴水，将烧杯中的水倒入量筒，测出其体积为v（mL），用尺量塑料片埋入料浆的深度h（cm）。

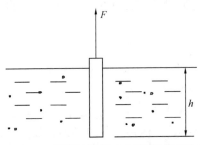

图5-7 料浆极限剪应力测定示意图

滴入烧杯的水重即为作用于塑料片的力F。此力为料浆剪应力所平衡，剪应力τ的方向平行于料浆的破坏面（图5-7）。采用的塑料片两面粘有料浆，说明料浆结构破坏；若拔出的塑料片两面光滑，则说明外力F超过了塑料片与料浆的黏结力而不是料浆的极限剪应力。试验时必须将塑料片打毛后使用。

用拔片法所测料浆极限剪应力τ（MPa）由

下式求出：

$$\tau = \frac{F}{2bh} \tag{5-5}$$

式中　F——滴入烧杯水的重力（N）；

　　　b——塑料片的宽度（mm）；

　　　h——塑料片在料浆中的埋入深度（mm）。

曾采用两台这种仪器在同一模料浆的两个部位同时测定其极限剪应力，得出结果见表5-1。

表 5-1　蒸压加气混凝土料浆极限剪应力的测定

序号	测量时间（min）（自浇注开始起算）	10	15	20	25	30	35	40	45
1	极限剪应力（Pa）	33	51	76	106	123	158	209	280
2		36	52	70	98	118	165	215	255
	误差（%）	8.0	0.2	8.5	8.0	4.3	4.4	3.0	10.0

由表5-1数据可见测量误差基本上在10%以内。为了保证测量精度，应注意以下几点：

（1）天平必须灵敏。

（2）塑料片两面不能太光滑。

（3）塑料片埋设在料浆中必须保持垂直。

（4）天平游标开始偏转时，应立即停止滴水。

蒸压加气混凝土料浆的流变学特性，在蒸压加气混凝土的成型过程中具有重要的意义，对料浆的搅拌、发气、凝结和硬化都有决定性的影响。应用流变学理论定性的分析和定量的研究蒸压加气混凝土料浆的这些特点，目前只是刚刚开始，手段也有待继续完备，但已经有了良好的开端和成果。可以据此加深对蒸压加气混凝土生产过程的认识。

5.1.2　蒸压加气混凝土气孔结构的形成和坯体的硬化

1. 蒸压加气混凝土气孔结构的形成

如前所述，蒸压加气混凝土的气孔结构是在蒸压加气混凝土料浆的特定环境中，由发气剂——铝粉在料浆中进行化学反应放出氢气而形成的。进一步研究这一过程可以发现，蒸压加气混凝土气孔结构的形成大致要经过产生气体、形成气泡和料浆体积膨胀三个状态，形成一个连续的、相互交织、相互关联和影响，而且是互为条件的同一体系中的统一的过程。为了叙述的方便，我们暂以这样三个阶段择重分析其中的主要问题。

（1）蒸压加气混凝土料浆中气泡的产生

我们已经知道使蒸压加气混凝土中产生气泡的气体，是由铝粉在料浆的碱性环境

89

中进行化学反应得来的。料浆的碱性是由于原材料中的水泥和石灰水化生成的氢氧化钙，在个别情况下还有外加的纯碱或烧碱等碱性辅助材料。在使用普通硅酸盐水泥或者在原料中使用石膏的情况下，铝粉的发气反应可表达为下列化学反应方程式：

$$2Al+3Ca(OH)_2+3CaSO_4 \cdot 2H_2O+mH_2O \longrightarrow 3CaO \cdot Al_2O_3 \cdot 3CaSO_4 \cdot 31H_2O+H_2 \uparrow$$

铝粉的发气反应是在料浆中的水泥、石灰遇水后立即与水作用生成氢氧化钙，使料浆碱度迅速提高(pH 值可达 12 或更高)，温度逐步上升(通常料浆初温都在 35℃ 以上)时开始进行的。反应产生的氢气，除极少量溶解于水中并迅速达到饱和外，立即以气体形式释放出来。通过对铝粉在透明碱溶液中发气过程的观察，可以推断蒸压加气混凝土料浆中铝粉反应放出气体有如下相似的情形。首先，铝粉颗粒的发气反应是在铝粉与碱溶液直接接触的表面进行的。而铝粉颗粒表面由于在制造过程中所受到的作用及其效果并不均等，因而表面各局部点的化学活性也不一致。在那些由于研磨作用造成挤压变形和折断撕裂的边缘或棱角，由于金属铝晶格被强烈扭曲和破坏，并比较突出地外露于反应介质之中，因而成为首先进行化学反应的活泼点。其他区域或因脱脂处理不完全仍然覆盖少量憎水物质或者存在氧化层的地方，其参加化学反应的时间必将推迟。反应点产生的氢气分子在水中饱和之后，首先将被暂时吸附在铝粉颗粒反应区周围表面，逐渐形成吸附于铝粉颗粒的气膜或微型气泡。随着发气反应的继续进行，微型气泡中不断充入新的氢气，气泡长大，在料浆中表面活性物质分子组成的气泡壁薄膜的保护下，在料浆的浮力或物料运动的推动下，脱离铝粉(或者携带着铝粉微粒)成为悬浮于料浆中的气泡。

随着料浆中反应条件的变化(如碱度进一步增加、温度上升等)，铝粉颗粒将有更多的区域迅速参加到反应中来，气泡以更大的速度形成并充滞于浆体之中，于是形成了铝粉发气的宏观现象(即模中料浆体积膨胀，料面上升)。

一颗铝粉粒子能够生成多少个气泡，取决于铝粉颗粒的大小和所成气泡的体积，与铝粉的活性铝含量和料浆性能有关。从迅速获得大量气孔的角度出发，一般希望铝粉中活性铝高一些，颗粒细一些。

气泡在蒸压加气混凝土料浆中的形成，主要是受料浆性能的制约。一个气泡无论大小，在料浆中都将受到来自料浆重力并指向气泡中心的压力，其大小取决于料浆的密度和气泡在料浆中的位置。同时，气泡本身存在着由料浆压力和气泡内的气体压力形成的一对作用和反作用力，以及气泡壁的表面张力，气泡上的这些作用力处于相互作用的动态平衡之中。由于料浆内大量气泡的出现，使料浆内表面大量增加，从而使体系内的表面能急剧增大，因此体系极不稳定，有自发减少其表面的趋向。

根据拉普拉斯公式，气泡中气体压力 P 为：

$$P = P_0 + \frac{4\eta}{r} \tag{5-6}$$

式中　P_0——大气压(Pa)；

　　　η——料浆黏度(Pa·s)；

　　　r——气泡半径(cm)。

从上式中可以看出，对于每一个单个的气泡来说，其体积的大小和是否稳定，取决于气泡内外的压力和料浆的黏度。即：

$$r = \frac{P - P_0}{4\eta} \tag{5-7}$$

当料浆黏度不变，外加力（大气压 P_0，包括料浆的自重对气泡产生的压力）一定时，也就是说气泡在料浆中的位置一定时，气泡内气体压力越大（即充气越多），气孔半径 r 也越大；当气泡内外压力 P 和 P_0 都一定时，料浆黏度越小，气泡半径 r 则越大。不过，在实际的料浆中，料浆的黏度、温度和铝粉在料浆中的位置都在变化，因而同层次料浆内必然形成多种孔径并存的气孔结构。然而，在不同的蒸压加气混凝土品种之间，不同批次的料浆之间，其气孔结构就可能存在明显的不同。

在发气的过程当中，众多的气泡相继产生并同存于一个料浆体系之中。气泡与气泡之间必须保持相对独立，不发生破裂和合并，整个体系才能保持稳定。

假若有两个相邻的气泡，其中一个半径为 r_1，另一个为 r_2。其间以曲率半径为 r_0 的界面相互隔开（图5-8）。根据拉普拉斯方程，两个气泡的气体压力分别为：

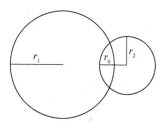

$$P_1 = P_0 + \frac{4\eta}{r_1}$$

$$P_2 = P_0 + \frac{4\eta}{r_2}$$

图5-8 气泡合并示意图

由于两个气泡处于相同条件而又半径大小不同，因而其气压 P 必然不等。其中，小气泡气压要大于大气泡的气压。由此，就会产生小气泡向大气泡压入的现象，即小气泡表面凸进大气泡之中。这种平衡能否维持，关键取决于料浆黏度（η）。当大小气泡压力差小于料浆黏度时，气泡壁具有足够的抗拉强度，气泡将维持相连而稳定，当气泡大小相差悬殊，或者料浆黏度太小，不足以维持这种平衡时，小气泡就会破裂汇入大气泡之中形成更大的气泡。要是这一过程不断发展，大小气泡半径相差更加悬殊，使气泡间压力差更大，这种合并情况将更为迅速地进行，并且因众多大气泡上浮，冒出料浆上表面而爆裂，这就会形成冒泡和"沸腾"现象，导致料浆气孔结构的破坏和浇注的失败。

氢气泡能否上浮，一方面取决于气泡本身尺寸大小，同时也取决于料浆黏度。

假定料浆在初期接近于理想黏性液体（牛顿液体），则根据斯托克斯定律，气泡上浮的速度 v(cm/s) 可由下列公式求得：

$$\frac{4}{3}\pi r^3 \rho = 6\pi\eta v \tag{5-8}$$

$$v = \frac{2}{9} \cdot \frac{r^2 \rho}{\eta} \tag{5-9}$$

式中　r——气孔半径(cm)；

　　　　ρ——料浆密度(g/cm³)；

　　　　η——料浆黏度(Pa·s)。

从式(5-9)可知，气孔越大，上浮速度越大，要使上浮速度减小，必须增大料浆黏度（η）。气泡迅速上浮反过来又将促使气泡间的合并。由此，可以得到气泡稳定的条件：假如上浮速度小到某一定值 v_0 可以认为气泡稳定，则料浆黏度必须满足下列条件：

$$\eta > \frac{2}{9} \cdot \frac{r^2 \rho}{v_0} \qquad (5\text{-}10)$$

实际上，蒸压加气混凝土料浆并不是理想的牛顿液体，它还具有结构黏度，即料浆具有在搅动情况下黏度较小，料浆相对较稀；而静止下来之后，料浆黏度增大的现象。在一般情况下，料浆的极限剪应力和结构黏度都随时间而增大。因此，由上述原因引起的气泡合并和上浮、造成气孔结构不稳定、冒泡甚至塌模的现象，多半发生在料浆黏度较小的发气初期阶段，或者因料浆稠度增长过慢所致。

（2）蒸压加气混凝土料浆的膨胀

铝粉在蒸压加气混凝土料浆中进行发气反应释放出大量氢气，必然推动料浆体积膨胀。可以从下面的分析来了解料浆能够顺利发气膨胀的条件，并由此初步探讨某些常见不良现象的基本原因。

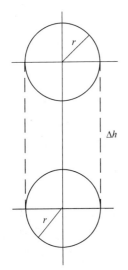

图 5-9 半径为 r、长度为 Δh 的圆柱体

设料浆中有上下邻近的两个气泡。上面气泡内的压力为 P_1，下面气泡内的压力为 P_2，两气泡间的距离为 Δh，两气泡半径均为 r（图 5-9）。我们假设两气泡间形成了一个半径为 r、长度为 Δh 的料浆圆柱体。那么，当作用在圆柱体上的外力 F 能够克服圆柱体表面上的极限剪应力 τ_0 所形成的阻力 F' 时，料浆才能流动。由此得到料浆发气膨胀的条件为：

$$F > F'$$

又因

$$F = (P_2 - P_1 - \rho g \Delta h)\pi r^2$$
$$= (\Delta P - \rho g \Delta h)\pi r^2$$

$$F' = 2\pi r \Delta h \tau_0$$

所以 $F > F'$ 又可写为 $(P_2 - P_1 - \rho g \Delta h)\pi r^2 > 2\pi r \Delta h \tau_0$

$$\tau_0 < \frac{(\Delta P - \rho g \Delta h)r}{2\Delta h} = \frac{r}{2} \cdot \frac{\Delta P}{\Delta h} - \frac{\rho g r}{2} \qquad (5\text{-}11)$$

式中　ρ——料浆密度（g/cm³）；

　　　g——引力常数（m/s²）。

由式（5-11）可知，料浆体积膨胀（即产生流动）的必要条件是不等式右边的值大于左边的 τ_0。对某一定的料浆来说，其密度 ρ 为一定值。因为影响不等式右边数值大小的因素即为 r、ΔP 和 Δh。也就是说，较大的气泡和较大的压差有利于气泡克服料浆的极限剪应力，促成料浆的相对流动，实现料浆体积的膨胀。显然，τ_0 值大的料浆将对发气膨胀产生较大的阻力，使料浆膨胀困难。而当 $\tau_0 > \frac{(\Delta P - \rho g \Delta h)r}{2\Delta h}$ 时，料浆便不会流动，在这种情况下，气泡内的压力作用在气泡壁上，使气泡壁产生塑性变形。如果气泡内压力 P 很大，使气泡壁上的应力超过了它的强度极限，气泡将破裂，气体由料浆的裂纹逸出并通过连通的孔缝排入料浆外的大气中。这种情况就造成了"憋气"、冒泡和裂缝等现象。

由此可见，蒸压加气混凝土料浆发气膨胀的基本条件是料浆的极限剪应力低于某一定值。尤其是在铝粉大量发气阶段，料浆的极限剪应力维持在较低的水平有利于顺利的发气膨胀。但当发气临近结束，气孔结构需要稳固下来时，料浆的极限剪应力应该能够较快上升，也就是常说的及时稠化。如果做到这一点，就可以说料浆稠化与发气相适应。

上面分析的是料浆中个别气泡在一个局部的情形。在实际浇注中，同一模料浆各个部分的发气膨胀情况则并不一致。由于沿着料浆高度方向，气体压力和料浆温度的变化，发气过程不平衡，可能给浇注稳定性带来很大影响。

根据气体压力、温度和体积三者之间的关系（假定气泡中的气体符合理想气体方程），可以推导出气泡内气体压力(P)沿模具高度的变化与气泡体积(V)，温度沿模具高度而变化的关系，即：

$$\frac{\Delta P}{\Delta h}=-\frac{nRT}{V^2}\cdot\frac{\Delta V}{\Delta h}+\frac{nR}{V}\cdot\frac{\Delta T}{\Delta h} \tag{5-12}$$

式中　n——摩尔常数；

　　　R——气体常数；

　　　T——温度(K)；

式(5-12)中右边第一项是气泡体积沿模高度方向变化而引起的在高度方向压力的变化，负号表示气泡体积下面小（压力大）、上面大（压力小）。第二项是温度不均匀引起的高度方向压力的变化。

假定整个模子内料浆的温度是均匀的，根据式(5-12)可知沿着模子的高度方向，气体体积应该是模底部的小，顶部的大，气泡内压力则相反，底部的大，顶部的小，压力梯度$\left(\frac{\Delta P}{\Delta h}\right)$沿模高方向大致是相等的。由于温度均匀，料浆的极限剪应力沿模具高度方向也大致均匀[图 5-10(a)]，因此，模内各部位浇注稳定性的好坏也是大致均匀的。

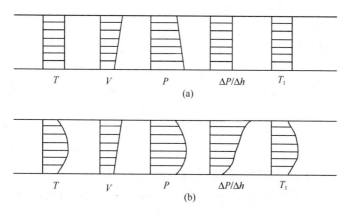

图 5-10　沿模具高度各参数的变化

但实际上并不是这样。由于石灰的消化放热，料浆温度沿高的方向不是均匀的。顶部散热快，温度最低；底部散热次之，温度较低；中部不易散热，温度最高。这样，气泡内的压力、压力梯度、极限剪应力沿模高方向都不均匀，压力梯度顶部变化最大，底部最小，极限剪应力模中最大[图 5-10(b)]，这就造成料浆中发气不均。模具顶部 τ_0 小，而 $(\Delta P/\Delta h)$ 大，发气舒畅，模子中部和下部 τ_0 较大，而 $(\Delta P/\Delta h)$ 小，发气就可能不舒畅。正因为如此，在模子中、下部发气最不舒畅的地方也最容易发生纵向裂缝。

根据以上的分析可以看到，料浆的发气膨胀主要与料浆中气泡的气压 (P)、气泡压力梯度 $(\Delta P/\Delta h)$ 和料浆极限剪应力 τ_0 有关，三者保持在适当的水平时，料浆发气舒畅，膨胀顺利，否则就出现不正常现象甚至不能实现发气。除此而外，料浆的温度不均匀是影响上述三参数及三者平衡关系的原因，因而也是影响料浆发气膨胀不舒畅的另一重要因素。模内温差越大，浇注稳定性越差，这已为生产实践所证实。采用消化速度过快、消化温度过高的石灰，浇注温度沿模高方向变化大，浇注稳定性就差。为此，在配方设计时，须采取措施，抑制石灰消化速度，降低消化温度，以减少模内料浆的温度变化，促成均匀舒畅的发气。另外，由于在实际上难以做到料浆温度绝对均匀，因而，在生产中通常都要采用其他措施，如加入稳泡剂和保温措施等。而采用增大料浆稠度的办法，企图以较大的黏度来提高料浆"保气性"一般来说是不可取的，效果也不很好。因为稠的料浆其极限剪应力也大，发气不易舒畅，容易产生冒泡、沉陷等现象。

2. 蒸压加气混凝土坯体的硬化

蒸压加气混凝土坯体是料浆经过发气膨胀逐步稠化凝结的结果。蒸压加气混凝土坯体的硬化是蒸压加气混凝土料浆中钙质材料在特定条件下进行水化和凝结过程的继续。从宏观上看，蒸压加气混凝土坯体是蒸压加气混凝土料浆在反应过程中逐渐失去流动性而更具弹塑性的产物；从微观上说，蒸压加气混凝土坯体的物相组成由于大量水化产物的不断生成，已经和原来的料浆有了实质的不同。为了更好地理解蒸压加气混凝土坯体硬化的情形、机理及其主要因素，有必要对钙质材料在蒸压加气混凝土料浆中的水化反应及其生成物作一基本的了解。

(1)蒸压加气混凝土料浆中水泥的水化

水泥作为水硬性胶凝材料被单独或与石灰共同作为主要钙质材料使用于蒸压加气混凝土中。水泥在水溶液中的反应机理，人类已经有了丰富的研究成果，但仍在不断探索之中。在蒸压加气混凝土料浆这种含有多种化学物质成分的特定条件下，水泥的水化过程则复杂得多。

最简单的仍然是水泥与水单独作用的情形，根据近代研究的最新成果，许多学者认为，水泥遇水后，水泥颗粒表面立即产生对水分子的吸附，同时，发生水解和水化反应。水化反应是水分子直接进入水泥熟料矿物晶格，形成水化物；水解反应是某些熟料矿物被水化后脱离原晶格体系而溶解于水溶液中。即进行所谓内部水化与外部水化，形成存在于熟料颗粒表面固相内的内部水化产物和存在于熟料颗粒表面液相中的外部水化产物。这些水化产物开始在水泥粒子表面周围形成胶态阻挡层，妨碍和阻止水泥粒子内层的继续水化，但阻挡层中的无定形水化物由于结晶作用又将使其表面层拆开，从而为继续水化提供条件。随着水化反应的继续进行，液相中水化物不断增多，浓度不断增加，表面层不断向外扩展，水化产物的凝胶化和结晶过程也都在不断的进行。因而，水泥浆将逐渐变成由水泥粒子为骨架的、以水化物凝胶紧密粘连的、有各种硅酸盐微晶相互连生、相互穿插、支撑在骨架粒子之间的牢固的整体，形成水泥石独特的微观结构。这一结构的形成是渐进的，其中，固、胶、液(气)各相的形态和数量也是相对变化的。变化的结果是水泥凝聚物的固化和强度不断增长。

水泥水化反应速度决定了水泥凝结和硬化，即决定了水泥浆体强度的增长。因此，水泥熟料的水化反应和反应过程对以水泥为胶结料的制品坯体的形成和性能具有重要的意义。

水泥水化反应能力和反应过程，是水泥熟料矿物组成、水量、温度、溶液碱度、水泥细度、外加剂性质以及其他复合作用因素的函数，可将这一关系表示为：

$$\frac{\mathrm{d}\theta}{\mathrm{d}t} = \Phi(C、\omega、T、pH、s、A、h_0) \tag{5-13}$$

式中　$\mathrm{d}\theta$——水化程度；

　　　　$\mathrm{d}t$——水化时间；

　　　　C——矿物成分；

　　　　ω——加水量；

　　　　T——温度；

　　　pH——溶液碱度；

　　　　s——水泥比表面积；

　　　　A——外加剂因素；

　　　h_0——水化产物及其他复合作用因素。

在水泥的熟料矿物中，硅酸三钙(C_3S)的水化反应速度中等，硅酸二钙(C_2S)的水化反应速度最慢，铝酸三钙(C_3A)的水化反应速度最快，而铁铝酸四钙(C_4AF)的水化反应速度仅次于(C_3A)。硅酸钙的水化，不论硅酸三钙或硅酸二钙，它们的水化产物对水泥石早期和后期都起着重要的作用。硅酸三钙与水接触后首先分离出氢氧化钙晶体和低碱水化硅酸钙凝胶。由于硅酸钙水化物凝胶的组成是随着水化反应的进行而改变的，所以可将这些产物统称为水化硅酸钙，即 C-S-H 凝胶。在电子显微镜下，这些水化物像一些薄片状和纤维状微粒。硅酸三钙在较多的水量中(一致认为水灰比大于 0.4)将逐步全部水化，其水化结果大致可用下式表达：

$$2(3CaO \cdot SiO_2) + 6H_2O = 3CaO \cdot 2SiO_2 \cdot 3H_2O + 3Ca(OH)_2$$

硅酸二钙有 γ、β、α' 及 α 等多种晶型，在硅酸盐水泥中以 β 晶型为主。$\beta\text{-}C_2S$ 水化很慢，在自然状态下，其水化可进行数月至数年。但其水化反应的结果，与硅酸三钙同样生成 C-S-H 凝胶以及少量氢氧化钙。C_2S 全水化的反应产物大致为：

$$2(2CaO \cdot SiO_2) + 4H_2O = 3CaO \cdot 2SiO_2 \cdot 3H_2O + Ca(OH)_2$$

铝酸三钙与水反应很快。但在石灰饱和溶液中将显著减慢。在大量水存在情况下，水化产物呈六方板状结晶。没有 Ca(OH)$_2$ 和水化氧化铝，这两种产物只在少量水的情况下有少量生成。

铁铝酸四钙与水的反应随铝含量的增加而加速，所以总的反应速度一般都在 C_3A 之后。其水化产物很快生成水化铁铝酸钙板状结晶，一部分未水化的 C_4AF 残核的周围可能出现水化氧化铁或无定形 Fe_2O_3，没有 $Ca(OH)_2$ 产生。

石膏是硅酸盐水泥常用的调凝剂。石膏的硫酸盐可以进入硅酸钙的水化凝胶的结构而改变其形态。但对铝酸三钙的水化有更大的影响，它可以使溶入溶液中的 C_3A 迅速形成极细小的针状晶体，即 $C_3A \cdot 3CaSO_4 \cdot 3H_2O$ 硫铝酸钙水化物。这些水化物的迅速产生，在 C_3A 的表面形成妨碍其与水接触的阻挡层，使 C_3A 水化速度降低。随着水化反应的进行，石膏逐渐消耗之后，C_3A 的水化仍将继续进行。

水泥熟料矿物水化反应的结果，生成了大量胶粒状和微晶状结构的胶凝物质，根据近一个时期对有关研究成果的报道来看，水泥水化物凝胶是一种由上述微粒组成的具有巨大比表面的物质，其比表面积用各种方法测试，大约都在 $200 \sim 700 m^2/g$，也就是说是水泥比表面积的 1000 倍以上。这样巨大的比表面积，蕴藏着巨大的表面能，以及它的吸附和分子引力。这就是水泥凝胶体能够具有强度的最基本的原因。

在影响水泥水化速度的诸因素中，矿物成分因水泥品种而异，对同一种水泥来说，此项基本是一常数；水化温度与水化环境有关，与水泥进行水化的时间和程度有关，一般随水化热的不断放出而提高；水量对水化速度的影响是显而易见的，水量多，水化进行得更快些，在水灰比大于 0.4 时，C_3S 和 C_2S 最终将全部水化；pH 值对 C_3S、C_3A 的水化反应影响很大，直接决定 C_3S 的反应程度及速率，从 C_3S 的水化反应式可以看出，降低溶液的 pH 值会使 C_3S 的水化反应加快。而在 $Ca(OH)_2$ 饱和溶液中，C_3S 的水化几乎停止。相反，加入某些强电解质的碱金属盐（如碱金属的碳酸盐），将使 C_3S 的水化大大加速；对于 C_3A，由于饱和石灰溶液对 C_3A 的水化也有很大的抑制作用，在石膏存在的情况能形成更为难溶的混合保护膜，更有效地阻挡 C_3A 的迅速水化，因而其水化速度将更进一步减慢；水化的比表面积是水化速度的直接影响因素，比表面积越大，参与水化过程的面积越大，水化进度越快，水化程度越高；在水泥浆中掺加某些表面活性物质，将有助于水泥颗粒结团的分散，降低水溶液表面张力，增加水分子对水泥表面的亲合力和渗透力，因而可以促进水泥的水化和向水泥颗粒深部发展。相反，如果在溶液中加入能够在水泥颗粒表面形成憎水隔离层的表面活性物质，则水泥的水化将受阻而减慢。

（2）蒸压加气混凝土料浆中石灰的消化

石灰遇水后生成 CaO 的水化物 $Ca(OH)_2$ 的消化现象是人们所熟知的。长久以来，人们已能熟练利用石灰的这一性能制取消石灰、石灰膏和石灰浆。虽然石灰的消化过程看来似乎比较简单，但实际上它是一个相当复杂的过程。同水泥有相似的情况，石灰的消化受到其自身结晶结构、水量、温度、溶液中电解质成分和其他外加剂的影响。

首先，CaO 的结晶结构决定着石灰与水反应的活性。而结晶结构取决于石灰的煅烧温度，研究结果表明，煅烧温度在 800℃ 时，CO_2 气体从坚实的石灰石中逸出，而这时，石灰石的体积实际上没有改变，所形成的氧化钙的密度与理论计算值很相近，为 $1.57 g/cm^3$。这种低温煅烧的石灰，其氧化钙结晶大小约 $0.3 \mu m$，并且尺寸大致相同。提高温度则使晶粒尺寸增加：900℃ 时，晶粒尺寸为 $0.5 \sim 0.6 \mu m$；1000℃ 时为 $1 \sim 2 \mu m$；1100℃ 时达 $2.5 \mu m$；1200℃ 时增大到 $6 \sim 13 \mu m$；然后开始烧结，这时单个晶体相互连生，其体积大大收缩，其表观密度达到 $2.45\sim2.5g/cm^3$。而某一煅烧温度的恒温时间对晶形的改变影响不大。

煅烧温度低、结晶程度差的石灰，由于其晶体稳定性较差和较大的比表面积，因而具有更大的活性和消化速度，并能释放出更多的消化热。煅烧温度高，晶形较粗大，则消化相对较缓慢，消化热也相应降低。

石灰的消化与水量有很大的关系。在少量水的情况下，石灰吸入水分生成水化氧化钙，放出大量热并剧烈"沸腾"生成粉末状产物。在水分足够的情况下最终形成 $Ca(OH)_2$ 熟石灰。在大量水中消化时，石灰与水反应生成的 $Ca(OH)_2$，在水中形成半胶体、半晶体性质的悬浮液灰浆。悬浮物是被水分子所包围的 $Ca(OH)_2$ 晶体。悬浮颗粒表面结合最牢固的是大量水分子，离胶核越远，水分子结合越弱，形成扩散层。

温度增加将使石灰的消化速度加快。当温度在 $0\sim100℃$ 范围内，温度每上升 $10℃$，消化速度将增加一倍，换句话说，随着消化温度由 $20℃$ 增加到 $100℃$，消化过程将加快 $2^8=256$ 倍。

溶液中其他物质的存在可能对石灰的溶解产生影响。少量糖类外加剂能够阻止 $Ca(OH)_2$ 晶坯迅速生长，因而降低了 CaO 的溶解速度和溶液浓度；在较高温度下，在有氧化硅和氧化铝存在的情况下，可提高 $Ca(OH)_2$ 的溶解度；而强碱溶液将使 $Ca(OH)_2$ 溶解度迅速降低。石膏在溶液中对石灰的影响，表现在使 CaO 在水中的溶解度有一个随 $CaSO_4$ 浓度的增加而逐步减小的过程。在 $CaSO_4$ 浓度尚小的情况下，$CaSO_4$ 增加，CaO 溶解度缓慢下降，在二者浓度接近平衡点的情况下，浓度近乎不变，当 $CaSO_4$ 浓度继续增加时，CaO 溶解度将迅速下降，参见表 5-2。

表 5-2　20℃ 时 $Ca(OH)_2$ 在石膏溶液中的溶解度

$CaSO_4$	CaO	固相
0	1.159	$Ca(OH)_2$
0.706	1.108	$Ca(OH)_2$
0.951	1.102	$Ca(OH)_2$
1.306	1.105	$Ca(OH)_2$
1.683	1.105	$Ca(OH)_2+CaSO_4\cdot2H_2O$
1.773	0.745	$CaSO_4\cdot2H_2O$
1.811	0.513	$CaSO_4\cdot2H_2O$
1.852	0.241	$CaSO_4\cdot2H_2O$
2.070	0	$CaSO_4\cdot2H_2O$

实践表明，氧化钙磨得越细，其分散度越高，水化越快，溶液越能迅速达到过饱和，因而 $Ca(OH)_2$ 越能迅速形成大量结晶中心，从而生成大量细小的 $Ca(OH)_2$ 结晶和体积巨大的胶体。增加用水量和提高温度，也可以获得相似的效果。

在静置的情况下，$Ca(OH)_2$ 将缓慢再结晶而使晶体变粗。提高温度将促进这一过程的进行。

石灰在蒸压加气混凝土料浆中进行消解时，很快夺取了料浆中大量的自由水，成

为 $Ca(OH)_2$ 结晶水和凝胶水的组成部分，因而料浆较快稠化。随着石灰颗粒的进一步消解，蒸压加气混凝土坯体逐步达到硬化。由于 $Ca(OH)_2$ 组成的凝胶体多，各粒子间聚结不够紧密，并没有水泥熟料矿物水化物结晶的支撑增强作用，因而形成的凝聚结构强度相对较低。在有水泥、石膏或其他活性物料存在的情况下，强度将会有所改善。

(3)矿渣在蒸压加气混凝土坯体硬化中的作用

从高炉水淬矿渣的矿物组成和经过水淬处理后的玻璃体结构来看，它是一种具有潜在水化活性的物质。矿渣经过磨细(比表面积 $2500cm^2/g$ 以上时)，其水化能力将大为提高。若水温在 30℃ 以上，其水化速度将明显增长。在有碱性激发剂存在的情况下，其水化过程将大大加速。在水泥-矿渣-砂蒸压加气混凝土料浆中，矿渣在较高的温度和水泥、石膏、纯碱等的激发下，其水化反应强烈，因而成为坯体硬化的重要因素。矿渣的碱性系数越高，其活性越高，在坯体硬化中的作用越明显。在既定工艺的蒸压加气混凝土工厂中，矿渣质量的波动往往是坯体硬化时间发生波动的重要原因。在采用适当矿渣的情况下，矿渣用量多，制品强度有所提高，矿渣用量达到 45%～55%(此时水泥用量为 5%～10%)制品强度最高。但矿渣的水化性能不同于水泥，因而，在蒸压加气混凝土的静停初养条件下，矿渣用量过多，坯体硬化速度将难以满足生产工艺的需要，而且浇注稳定性也会变差。

在水泥-矿渣-砂蒸压加气混凝土中，碳酸钠是十分重要的调节剂，它既是料浆碱度的保证，又是矿渣的活化剂。使用碳酸钠可以促使坯体较快硬化，还可提高制品强度，但大量的碳酸钠可能造成蒸压加气混凝土料浆在刚刚加入碱液时出现瞬时过稠，而在发气前期料浆又过稀，发气中后期料浆稠化稍快，使浇注不够稳定。因此，在这种情况下，水泥用量不可太少。最好是用少量硼酸钠作为料浆稠化速度调节剂，既可以有效地调节水泥的凝结而又不影响坯体硬化速度。实践表明，在水泥-矿渣-砂蒸压加气混凝土中，石膏的作用与在其他品种蒸压加气混凝土中是相同的，当矿渣用量较多时，其对坯体硬化的调节作用是有限的。而且石膏促进坯体硬化时，受料浆和坯体温度影响很大，往往在坯体中心和最热的区域，硬化过快以致形成硬核。

5.2 配合比与生产配方

5.2.1 配合比的基本概念

1. 钙硅比

如前所述，蒸压加气混凝土之所以能够具有一定的强度，其根本原因是蒸压加气混凝土的基本组成材料中的钙质材料和硅质材料在蒸压养护条件下相互作用，氧化钙 (CaO)与二氧化硅(SiO_2)之间进行水热合成反应形成新的产物的结果。因此，为了获得必要的生成物(包括质量和数量)，必须使原材料中的氧化钙与二氧化硅成分之间维持一定的比例，使其能够进行充分有效的反应，从而达到使蒸压加气混凝土获得强度的目的。我们把蒸压加气混凝土原材料中的氧化钙与二氧化硅之间的这种比例关系，称为蒸压加气混凝土的钙硅比，它是蒸压加气混凝土组成材料中 CaO 与 SiO$_2$ 的总和的摩尔数比，写成 C/S。

蒸压加气混凝土的钙硅比，理论上应该根据要求的水化产物种类和数量来确定，可以这么认为，每一种强度和干密度规格产品的钙硅比都不同。从我国三种蒸压加气混凝土品种来看，理论上水泥-矿渣-砂蒸压加气混凝土的钙硅比在 0.54 左右，水泥-石灰-粉煤灰蒸压加气混凝土的钙硅比在 0.8 左右，而水泥-石灰-砂蒸压加气混凝土的钙硅比在 0.7～0.8 之间。

蒸压加气混凝土的钙硅比不同于溶液中的摩尔比，更不等于水化硅酸钙的碱度。因此，不能机械地把钙硅比与水化产物的组成和性能等同起来。

蒸压加气混凝土不同于水泥等其他硅酸盐制品，其强度还包括气孔的形状和结构，而良好的气孔与结构又有赖于料浆的发气膨胀过程。因此，对某一品种的蒸压加气混凝土的生产工艺来说，其钙硅比有一个最佳值和最佳范围；另外，钙硅比也受水化反应深度的影响，比如，砂越细，比表面积越大，参与水化反应的 SiO$_2$ 就越多，此时需要的 CaO 就多，钙硅比会偏高；反之，砂越粗，比表面积越小，参与水化反应的 SiO$_2$ 就越少，需要的 CaO 就少，钙硅比会偏低。理解钙硅比，应理解理论水化反应所需 CaO 和 SiO$_2$ 的比例与实际各材料中 CaO 和 SiO$_2$ 的比例有差异，因为后者包括没有反应 CaO 和 SiO$_2$，这和水泥玻璃等能进行充分反应不一样。

总之，钙硅比主要用于理论上计算配合比，各企业的实际钙硅比应根据自己的最佳工艺参数确定。

2. 水料比

水在蒸压加气混凝土生产中是很重要的，它既是发气反应和水热合成反应的参与组分，又是使各物料均匀混合和进行各种化学反应的必要介质，水量的多少直接关系到蒸压加气混凝土生产过程的质量。

衡量配方中用水量的多少，常用水料比这个概念。水料比指料浆中的总用水量与蒸压加气混凝土干物料质量总和之比。

水料比＝总用水量/基本组成材料干质量

水料比不仅是为了满足化学反应的需要，更重要的是为了满足浇注的需要。适当的水料比可以使料浆具有适宜的流动性，为发气膨胀提供必要的条件；适当的水料比可以使料浆保持适宜的极限剪切应力，使发气顺畅，料浆稠度适宜，从而使蒸压加气混凝土获得良好的气孔结构，进而对蒸压加气混凝土的性能产生有利的影响。

不同蒸压加气混凝土品种、原材料性能及产品干密度等级，在一定工艺条件下，都有它的最佳水料比。一般来说，干密度为 500kg/m^3 的水泥-矿渣-砂蒸压加气混凝土的最佳水料比为 0.55～0.65；500kg/m^3 的水泥-石灰-砂蒸压加气混凝土的最佳水料比为 0.65～0.75；500kg/m^3 的水泥-石灰-粉煤灰蒸压加气混凝土的最佳水料比为 0.60～0.75。

从蒸压加气混凝土的气孔结构和制品强度出发，通常希望水料比能够稳定在较小的范围内，并保持较低的数值，而当因材料波动需较大范围变动水料比时，将影响浇注的稳定性、气孔的结构和坯体的稠化硬化速度，从而大大地影响到制品的质量。

3. 设计密度

蒸压加气混凝土的干密度(原称容重)是蒸压加气混凝土制品的一个重要物理性能指标。密度与制品的含水率有关,通常可分为出釜密度和干密度。在自然状态下放置一定时间后,制品的含水率因空气湿度相对稳定而达到相对平衡,此时称为自然状态密度(因气候条件而变)。

蒸压加气混凝土的设计干密度是进行配合比计算的基本根据之一,代表所设计的蒸压加气混凝土制品在完成蒸压养护后,单位体积的理论干燥质量。即包括各基本组成材料的干物料总质量和制品中非蒸发水总量(其中包括化学结合水和凝胶水)。

5.2.2 蒸压加气混凝土的配合比

蒸压加气混凝土和其他混凝土一样是由几种材料组成的。因此,就存在用哪几种材料,每种材料用多少的问题。配料中所采用的各种材料用量的百分比就叫作配合比。

对蒸压加气混凝土而言,确定一个良好的配合比,必须满足下列要求:

(1)制品具有良好的使用性能,符合建筑的要求。在诸多性能中,首先是干密度和抗压强度。同时,也要考虑到制品的耐久性等性能。

(2)制品或坯体具有良好的工艺性能,与工厂生产条件相适应。如浇注稳定性、料浆的流动性(稠度)、硬化时间以及简捷的工艺流程等。

(3)所采用的原材料品种少,来源广泛,价格低廉,无污染,并尽可能多地利用工业废弃物。

蒸压加气混凝土配合比的确定和使用,一般要经过理论配合比研究和生产基本配合比验证两个阶段的试验,再考虑配合比的经济性,最后计算确定生产使用配合比。

1. 水泥-石灰-粉煤灰蒸压加气混凝土

(1)钙质材料的选用

水泥和石灰都可以单独作为钙质材料来生产蒸压加气混凝土,但都存在一些缺陷。以水泥作单一钙质材料,其最适宜的用量为40%。不仅水泥用量大,产品成本高,而且制品强度较低;而采用石灰做单一钙质材料,粉煤灰虽然可以用到75%以上。但是,由于石灰用量单一,其消化特性和硬化特点不能得到有效的调节和补充。一般来说,坯体往往在初期硬化速度较快(快于发气速度),而后期硬化速度又较慢,坯体强度较低,静停时间较长,难以适应机械切割;又由于石灰质量波动较大,作为单一钙质材料时,增加了控制的难度。因此,目前国内蒸压加气混凝土企业都趋向于使用水泥-石灰(以石灰为主)混合钙质材料。既可以降低水泥用量,又可以更好地控制生产。需要说明的是,也有少数工厂现在采用石灰单一钙质材料进行生产,这与所使用的硅质材料粉煤灰的质量及工厂的生产控制水平密切相关。

(2)水泥和石灰用量确定

当配合比的钙硅比确定后,仅确定了粉煤灰与石灰加水泥的比例,确定石灰与水泥各占多少,也是一个相当复杂的过程,既要考虑到形成水化产物,也要考虑到生产中工艺参数的控制,以形成良好的气孔结构,还要考虑到生产周期的长短。一般来说，在钙质材料中，起主要作用的是石灰，因为石灰是 CaO 的主要提供材料，也是料浆中热量的主要提供者，对制品的性能起着关键作用，更对料浆稠化过程及坯体早期强度起着决定性作用；水泥也是 CaO 的提供者，但其遇水后迅速反应，产生大量的水化硅酸钙凝胶，料浆黏度迅速增长；坯体形成后，水泥的初凝促进了坯体强度的提高，从而有利于切割，这对蒸压加气混凝土生产来说意义巨大，也就是说，水泥的作用主要是保证浇注稳定性并加速坯体的硬化。水化热是水泥和石灰用量必须考虑的另一个重要因素。我们已经知道，料浆发气、稠化和坯体硬化与温度有着直接的关系。石灰水化热为 1157kJ/kg，水泥水化是放热比较慢，水化热相比石灰低得多，一般 3 天的水化热为 240kJ/kg，28 天水化热是 380kJ/kg，巨大的水化热差，给了配合比调整的机会。通常，在粉煤灰蒸压加气混凝土配比中，石灰的用量为 18%～25%；水泥的用量则是 6%～15%，石灰与水泥总量占 30%～35%，相应地粉煤灰为65%～70%。

(3)石膏用量

石膏在蒸压加气混凝土生产中的作用也具有双重性，在蒸压粉煤灰制品中，由于石膏参与形成水化产物，掺加石膏可以显著提高强度，减少收缩，碳化系数也有很大提高。同时，在浇注过程中，对石灰的消解有着明显的延缓作用，从而减慢了料浆的稠化速度。所以，石膏的掺入量，既要考虑提高制品性能，也要考虑控制工艺参数。如料浆的水料比、石灰的质量及用量等，一般石膏的掺入量控制在 5%以内。

(4)铝粉用量

铝粉用量取决于蒸压加气混凝土的干密度等级。在使用相同质量的铝粉时，制品的干密度越大，则铝粉用量越小。

理论上，我们可以根据制品的干密度精确计算出铝粉用量：

铝粉在碱性条件下，置换水中氢的反应式为：

$$2Al+3Ca(OH)_2+6H_2O \longrightarrow 3CaO \cdot Al_2O_3 \cdot 6H_2O+3H_2 \uparrow$$

根据上式可知，2mol 的纯金属铝可产生 3mol 的氢气，而在标准状态下，1mol气体体积是 22.4L，铝的原子量是 27，所以铝粉的产气量为：

$$V_0=22.4 \times [3/(2 \times 27)]=1.24L/g$$

根据上式，可以用气态方程 $V_1/T_1=V_2/T_2$ 求出任何温度下铝粉的产气量。

蒸压加气混凝土体积可以简化为两部分：一部分为基本组成材料的绝对体积，另一部分是铝粉发气后形成的气孔体积。根据气孔体积，可以计算铝粉的用量，见式(5-14)：

$$m_{铝} = V_{孔}/(V_2 K) \tag{5-14}$$

式中　$m_{铝}$——单位制品铝粉用量(g/m³)；

　　　　V_2——浇注温度时铝的理论产气量(L/g)；

　　　　K——活性铝含量。

气孔体积等于制品体积减去各原材料及水所占体积(通过材料用量与各自密度求得)。但是，在生产过程中，发气量受到随时变化的温度、料浆稠度等诸多因素的影响，通过理论计算来确定铝粉用量既不可能，也无必要。工厂都是在实践的基础上根据经验选取，并随时调整。通常，生产 600kg/m³ 蒸压加气混凝土，若采用 GLS-65 级铝粉膏时，一般以干物料 0.9‰ 的比例加铝粉膏；而采用铝粉时，以干物料 0.6‰ 的比例加铝粉。

（5）废料浆

使用废料浆，不仅可以减少二次污染，而且可以大大改善料浆性能，提高浇注稳定性，并且提高制品性能。因为（新产生）废料浆中，含有大量的 $Ca(OH)_2$ 及水化硅酸钙凝胶，提高了料浆的黏度，改善了浆体性能，有利于形成良好的坯体，从而提高产品质量。但是，废料将并不是掺入越多越好，过多的废料浆（假设配合比已经考虑到 C/S 的要求）会降低坯体的透气性并影响蒸压养护效果；过多的废料浆还会影响切割后坯体的粘连性。通常，废料浆加入以 5％（按干物料计）为宜。

2. 水泥-石灰-砂蒸压加气混凝土

水泥-石灰-砂蒸压加气混凝土是历史最悠久的品种，各国的配合比因各地材料及经济因素各不相同。水泥-石灰-砂蒸压加气混凝土的配合比，其基本原则和粉煤灰蒸压加气混凝土一致，但因为材料和工艺的区别而有不同之处。

（1）钙质材料的选用

钙质材料在配料中与粉煤灰蒸压加气混凝土有相似的情形，一般来说，单独使用水泥，不仅水泥用量大（多达 35％～40％），经济上不合理，而且坯体硬化慢，强度低；单独采用石灰，也不便于对质量的控制。采用混合钙质材料，无论是为料浆浇注性能还是制品性能，都创造了一个便于调节控制的条件，有利于生产高质量的产品。以砂为硅质材料的蒸压加气混凝土，通常对产品的色泽品相有要求，而水泥中的混合材会影响色泽品相，所以，水泥的品种不仅是需要考虑的经济因素，也是影响产品质量的因素，因此，选用 P·Ⅰ（P·Ⅱ）42.5 的硅酸盐水泥或 P·O 42.5 普通硅酸盐水泥比较合适，而对于板材来说，宜选用 P·Ⅰ 42.5，P·Ⅱ 52.5 和 P·O 52.5。通常在蒸压加气混凝土配合比中，石灰用量占 20％～30％，水泥占 10％～20％，石灰与水泥总量占 40％，相应地砂约占 60％。

（2）石膏的用量

石膏在水泥-石灰-砂蒸压加气混凝土中与粉煤灰蒸压加气混凝土中的作用不尽相同。在水泥-石灰-砂蒸压加气混凝土中，铝粉带入少量的铝，砂不含铝，水泥的铝以 C_3A 和 C_4AF 的形式存在，因此，石膏基本不参加水化反应，其作用主要为对石灰消解的抑制，可以使料浆稠化时间延长，使料浆温度上升平缓，有利于形成良好的气孔结构。因而石膏对制品的强度在一定范围内有好处，但当用量过多时，易造成料浆稠化过慢而引起冒泡和下沉，甚至塌模。并且，过多的石膏会使制品中游离的 SO_4^{2-} 超量，这在一些国家是不允许的。通常，石膏用量控制在 3％ 以内。

3. 水泥-矿渣-砂蒸压加气混凝土

水泥-矿渣-砂蒸压加气混凝土是在水泥-砂蒸压加气混凝土工艺的基础上发展而来的。其特点是采用水泥为钙质材料，并尽可能多地以矿渣代替水泥，以减少水泥用量。由于目前高炉矿渣的应用前景广阔，矿渣已不再是无用的工业废料而供应渐趋紧张。许多原以矿渣为原料的蒸压加气混凝土生产企业，逐步改用水泥-石灰-砂工艺。

水泥在水泥-矿渣-砂蒸压加气混凝土中作用很重要，其性能好坏，将直接影响浇注稳定性、坯体硬化速度和制品强度。从综合效果来看，使用 P·Ⅰ(P·Ⅱ)42.5 的硅酸盐水泥或 P·O 42.5 普通硅酸盐水泥比较合适，其用量为 20% 左右，相应地用矿渣量约为 30%，两者之和约 50%，若采用其他水泥，则水泥用量将大大增加，矿渣用量则可降低。

4. 各类蒸压加气混凝土配合比范围

各类蒸压加气混凝土配合比范围见表 5-3。

表 5-3　各类蒸压加气混凝土配合比范围

名称	单位	水泥-石灰-砂	水泥-石灰-粉煤灰	水泥-矿渣-砂
水泥*	%	10～20	6～15	18～20
石灰	%	20～30	18～25	—
矿渣	%	—	—	30～32
砂	%	55～65	—	48～52
粉煤灰	%	—	65～70	—
石膏	%	≤3	3～5	—
纯碱，硼砂	kg/m³	—	—	4，0.4
铝粉膏**	‰	0.9	0.9	0.9
水料比	—	0.65～0.75	0.60～0.65	0.55～0.65
浇注温度	℃	35～38	36～40	40～45
铝粉搅拌时间	s	30～40	30～40	15～25

注：*采用 P·O 42.5 普硅水泥；　**铝粉膏用量以 65 级水剂型按 600kg/m³ 规格计算。

5.2.3　蒸压加气混凝土的配方计算

1. 单位体积制品的干物料用量

在生产干密度为 500kg/m³ 的产品时，实际干物料投料量不足 500kg。因为制品干密度是将单位制品在 105℃ 下干燥至恒重的质量。此时，制品含有化学结合水，在计算干物料时，这部分水并没计入配料质量。因此，计算干物料用量时，应减去化学结合水的质量，制品中化学结合水量，视使用的钙质材料多少而异。根据经验，生石灰中 1mol 有效氧化钙的化学结合水为 1mol；水泥中取 0.8mol 氧化钙所化合的化学结合水为 1mol，则不难算出单位体积产品中结合水量，从而可根据式(5-15)求出单位体积制品干物料用量：

$$m = r_0 - B \tag{5-15}$$

式中　m——单位体积制品干物料用量(kg)；

　　　r_0——设计干密度，按单位体积计(kg)；

　　　B——单位体积制品中结合水量(kg)。

例：干密度为 500kg/m³ 的粉煤灰蒸压加气混凝土配合比为：

水泥∶石灰∶粉煤灰∶石膏＝13∶17∶67∶3；水泥中氧化钙含量 60%，石灰中有效氧化钙含量75%，CaO分子量56，H_2O分子量18，求单位体积干物料用量。

设：每立方米制品化学结合水为Bkg，B_1为水泥所需的结合水量；B_2为石灰所需的结合水量。

则：每立方米制品干物料质量为$500-B$。

$B_1=\{[13\%\times(500-B)\times60\%]/(56\times0.8)\}\times18$

$B_2=\{[17\%\times(500-B)\times75\%]/56\}\times18$

$B=B_1+B_2=34(kg)$

即：干物料质量为$500-34=466(kg)$。

2. 配方计算

配方可根据配合比用式（5-16）计算（当加入废料浆时，加入量抵硅质材料用量）。

$$m_x=mP_x \qquad (5\text{-}16)$$

式中　m_x——单位制品中某原材料用量（kg）；

　　　P_x——该种原材料的基本配合比（%）。

为了避免二次污染及提高料浆的浇注稳定性，配方中往往加入废料浆，废料浆的加入方式有两种，一种是将切除的面包头、边料等直接加入料浆罐；另一种则制成一定密度的废料浆于配料时投入。前者可以测定含水率后根据经验加入（一般面包头含水率波动不大），而后一种则可根据各种材料的密度及配合比计算废浆的干物料量。用于配料的废料浆通常控制的密度是：

水泥-石灰-砂蒸压加气混凝土：　　　　　$1.2\sim1.25$kg/L；

水泥-石灰-粉煤灰蒸压加气混凝土：　　　$1.25\sim1.35$kg/L；

水泥-矿渣-砂蒸压加气混凝土：　　　　　$1.2\sim1.3$kg/L。

例：已知蒸压加气混凝土的配合比是水泥:石灰:砂:石膏$=10:25:63:2$，水泥的密度为3.1，氧化钙60%，石灰密度取3.1，有效氧化钙75%，砂子密度2.65，石膏密度2.3，废浆密度1.25，水料比0.65，浇注温度45℃。求废浆中固体物料含量及500kg/m³制品中各物料配方。

设：单位体积废料浆中固体物料为x（kg/L）、含水量为y（kg/L）。

则：单位体积废料浆中各组分绝对体积之和应为1，即

$(0.1x/3.1)+(0.25x/3.1)+(0.63x/2.65)+(0.02x/2.3)+(y/1)=1$

各组分质量之和应等于废料密度1.25，即：

$$x+y=1.25$$

得：$y=1.25-x$代入前式得

$(0.1x/3.1)+(0.25x/3.1)+(0.63x/2.65)+(0.02x/2.3)+(1.25-x)=1$

整理得：$x=0.39$（kg/L）；

$y=1.25-0.39=0.86$（kg/L）。

这时，废浆质量百分比浓度为31.2%。各物料配方根据

$m=r_0-B$　　　　　$m_x=mP_x$计算。

水泥结合水：$B_1=\{[10\%\times(500-B)\times60\%]/(56\times0.8)\}\times18$

石灰结合水：$B_2=\{[25\%\times(500-B)\times75\%]/56\}\times18$

$$B=B_1+B_2=38.74\text{(kg)}$$

干物料：$m=r_0-B=500-38.74=461.26\text{(kg)}$；

水泥：$m_{水泥}=mP_{水泥}=461.26\times10\%=46.1\text{(kg)}$；

石灰：$m_{石灰}=mP_{石灰}=461.26\times25\%=115.3\text{(kg)}$；

砂：$m_{砂}=m(P_{砂}-P_{废})=461.26\times(63\%-5\%)=267.5\text{(kg)}$；

石膏：$m_{石膏}=mP_{石膏}=461.26\times2\%=9.2\text{(kg)}$；

废料浆：$m'_{废}=mP_{废}=461.26\times5\%=23\text{(kg)}$；

（$m'_{废}$为废料浆的干物料质量）。

折算成密度为 1.25 的废浆体积（单位用量）：

$$V_{废}=23/0.39=59\text{(L)}$$

（折算成质量的废料浆为：23.1/31.2%＝74kg）

用水量：$W=W_0-V_{废}\times y=461.26\times0.65-59\times0.86=249.08\text{(kg)}$；

铝粉量：已知标准状态下，1g 铝粉的理论产气量为 1.24L；

则当浇注温度为 45℃时，1g 铝粉的理论产气量为：

$V_{45}=V_1\times(T_2/T_1)=1.24\times[(273+45)/273]=1.44\text{(L)}$，

设 1m³蒸压加气混凝土总体积 $V=1000$L，基本材料的绝对体积为 $V_{基}$。

则 $V_{基}=(m_{水泥}/d_{水泥})+(m_{石灰}/d_{石灰})+(m'_{砂}/d_{砂})+(m_{石膏}/d_{石膏})+W_0$

（$m'_{砂}$：为简化计算，把废料浆干料看作砂，砂用量不除去干废料量，W 为总用水量）

$$V_{基}=(46.1/3.1)+(115.3/3.1)+[(461.26\times63\%)/2.65]+(9.2/2.3)$$
$$+461.26\times0.65=469.02\text{(L)}$$

铝粉发气气孔体积：

$V_{孔}=V-V_{基}=1000-469.02=530.98\text{(L)}$

根据 $m_{铝}=V_{孔}/(V_2\times K)$

铝粉量为：

$m_{铝}=530.98/(1.44\times0.90)=409.7\text{(g)}$。

（根据产品说明，铝粉活性铝含量为 90%）。

至此，蒸压加气混凝土的配方全部计算得出。需要特别指出的是，以上计算是理论上的用量，并没考虑搅拌机余料及面包头余料。实际上，生产中石灰等原材料波动相当大，使生产中料浆的稠度、浇注温度随之波动，导致配方的频繁更改，而往往更改配方落后于生产。因此，一些企业在积累了相当生产经验以后，均以一套简单的近似计算来确定配方，并在生产中随时调节各原材料的用量，以适应工艺参数的要求，保证产品质量。当采用电子自动配料系统时，也是在上一次使用配方的基础上，根据料浆及发气参数，反馈系统修正计算后确定。现仍以上题为例。

根据生产经验，考虑到搅拌机余料、面包头及结合水等因素，单位体积用料量按干物料量加 5%的余量计算。

即干物料总量：$m=r_0(1+5\%)=500\times1.05=525(kg)$；

废料浆：根据经验数据，5%的用量约为25kg；

即密度1.25时，体积取$V_{废}=60L$；

其中含水：$W_{废}=50kg$；

配料用水：$W=W_0-W_{废}=525\times0.65-50=291.25(kg)$；

水泥：$m_{水泥}=mP_{水泥}=525\times10\%=52.5(kg)$；

石灰：$m_{石灰}=mP_{石灰}=525\times25\%=131.25(kg)$；

砂：$m_{砂}=mP_{砂}-25=525\times63\%-25=305.75(kg)$；

石膏：$m_{石膏}=mP_{石膏}=525\times2\%=10.5(kg)$；

铝粉：$500kg/m^3$的蒸压加气混凝土，铝粉膏用量取0.9‰：

$m_{铝粉}=525\times0.9‰=0.473(kg)$。

根据以上结果，以生产实际采用的模具规格（有时模具较小时，以2模为一搅拌单位）计算体积，就可求得实际投料量。在生产中，配合比常因工艺控制参数、生产成本等做适当调整，调整的依据之一，就是保持已知配合比的C/S，对有关原材料进行调整。

5.3 配料搅拌及浇注

蒸压加气混凝土的配料工艺一般都是将各种物料的计量设备布置在同一楼层内，其上层是供料的各种料罐及料仓（为降低建筑荷载，料罐可布置在地面，料仓则布置在配料的侧面），下层是进行搅拌和浇注的浇注搅拌机。配料采取分别控制或集中控制的方法，以便统一管理，方便工作；各设备的操作方式可以由操作者眼观手动，也可以通过气电联动实现自动控制。现在已普遍采用计算机进行自动控制（PLC控制），或将整个生产过程采取集中控制（DCS控制）；浇注工艺方式主要有移动浇注和定点浇注两种。移动浇注采用行走式搅拌机，将物料配好送入搅拌机内，一边搅拌一边行走，到达模位后将搅拌好的料浆浇注入模。行走式搅拌机由于物料接口无法固定，操作环境粉尘较大，场地脏，且浇注后的模具不便于保温，因此新建企业不予采用，国家产业政策已明令淘汰；定点浇注是搅拌机固定，模具移动到搅拌浇注机旁或下方接受浇注，然后再送入预养位置。

5.3.1 配料与搅拌浇注设备及其工艺特点

供配料使用的原材料按物理形态分有三种：液体物料、浆状物料和粉状物料，此外还有铝粉或铝粉膏。

1. 液体物料的计量

液体物料常用计量罐计量。其构造为一定体积的圆筒（下部为锥形），进出料管装有电磁阀（或气动阀），筒体上接有质量传感器和液位指示器。

2. 浆状物料的计量

浆状物料采用料浆计量罐计量，分体积计量式和质量计量式两种。体积计量式料浆计量罐以玻璃液面计观察控制。其结构比较简单，计量精度不高，不便于自动控制，属于淘汰技术；质量式料浆计量罐一般以传感器为计量元件，计量精度高，便于自动控制。

3. 粉状物料的计量

粉状物料的计量均采用质量计量，使用比较多的是电子传感式粉料计量秤。过去也曾采用杠杆式计量秤。杠杆式计量秤结构比较简单，但计量精度不高，物料出料不直观，易造成误操作，且大多只能计量一种物料，配料系统布置复杂；电子传感式计量秤计量精度高，能实现自动记录及自动控制，并可进行多物料计量、数据传送等，计量进出料显示明确，不致形成误操作，但对设备维护保养要求较高。

4. 铝粉（膏）的计量

铝粉和铝粉膏用量较少，过去多采用人工计量，卫生条件较差，劳动强度大。国外采用先将铝粉配制成铝粉悬浮液，再将铝粉悬浮液按配料量进行计量，适用于规模较大的企业；国内企业已逐步推广铝粉（膏）自动计量，分为干式和湿式两种，干式采用将铝粉（膏）集中在一个料仓中，通过给料机送入计量秤，经计量后再送入铝粉搅拌机进行搅拌。因铝粉（膏）用量较少，计量略有误差，就容易造成质量事故；湿式计量系统即将铝粉（膏）进行一次计量制成铝粉悬浮液，一次计量的量较大，然后按配合比逐模进行二次计量悬浮液以备投料，湿式自动计量系统要求生产稳定，一旦偶尔因故中途停产，将造成预制的铝粉悬浮液失效。

5. 物料的搅拌

物料的搅拌与料浆的浇注由搅拌机完成，搅拌机必须使各种物料在短时间内搅拌均匀并达到稠度等指标，同时能显示和调节料浆温度、检测料浆稠度；还在很短的时间内（1min以内），将铝粉悬浮液等迅速分散到料浆中，以备浇注；完成以上全部工作的时间在4min以内。搅拌机是所有工艺设备中比较关键的装备。

搅拌机由筒体、搅拌器、传动机构及放料机构组成。影响搅拌机效率和搅拌效果的主要因素是：搅拌器形式、筒体构造、搅拌器与筒体的尺寸关系、电机功率和搅拌器的转速。目前在蒸压加气混凝土生产工艺中，实际采用的搅拌机主要有五种，即涡轮式搅拌机、螺旋式搅拌机、旋桨式搅拌机、桨叶式搅拌机和涡轮与旋桨复合式搅拌机。除以上五种形式，搅拌机还可分移动式（又称浇注车）和固定式、上传动和下传动、底部下料和侧底部下料、下料管和布料槽以及浇注头固定和升降式等多种形式。

（1）涡轮式搅拌机（西波列克斯技术）

涡轮式搅拌机的搅拌器由圆形底板和六个顺时针斜向布置的弧形叶片组成（图5-11）。筒体为钢质平底圆筒，筒壁四周均匀布置四块长条形挡料板。搅拌器悬挂安装在

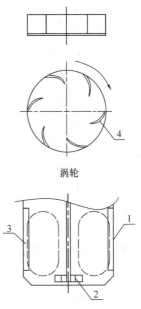

涡轮

图 5-11 涡轮搅拌机示意图
1—筒体；2—涡轮；
3—挡板；4—搅拌叶

筒体中轴线上，一般都将驱动电机附着在筒体外壁通过皮带传动使搅拌器转动。

当搅拌器以高速（一般为 350~400r/min）转动时，蒸压加气混凝土料浆被圆盘上的叶片推动旋转并被推压抛向筒体内壁。因此，料浆中所有的物料均以高速沿圆盘旋转的抛物线方向运动，由于筒体内壁挡料板的阻挡，料浆便形成沿筒壁和挡板向上翻涌的湍流，这几股上涌的料浆达到筒体上部后又沿着筒体轴心下落在高速旋转的圆盘上方，重新加入旋流之中。

蒸压加气混凝土料浆在这种复杂剧烈的运动中，各物料之间、物料与筒体内壁、挡料板和圆盘之间发生强烈的摩擦、碰撞、冲击，实现不停的翻滚混合，从而达到搅拌均匀的目的。

这种搅拌机结构简单，制作维修和清理都比较方便，因而使用的厂家较多。不过，由于其对料浆的作用主要是推动料浆高速旋转，在挡料板反挡作用下，形成的上行湍流到达顶端后主要靠料浆重力下落与下沉。因此，当物料黏度较大时（特别是搅拌以石灰为主要钙质材料的料浆和粉煤灰系列料浆），料浆上下各层次之间就有可能不易混合均匀，短期内不能达到预期效果。

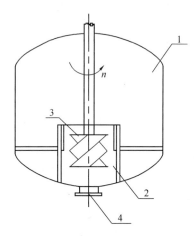

图 5-12 螺旋式搅拌机示意图
1—筒体；2—导流筒；
3—螺旋搅拌叶；4—出料口

（2）螺旋式搅拌机（乌尼泊尔技术）

这种搅拌机的筒体为一具有锅状底和封顶的圆筒，搅拌器为螺旋状，在搅拌器外面套有支撑在筒底和筒壁的导流筒（图 5-12），俗称导流筒式搅拌机。物料由上面进入，搅拌好的料浆由筒底中部的卸料口排出。

在搅拌器转动时，料浆受离心力的作用沿筒底弧面向上翻腾，到达筒体顶部后向中心部抛落并由旋转的螺旋叶片形成的吸力强制往下拉，经过导流筒，推压到筒体底板上，在底板的阻挡下又重新上升。

这种搅拌机内壁周边没有任何阻挡，因而使料浆形成更高速的旋转运动状态。同时，在搅拌器的吸拉和推送作用下，料浆快速上下翻滚。因而，使料浆各部分都能受到更有力的推压和牵拉，这对于黏度较大的料浆的搅拌是比较有利的。该搅拌机的另一个长处是上下端盖均为弧形，并以焊接方式与筒壁连接，减少了振动，避免了扬尘。但该搅拌机适应的产品密度范围较小。

针对该搅拌机适应的产品密度小的不足，安徽科达机电有限公司开发了可调节导流筒，以满足不同料位深度的搅拌要求。

（3）旋桨式搅拌机（海波尔、艾尔科瑞特技术）

旋桨式搅拌机由带固定桨叶的筒体和带旋转桨叶的搅拌器两部分组成。固定桨叶分层布置在筒体内壁上，桨叶用钢质板条制成，旋转桨叶与固定桨叶的倾斜方向相反而又互相交叉，其传动方式又分上传动和下传动两种（图 5-13 和图 5-14）。

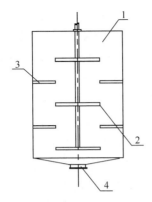

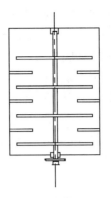

图 5-13　上传动式旋桨搅拌机示意图

1—筒体；2—旋转桨叶；

3—固定桨叶；4—出料口

图 5-14　下传动式
旋桨搅拌机示意图

这种搅拌器以较高的速度旋转，料浆在各个层面均受到旋转桨叶的推动而旋转流动，同时又受到与旋转桨叶角度相反的固定桨叶的阻挡，从而被迫改变流动方向。因此，在这种搅拌机内，蒸压加气混凝土料浆能够形成更为复杂多变的、互相交叉的湍流，这对料浆的混合、剪切作用将更为强烈，存在于物料中的团块就能更好地被打碎分散。

（4）桨叶式搅拌机（伊通、司梯玛技术）

这种搅拌机采用较深的筒体，筒体周边可布置两对挡板。采用螺旋桨式搅拌器，并在搅拌器主轴上半部加装一对或两对倾角向下的桨叶（图 5-15），通常又称高速顶推式搅拌机，转速在 960r/min。

当搅拌器旋转时，料浆在桨叶的旋转推动下，一方面在筒体底部的螺旋桨叶作用下，沿旋转的切线方向向筒体内壁抛出并旋转流动，另一方面，还在被迫沿桨叶平面的法线方向向上翻滚。当料浆达到筒体上部时，又立即被上面的搅拌叶强制下压，使其迅速下落。这样，料层从各方向混合，效果较好。

现在，国内按此技术又开发了双叶轮搅拌器，即在原叶轮上方再设一略小的叶轮，用于将快速投入的石灰先行分散，避免结团而影响搅拌效果。

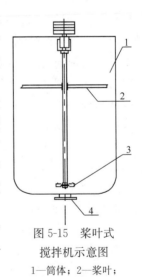

图 5-15　桨叶式
搅拌机示意图

1—筒体；2—桨叶；

3—螺旋桨；4—出料口

（5）复合型搅拌机

这类搅拌机是保留了上述各类搅拌机的优点后做适当的改进复合而成。

（6）几种劣质搅拌机

近年来，随着蒸压加气混凝土行业的发展，配套生产蒸压加气混凝土设备的企业也随之增多，市场不乏一些劣质搅拌机。区别搅拌机的优劣，最简单的方法是：一看其功率是否符合要求，一般来说，适合 4.2m×1.2m×0.6m 模具的搅拌机的功率为 30kW 或

37kW，低于此功率的搅拌机难以满足生产要求；二看结构形式，通常，在搅拌时为使料浆充分翻滚，搅拌机的底部做成抛物线形，而劣质搅拌机为了降低生产成本，则将底部做成平底或锥底；三看配件及装配方式，劣质搅拌机常采用翻新电机，搅拌叶轮简单，有时甚至不以键销与轴连接，而直接以焊接方式与轴连接。

实践证明，使用效果比较好的搅拌机是导流筒式和高速顶推式搅拌机，符合快速、充分和均匀的要求。配用 4.2m×1.2m×0.6m 模具的导流筒式搅拌机容积为 3.6m³，功率为 30kW，转速为 451r/min；高速顶推式搅拌机功率则为 37kW，转速为 850r/min。配用 6.0m×1.2m×0.6m 模具的导流筒式搅拌机容积为 4.5m³，功率为 45kW，转速为 470r/min。可以用如下指标判断搅拌效果：从投入干物料时开始计时，至浇注放料应在 4min 内完成搅拌，料浆中无灰点（可从成品观察），表面无泌水，浇注面平整而无起伏，无铝粉浮点，浇注时整模温度场均匀，各部位温度差小于 1.5℃。

6. 料浆浇注

料浆浇注由浇注搅拌机的浇注头和模具共同完成。

浇注头是浇注搅拌机的出料口，要求在尽量短的时间内完成浇注，同时要求料浆分布均匀并尽量减小料浆的冲力，以免冲刷掉模具底部的涂模油而造成坯体黏附于模具，以及因虹吸而带入过多的空气。

缩短浇注时间主要通过保证料浆出料口的过流面积来达到；减小料浆冲力可以从两个方面着手，一是降低浇注搅拌机高度，以降低料浆落差，减小势能；二是在下料口增加阻力，耗散料浆的势能，通常的方法是在下料器设一空腔，可使料浆在此有一滞留时间，同时改变料浆流动方向，以达到耗散势能的目的。现在，较多采用升降浇注方法，在浇注搅拌机出料口，设置一可以升降的圆筒，圆筒底部设有阻尼器，在浇注时将浇注头降下，料浆注入升降圆筒后经过阻尼器耗散其势能。需要说明的是，升降浇注头必须有阻尼器，如果仅仅是一个贯通的可升降圆筒，因没有提供有效阻力，料浆冲力不会减小。

料浆出料口剩余料浆会污染模具和场地，国外普遍设置余料接料槽，保证剩余料浆不造成污染，国内江苏天元智能装备股份有限公司也做了有效探索。

料浆经浇注入模后，随着发气膨胀和稠化硬化，形成可供加工的坯体。用于发气成型的是蒸压加气混凝土专用模具。

蒸压加气混凝土专用模具由模框、侧（底）板组成，具有体积大、不易变形、开启组合自如和互换性好等特点。

空翻分步式工艺的模框为型钢和钢板构成，由三个侧面及一个底面、锁紧和定位机构以及行走机构组成，端面装有翻转轴，侧面与侧板接触部分装有防止漏浆的泡沫橡胶密封条。按规格不同，锁紧装置可分力矩式和螺旋式两种；行走装置又分车轮式、摩擦轮式和辊道式三种，可供不同工艺要求选用。模框的加工精度除侧板的密封要求和互换性要求外，还要求单轴翻转时，其负载变形量在 2mm 以内。侧板由型钢和钢板构成，一般 4.2m 的侧板为整体焊接，其负载最大挠度为 2mm。6m 的侧板受力钢架与面板采用扣接方式连接，其负载最大挠度为 3mm。

地面翻转的模框为型钢和钢板构成的四面体，底面与底板（由型钢和板材构成）接触部分装有防止漏浆的泡沫橡胶密封条，6m 模框的四个侧板为（通过螺栓）可拆装式，与底板的凸台紧密配合，可保证模框与底板的密封；4.2m 模框的四个侧板一般做成固定式，底板为平板式，模框与底板的密封靠模框的自重及泡沫橡胶密封条实现。当模框和底板的加工精度达不到要求，且模框自重不足时，有些制造商采用螺栓将模框与底板强行密封，此法极易造成弹性变形而破坏坯体。模框和底板的加工平整度在对角线方向最大为 1.5mm，使用时负载最大挠度为 2mm。

7. 气泡消泡处理

蒸压加气混凝土料浆浇注时，会有大量的空气带入料浆，就如我们用水桶接自来水，水面会有大量的气泡逸出，不同之处是，水中的气泡会逸出，而料浆中的气泡由于料浆黏度较大而不易逸出，造成了制品中出现大气孔，加上铝粉先期发气而聚集成的大气孔，都影响产品质量。追求高品质的产品，就必须消除这些气泡，一般采取降低浇注口，使料浆通过在浇注管内的摩擦力来耗散料浆的势能，减小料浆的冲力，降低气泡产生量。也可以增加专门的气泡消泡机，除去因浇注带入空气形成的气泡。气泡消泡机由机架和若干个振动棒组成，并可通过控制器调整振动频率以保证效果。

5.3.2 生产配料

配料系统是用于生产自动化的配料设备，通常是由带有自动配料算法软件的电脑（计算机）作为其自动配料的控制系统。蒸压加气混凝土行业的配料系统比较简单，一般是一套带有计量、记录、传送的系统，所谓的算法软件也仅限于对输入命令的执行控制。水泥行业的率值配料系统，已经可以在原材料成分波动时进行多物料反馈回调。

1. 浆状物料的配料

蒸压加气混凝土生产工艺中，将砂、矿渣及粉煤灰以湿磨工艺进行碾磨时，这些材料都以浆状形态进行配料，在废料浆单独进行计量配料时，也视同浆状物料。

配料前，应对待用浆体进行测定并调整其密度、温度等。浆状物料的计量采用质量计量，计量用的计量秤可设搅拌装置，以保持浆体的均匀性，避免沉淀。当配料中使用多种浆状物料时，宜采用一个有足够容量的计量秤累加计量。在有数种浆状物料进行配料时，应将比较稳定的材料放在最前。如在水泥-矿渣-砂蒸压加气混凝土的配料过程中，计量程序应为砂浆、废料浆，最后投矿渣浆。当配料中使用可溶油、水玻璃时，可于浆状物料计量好后投入其中，全部计量工作完成后（包括加水），即可向搅拌机投料。一般来说，浆状物在搅拌投料顺序中排第一。

各种浆料所选用的计量秤，特别是废料浆秤和石膏浆秤，应充分考虑用料量和秤的计量量程和计量精度，保证误差控制在允许范围内。一般，秤的量程应为最大计量物料量落在其 80% 为宜。

2. 粉状物料的配料

粉状物料的配料计量由电子秤或杠杆秤（近年正被逐步淘汰）完成，一般分两种形式，一种是以电子秤进行多种物料的累加计量；另一种是以不同的电子秤分别对各物料进行计量。当粉煤灰以干物料进行配料时，因用量较大，且又需先行搅拌制浆。所以，宜单独使用一台计量秤。

以累加计量方式进行计量时，计量进料次序应遵从搅拌投料顺序，累加计量的电子秤，一般都是自动控制，但操作者必须监视并记录各物料的准确计量。当出现误动作时，应及时以手动操作进行补救，以保证配料的准确；各材料独立计量时，应严格把握计量秤（杠杆秤）是否完全空载或是否满载，特别是投料时，容易在未投尽时，输送设备即停止运转，造成较大的计量误差。

计量后的物料投入搅拌机的速度，既要考虑下料后能让搅拌机充分搅拌均匀而不至结团结块，又要给石灰等材料（特别是采用快速石灰时）留有足够的搅拌时间。一般水泥、石灰的投料时间控制在 2～3min。

3. 其他物料的配料

铝粉经计量后先投入铝粉搅拌机与脱脂剂等一起搅拌均匀后待用。当采用移动式搅拌机（浇注车）时，还应将搅拌好的铝粉悬浮液预先投入料浆搅拌机内的铝粉搅拌罐。现在比较多的是预制铝粉浆后连续计量系统和铝粉膏连续计量系统。

碱液采用碱液计量秤进行计量（浓度已预先调制好）。水玻璃（以量杯计量好后）投入方式应视采用的搅拌机形式（移动式或固定式）及工艺控制情况而定。一般采用移动式搅拌机（浇注车）时，可将水玻璃投入料浆计量罐；而采用固定式搅拌机时，则宜在投入铝粉前将水玻璃直接投入搅拌机。

随着生产规模的扩大和自动化程度的提高，计量系统中累加计量方式逐步趋少，更多采用物料组分的独立计量，以有利于生产控制和建立数据管理体系。

5.3.3 投料与浇注

投料与浇注是将各种计量好的物料按一定次序投入搅拌机直至浇注入模的过程，也是各种物料开始进行初步反应的阶段。特别是水泥与石灰的消解，将极大地影响到坯体质量。因此，在此阶段应严格掌握各种物料的投料次序，控制料浆的搅拌时间，准确进行浇注。目前，蒸压加气混凝土行业的技术进步巨大，生产节奏加快，基本没有了人工操作，以下叙述含有人工操作动作，仅为便于理解。

1. 浇注前的准备

在浇注前，应做好以下准备工作：

（1）检查搅拌机，消除筒体内的残留物和积水，检查各传动部件或行走机构是否完好灵活、计时器件和各开关阀门是否灵活准确。

（2）检查模具和模车辊道情况，保证装配处密封良好和行走正常。

（3）检查预养设施工艺状况符合工艺要求。

（4）了解上一班浇注情况及本班原料情况和配料情况，落实作业要求和应变措施。

2. 投料与操作顺序

投料顺序一般是先浆状物料和水，其次是粉状物料，最后投辅助材料和发气材料。

（1）向搅拌机投入浆状物料，并加水、加热（理想的浆状物料已经调节好用水量和温度）。在以蒸汽加热时，应考虑到蒸汽已带入部分水分。因此，加水时应留有余量。并且，通入蒸汽前应先排除蒸汽管中的冷凝水。当采用干磨粉煤灰又没预先制浆时，可先投水再加干粉煤灰进行搅拌。

（2）在使用移动式搅拌机时，应先将制备好的铝粉悬浮液或碱液先行分别投入搅拌机的铝粉搅拌罐和碱液罐。

（3）投入粉状物料（钙质材料），当投入总量的50%时，开始记录搅拌时间，全部投完1～2min后，采样测定稠度（详见附录7），并做适当调整后待浇注。若采用移动式搅拌机（浇注车），此时应将浇注车开至待浇注模位。

（4）当搅拌达到时间要求时，立即开启碱液贮罐及铝粉搅拌机阀门，将铝粉悬浮液及碱液加入搅拌机。当铝粉搅拌时间一到，立即开启下料阀，向模具进行浇注，并测定浇注高度。

（5）浇注完毕，应及时将有关工艺参数填入工艺控制卡，做好原始记录。

（6）观察记录发气情况。

至此，浇注工作结束，进入发气与静停预养阶段。如前所述，此阶段没有太多的操作，但对生产有着极其重要的关系。

5.4　浇注稳定性

蒸压加气混凝土与密实混凝土不同，它存在着一个浇注稳定性问题。所谓浇注稳定性是指蒸压加气混凝土料浆在浇注入模后，能否稳定发气膨胀而不出现沸腾、塌模的现象。要做到浇注稳定，实质上就是使料浆的稠化与铝粉发气相适应。当料浆的稠化跟不上发气速度，将产生塌模；当料浆稠化过快则发气不畅，产生憋气、沉陷、裂缝。因此，保证浇注稳定性是提高蒸压加气混凝土产量、稳定质量、降低成本的关键之一。

5.4.1　蒸压加气混凝土料浆的发气和稠化过程

1. 料浆发气膨胀过程

在蒸压加气混凝土料浆中，铝粉与水在碱性环境下反应，最初生成的氢气立即溶解于液相中。由于氢气的溶解度不大，溶液很快达到过饱和。当达到一定的过饱和度时，在铝粉颗粒表面形成一个或数个气泡核，由于氢气的逐渐积累，气泡内压力逐渐加大，当内压力克服上层料浆对它的重力和料浆的极限剪应力以后，气泡长大推动料浆向上膨胀。气泡长大后内压力降低，膨胀近于停止；但由于氢气不断补充，内压力再次加大，气泡进一步长大，料浆进一步膨胀。因此，铝粉与水反应产生氢气与料浆膨胀是处于动态平衡状态。

由此可知，料浆膨胀的动力是气泡内的内压力，料浆膨胀的阻力是上层料浆的重力和料浆极限剪应力。

发气初期，铝粉与水作用不断产生氢气，内压力不断得到补充，此时料浆可能还处于牛顿液体状态，没有极限剪应力，因此料浆迅速膨胀。

随着石灰、水泥不断水化，料浆的骨架结构逐渐形成，极限剪应力不断增大。这时，铝粉与水的反应仍在继续进行，只要气泡内压力继续大于上层料浆的重力和极限剪应力，膨胀就会继续下去。当铝粉与水的反应接近尾声，料浆迅速稠化，极限剪应力急剧增大，这样膨胀就会逐渐缓慢下来。当铝粉反应结束，气泡内不再继续增加内压力，或者这种内压力不足以克服上层料浆的重力和料浆的极限剪应力时，膨胀过程就停止了。

2. 料浆的稠化过程

蒸压加气混凝土料浆失去流动性并具有支撑自重能力的状态称为稠化。稠化是由于料浆中的石灰、水泥不断水化形成水化凝胶，坯体中的自由水越来越少，水化凝胶对材料颗粒起到黏结和支撑作用，从而使极限剪应力急剧增大。因此，料浆的稠化过程就是在化学和吸附作用下，料浆极限剪应力和塑性黏度不断增大的过程。

料浆稠化意味着失去流动性。用一根细铁丝在料浆表面划一道痕，如果料浆尚未稠化，此沟痕必然流平闭合；如果料浆已经稠化不再流动，此沟痕无法闭合。这是目前鉴定稠化的经验方法。此法比较粗糙，无法定量，更不能表示其稠化过程。

料浆极限剪应力随时间的变化曲线，可以看作是料浆的稠化曲线，采用拔片法来测定各时间段的剪切应力，并绘制稠化曲线。当实际稠化曲线低于理想稠化曲线，表示料浆稠化太慢，有可能产生塌模；当实际稠化曲线高于理想稠化曲线，表示料浆稠化太快，有可能产生不满模、憋气等现象。

5.4.2 浇注过程中的不稳定现象

不同品种的蒸压加气混凝土浇注不稳定性现象，有相同之处，也有不同之处，产生的原因也不尽相同。为实现浇注稳定，对原材料和工艺参数的要求也不一样。

如水泥-矿渣-砂蒸压加气混凝土生产中要求料浆浇注后 6～8min 铝粉发气基本结束，否则就会出现铝粉发气时间太长而引起收缩下沉。而以水泥、石灰为混合钙质材料的蒸压加气混凝土，一般正常的发气时间为 15～20min，有的甚至达 30min。

在水泥-矿渣-砂蒸压加气混凝土中，无论发生在料浆膨胀过程中，还是在膨胀结束后的冒泡，都被认为是浇注不稳定现象。而对粉煤灰和砂蒸压加气混凝土来说，在料浆稠化后，发生在坯体顶部的冒泡不一定是浇注不稳定表现，在某些情况下甚至还是有益的，可以消除淤积在上层坯体中的大气泡。

另外，对水泥-矿渣-砂蒸压加气混凝土，铝粉在搅拌机内的搅拌时间大于 15s 就能使其基本实现均匀分散；而对掺入生石灰的蒸压加气混凝土料浆，由于料浆黏度大，即使搅拌 30s，仍可能会因铝粉搅拌不匀而造成浇注不稳定。

以水泥、石灰为混合钙质材料的蒸压加气混凝土，由于石灰消化过程中的放热，使料浆温度不断升高，温度的变化既影响料浆稠化又影响着铝粉发气，两者间的协调比以水泥为单一钙质材料的水泥-矿渣-砂蒸压加气混凝土更为困难。

1. 稳定浇注的宏观特征

稳定浇注的基本要求：

（1）料浆的发气及膨胀过程

① 发气开始时间紧接在料浆完成浇注之后，或在料浆即将浇注完之前。料浆的膨胀不应在浇注完之后长时间不启动，或者尚有大量料浆未浇注到模内，模内料浆已开始迅速上涨。

② 发气时，料浆膨胀平稳，模内各部分料浆上涨速度基本均匀一致。

③ 气泡大小适当，模具各部分各层次料浆中的气泡大小均匀，形状良好。

④ 发气即将结束时，料浆开始明显变稠，进而达到稠化和及时固化，使料浆能够保持良好的气孔结构。

⑤ 料浆固化后，发气反应及料浆膨胀结束，并能保持体积的稳定。

（2）发气过程的相关工艺参数

料浆的稠化速度与铝粉的发气速度应互相适应和协调一致。如图 5-16 所示，当铝粉开始进行发气反应时，料浆的稠度（以料浆的极限剪应力表示）处于最低值，随着发气过程继续进行，料浆极限剪应力逐步增加，直到铝粉大量发气阶段结束之前仍保持较低值；当铝粉大部分气体发出之后，料浆应进入加速稠化期；当铝粉发气基本结束时，料浆应当达到稠化点，并开始进入凝结阶段。例如，对水泥-石灰-粉煤灰和水泥-石灰-砂蒸压加气混凝土来说，在比较理想的状况下，铝粉发气在料浆浇注接近完毕时就已开始，料浆浇注结束后即开

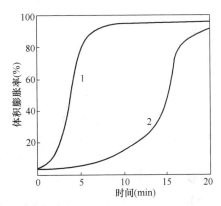

图 5-16　发气与稠化关系示意图
1—料浆体积膨胀率；2—料浆极限剪应力（τ）

始膨胀，料浆平面平稳上升，此时料浆极限剪应力很小，料浆保持着良好的流动性，发气激烈进行，料浆迅速膨胀，在 2～10min 内达到最大，12min 后发气趋缓，而稠化加速，约在 20min 时料浆达到稠化点，此时，料浆将表现出明显的塑性，用细铁丝划痕时，料浆表面能留下清晰的划沟。此后，尽管铝粉尚有微量余气产生，但料浆极限剪应力值已经足以阻止其自由膨胀，少量气体只起进一步充实气泡结构、增强气泡内压力、增强气孔结构的支承力的作用。其他品种蒸压加气混凝土，因具体工艺条件不同，这种相互适应的关系在图形上可能有所不同，但发气与稠化相互适应的要求是相同的。如果料浆的发气与稠化相互适应，浇注成型过程就是稳定的，否则，就是不稳定。

2. 浇注过程的不稳定现象

浇注过程中的不稳定现象，在不同的蒸压加气混凝土品种和不同的工况下，有各种不同的表现，归纳起来主要有以下几种：

（1）发气过快

所谓发气过快是指铝粉发气反应过早，或速度过快。例如，铝粉发气反应不在料浆浇注即将完毕时，而是提前在浇注过程之中，甚至提前到搅拌过程中。这样，就造成一边浇注，一边发气，气泡结构受到很大破坏，甚至使浇注失败。发气速度过快与

发气过早相关，但主要表现为铝粉的反应速度。当发气速度过快时，料浆体积将迅猛膨胀，往往造成料浆稠化滞后而发生冒泡、沸腾等不良现象。

（2）发气过慢

发气过慢现象基本上与发气过快的情况相反，即产生料浆膨胀困难，发不到应有的高度或有其他破坏现象。

（3）冒泡

这种现象通常发生在料浆膨胀到一定高度或发气基本结束之后，料浆表面出现浮出的气泡或是在表层料浆下鼓起气泡，随后气泡爆裂，气体散失。冒泡轻微时，只是模具中个别角落或部分区域发生，严重时可以形成整个模具中普遍冒泡的局面。冒泡现象可能不一定给浇注的成败造成决定性的影响，但必然影响坯体内部的气泡结构。冒泡严重时，由于大量气体散失，往往会造成坯体的收缩下沉，甚至使坯体报废。

（4）沸腾

这是由于气泡结构不稳定而造成的全面破坏现象，很像水在锅内沸腾一样。沸腾现象通常都有一个渐变的发展过程，一开始可能只是局部冒泡，甚至只是个别角落或部位少量冒泡，然后逐步发展，冒泡点不但不能停止，反而迅速扩展，最终形成整个料浆气泡迅速破坏（塌模）的连锁反应。

沸腾现象可能产生在发气基本结束之后，也可能产生在发气过程之中或发气初期，少数情况产生在料浆稠化之后。沸腾现象在使用水泥作单一钙质材料的水泥-矿渣-砂蒸压加气混凝土中产生的频率比其他蒸压加气混凝土高。干密度低的蒸压加气混凝土比干密度高的蒸压加气混凝土容易产生。

产生沸腾的料浆不能形成正常的坯体，因此是完全的破坏。

（5）发气不均

产生这种现象时，料浆表面各部分上涨速度不一致，料浆不是平稳上升，而是某些部分因发气量大于其他部分而上涌外翻，也有的上下层发气不均匀及气孔大小不合要求。这种现象往往使坯体产生层次或疏密不同的气孔结构，严重时可以造成塌模破坏。

（6）料浆稠化过快

料浆稠化过快一般指料浆稠化大大超前于铝粉发气结束的时间，因而对铝粉的发气和料浆顺利膨胀造成障碍。这种现象表现为坯体竖立地"长出"模框，表示料浆已失去良好的流动性。在生产中，常见的现象是憋气、发不满模，甚至料浆表面出现裂缝，同时伴随放气现象。稠化过快情况严重时，也会导致坯体的破坏、浇注失败。在生产板材时，这一现象会造成钢筋上浮或钢筋上方有因料浆不可闭合而形成的空洞，影响板材的质量。

（7）料浆稠化过慢

料浆稠化过慢是指稠化大大滞后于铝粉发气结束时间。稠化慢的料浆虽然发气舒畅，但保气能力差，而且容易形成气泡偏大，料浆超常膨胀，有时还会造成料浆发满模具之后向模外溢出，这种料浆形成的气泡结构也不够稳定，容易发生冒泡、沸腾和塌模。

（8）收缩下沉

这是发气膨胀结束后料浆出现的不稳定现象。"收缩"指坯体横向尺寸的减小，坯体与模框之间形成收缩缝。"下沉"指料浆从原来膨胀高度下降一定幅度。收缩下沉由多种原因引起，但总的后果都是气孔结构受到不同程度的破坏，这必然影响到制品的性能。在生产板材时，下沉会导致钢筋下部出现空洞，将导致蒸压加气混凝土基材与钢筋黏着力（握裹力）减弱，对板材的结构性能带来不利影响。收缩下沉严重时，将直接造成浇注失败而成为废品。

（9）塌模

塌模是浇注完成后，料浆在发气膨胀过程中出现的一种彻底破坏的现象。多数是因料浆冒泡导致沸腾而塌模，有时是料浆在发气结束后，由于模内某一局部的不稳定，出现气孔破坏，初凝的料浆严重下沉，并牵动其余部位的料浆也失去平衡而依次逐渐形成不同程度的破坏，因而有时会出现塌半模的情况。

塌模的原因也是多方面的，但结果都使浇注完全失败。

5.4.3 影响浇注稳定性的因素

蒸压加气混凝土的发气膨胀是由于铝粉在碱性溶液中的化学反应，这个反应是在具有流变特性的蒸压加气混凝土料浆的特定环境中进行。铝粉的发气反应表现为料浆体积的膨胀，而料浆自身弹-黏-塑性特性的变化在宏观上表现为料浆的逐步稠化和凝结。这两个随时间变化的过程同存于一个体系中，若相互协调一致，发气过程就稳定。因此，影响这两个过程的因素也必然影响到浇注过程的稳定。为了分析浇注过程的稳定性，必须首先了解影响上述两个过程的主要因素。

1. 影响发气速度的因素

（1）铝粉的发气特征

用于蒸压加气混凝土的发气铝粉或铝粉膏，由于生产工艺和质量控制的差别，各生产厂的产品，甚至同一工厂不同批次的产品总不会完全相同。因而，铝粉或铝粉膏在使用中表现出来的实际发气特性曲线就会有不同的形状，并与料浆的极限剪切应力曲线形成不同的对应关系，如图 5-17 所示。在图（a）情况下，铝粉发气速度基本上在工艺要求的范围内，料浆膨胀速率落在图中阴影面范围内，在这种情况下，当铝粉大量发气时，料浆极限剪应力保持较低值，发气舒畅。在图（b）情况下，铝粉发气的前期虽然也有短暂的集中发气时间，但随后变得缓慢，有较多的铝粉留在料浆接近稠化时才发气，在这种情况下，后期发气过程受阻，可能发生憋气和冒泡现象，浇注不够稳定。在图（c）的情况下，铝粉发气更不集中，发气曲线平缓上升，大量的气体在料浆稠化后产生。在这种情况下，料浆膨胀迟缓，后期憋气严重，甚至料浆不能正常膨胀，在料浆内部气泡贯穿合并，出现冒泡甚至下沉。出现以上现象，主要是铝粉颗粒组成不良，虽有部分细颗粒，但偏大粒子较多，或者混有某些活性低的颗粒。如果铝粉过细，则其发气时间将大大提前，在此情况下，如果料浆太稀，保气能力太差，也可能发生严重冒泡，甚至沸腾。有时，可能在搅拌机内出现大量发气的现象，其浇注稳定性就会受到更大的影响。

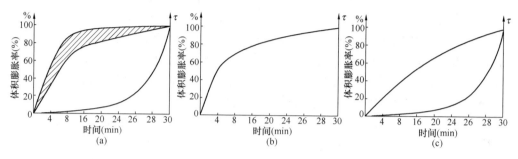

图 5-17　三种发气特性曲线

（2）料浆温度

铝粉的发气反应速度与温度有密切关系。温度高，反应进行得快，在较高温度下，介质溶液对反应物和反应产物的溶解速度和溶解度相应增大，这无疑将有利于反应进行。铝粉发气反应速度与温度的关系，可由试验测定。温度越高，反应开始时间越早，反应速度越快，反应结束时间越早。相反，则反应进行迟缓，时间拖长。由此可见，通过改变料浆温度，可以在一定程度上协调发气和稠化过程。当然，这只能是在一定范围之内，而不可能无限制地调节，正像料浆稠化速度的调节不可能无限制地适应发气速度一样。如果为了适应稠化快的料浆，而过多地提高温度，例如将料浆温度提高到 60～70℃，这在大多数情况下恐怕在搅拌时就发气了。另外也必然会促使料浆更快稠化，效果将适得其反。

（3）搅拌时间

铝粉搅拌时间主要从两个方面影响发气速度及其与料浆稠化的协调性。一是铝粉投入料浆时机；二是铝粉在料浆中所需搅拌时间。前者主要从调控铝粉与碱溶液接触的时间来调节铝粉开始发气时机；后者主要从铝粉搅拌时间长短来调控铝粉的发气速度。为了使铝粉发气能在适当的稠度条件下进行，显然应当选择一个适当的时机。投入过早，料浆太稀；投入过晚，料浆太稠，对铝粉发气和料浆膨胀都不利。

（4）碱浓度

料浆中的碱浓度越高，铝粉反应越快。铝粉在碳酸钠溶液中的发气速度比在石灰溶液中快。当溶液中加入氢氧化钠时，铝粉的反应速度将大大加速。因此，有的工厂常常备用一些氢氧化钠溶液来调节发气速度。

（5）石灰

在以石灰为主要钙质材料的料浆中，石灰的消解生成了 $Ca(OH)_2$，因此，石灰中 A-CaO 含量的多少及消解温度，直接影响发气速度。所以，以石灰为钙质材料时，一般不另加碱液。

（6）水泥品种

水泥的水化速度及水化热影响铝粉发气。如果水泥中含有较多的铬酸盐，它会使铝粉表面氧化，使发气反应变得迟钝。在这种情况下，可以使用少量硫酸亚铁。但在石灰用量较大时，水泥的影响很小。

（7）石膏

石膏会显著延缓铝粉的发气过程，根据原北京加气混凝土厂的试验，在水泥-石灰-砂蒸压加气混凝土中，当石膏用量是铝粉质量的 3 倍左右时，铝粉的发气速度将延长 5～8 倍。若石膏用量更多时，铝粉的发气还将受到更严重的抑制。当然，这一关系也并不总是呈正比关系而发展下去。当石膏用量达到铝粉用量的 6 倍以上时，抑制作用达到最大程度。因此，在使用石膏作调节剂的蒸压加气混凝土中，石膏用量是否适当，不仅关系到制品性能，而且也是影响发气过程的重要因素。

（8）外加剂

某些外加剂对铝粉发气过程也有不同程度的影响。例如在化学脱脂剂中，平平加在 20～30℃ 的水温下可以使铝粉脱脂，获得正常的发气速度，但在 40～50℃ 的水温下，虽然也能脱脂，却同时又使发气速度比正常的情况有所减慢。

水玻璃和某些强氧化剂能够抑制铝粉发气。三乙醇胺和乙二醇等外加剂，在作为石灰消化抑制的同时，还可以起到促进铝粉发气的作用，而减水剂 NNO 则与此相反。

（9）水料比

蒸压加气混凝土料浆的水料比对铝粉发气过程有间接的影响。水料比太小，料浆太稠，其极限剪应力势必偏大，因而气泡不易生长和推动料浆膨胀，发气过程迟缓甚至受阻。水料比太大时，料浆黏度太小，保气性差，气体容易浮升逃逸，已经形成的气泡也容易合并、破裂，因而也对发气过程有不良影响。

2. 影响料浆稠化速度的因素

（1）水泥的品种和用量

当水泥中氧化钙含量（或更确切的是指 C_3S 含量）高时，其水化速度快，凝结硬化也快。尤其在以水泥为主要钙质材料的蒸压加气混凝土料浆中，水泥的作用更为明显。在使用以石灰为主的混合钙质材料时，水泥对料浆的稠化速度不起主导作用，但水泥用量的增加，在一定程度上可以延缓稠化，而在坯体硬化过程中，能显著提高坯体强度。

相同种类的水泥，甚至相同强度等级和相似化学成分的水泥，在蒸压加气混凝土料浆稠化硬化过程中，效果可能很不相同，这一现象与水泥中的混合材有关。因此，生产中还应及时调整。

（2）石灰的性能和用量

石灰中所含有效氧化钙的数量和结晶状况决定着石灰的消化温度、消化时间和消化特性曲线。当以石灰为主要钙质材料时，石灰的消化温度、消化时间和消化特性曲线在蒸压加气混凝土料浆的稠度、稠化速度和坯体的硬化方面起着重要的作用。

一般情况下，石灰消化越快，蒸压加气混凝土料浆的稠化速度也越快，这是因为石灰消化时吸收了大量的水分并生成氢氧化钙胶体的缘故。

石灰的消化温度对蒸压加气混凝土料浆稠化速度有一定的促进作用。一般来说，消化温度高，使料浆温度也相应提高，可以进一步促进水泥和石灰的水化凝结，料浆稠化必然加速。生产实践证明，使用高温快速灰，料浆稠化过快，浇注稳定性很差。

石灰的细度对消解速度和消解温度有明显影响，石灰过粗，料浆扩散度增大，消解温度上升缓慢，稠化延后；石灰过细，料浆扩散度减小，消解温度上升较快，稠化提前。

石灰用量多时，蒸压加气混凝土料浆稠度大，稠化也快；用量小，料浆流动性好，稠化也较缓慢。在采取其他措施的情况下，可以有所改变。

石灰的煅烧质量对料浆性能影响较大，欠火石灰、过火石灰和正火石灰都不适用，不是稠化过慢就是稠化过快，不易使料浆的稠化符合工艺控制的需要。符合蒸压加气混凝土料浆稠化要求的是略微过火的石灰，前面已经有所叙述，这主要通过石灰在一定温度煅烧过程中，在煅烧区的停留时间获得，而不是仅通过提高煅烧温度来获得。衡量石灰质量的另一个指标就是石灰的消解曲线。

生石灰在运输贮存过程中受潮后，一部分生石灰会消化成消石灰。含有消石灰成分的石灰，在消化温度和速度方面比原来有所减小。人们利用这一现象，采取措施，从控制石灰中消石灰含量入手达到改变石灰消化特性的目的。含有消石灰的生石灰会给配料带来许多不利的影响，一是同样用量（质量分数）的消石灰，实际有效氧化钙量减少，使料浆温度、稠化速度都有所降低；二是因消石灰已经消化，吸附多余水分的能力降低，会使料浆扩散的增大，稠化减慢。所以，当石灰部分消解时，在配料时应作补偿。

（3）料浆的初始温度

料浆的初始温度（或称浇注温度）对料浆的稠化速度有重要影响，在使用石灰的各类蒸压加气混凝土中，料浆温度不仅对水泥的水化速度产生影响，更重要的是将影响石灰的消化进程。像大多数化学反应一样，温度越高，反应越快。无论是快速灰、中速灰还是慢速灰，其受初始温度影响的规律性基本相同，即温度高，反应快。同一种石灰，在不同的初始温度下，其消化规律却不同，即初始温度越高，消化时间越短，消化温度越高，而且消化曲线的斜率越大。掌握料浆的初始温度、控制料浆的升温速度和料浆最终达到的最高温度，不仅影响到料浆中各物料的化学反应和料浆稠化过程，还影响到气泡的最终体积。例如当料浆温度由 40℃升到 70℃时，氢气体积将膨胀 11%以上，若每模坯体中铝粉发气产生的氢气体积为 2.5m^{3}时，则氢气的总体积将膨胀约 0.274m^3。如果在整个模具中存在温度不均匀的情况，这种膨胀则可能给已经定型的坯体带来不良的影响。

（4）水料比

无论哪种蒸压加气混凝土，水料比都会对料浆的稠度和稠化速度产生重要的影响。一般情况下，水料比小，料浆稠化过程中黏度增长速度快，达到稠化的时间短；水料比大，料浆黏度增长速度慢，达到稠化的时间长。由于水料比的减小，料浆的碱度及碱度增长速度加强，因此水料比小的料浆其后期发气膨胀速度可能会更快，而水料比大的料浆则前期膨胀较快。在实际生产中，水料比可能因为操作误差造成波动而偏离原配方的规定值。如果是采用蒸汽在搅拌机内对料浆加热，应注意蒸汽中的含水量和蒸汽冷凝水对料浆含水量的影响。配料时应将这部分由蒸汽带入的水量从配料中要求的总水量中扣除。

（5）石膏

石膏对石灰的消化有抑制作用，因而使蒸压加气混凝土料浆稠化时间延长。石膏过多时，有可能影响气泡的稳定，发生冒泡和收缩下沉，甚至料浆不能稠化而发生塌模。

（6）硅质材料的细度

硅质材料的细度是决定料浆需水量的重要因素。在相同水料比时，硅质材料越细，料浆越稠。某些具有潜在水化活性的硅质材料如粉煤灰等，其细度越细，在料浆被激发时表现出的水化活性越大，料浆越容易因此而加速变稠。但应注意，随着硅质材料细度增加，需水量也将增大，因此，静停时间可能延长。

（7）辅助原料及外加剂的性能和用量

不同品种的蒸压加气混凝土，往往使用不同种类的辅助原料和外加剂，这些材料大多对蒸压加气混凝土料浆的稠化过程有不同程度的影响。

① 三乙醇胺。三乙醇胺在水泥-石灰-砂和水泥-石灰-粉煤灰蒸压加气混凝土中，作为石灰消化速度的调节剂使用时，通过抑制石灰的消化，从而影响蒸压加气混凝土料浆的稠化。

② 碱液。在水泥-矿渣-砂蒸压加气混凝土中，碱液既是铝粉发气的促进剂，又是料浆稠度和稠化速度的调节剂。硼砂是水泥的缓凝剂，纯碱在投入料浆的初期有降低料浆稠度的作用，以后又可促进水泥的水化和矿渣活性，促使料浆加速稠化。碱液对铝粉发气和料浆稠化速度都有影响，因此选择适当的用量是很重要的。

③ 表面活性剂。使用在蒸压加气混凝土中的表面活性物质，可以显著降低料浆的表面张力，从而增加其流动性，不同的表面活性物质使料浆表面张力降低的情况有所不同。其中，可溶油、拉开粉使表面张力下降最多。但无论哪种表面活性物质，都不是随其浓度的增加而使表面张力无限下降，而是有各自的极限。超过一定的浓度时，表面张力将不再降低，有的反而有所上升。

不同的表面活性物质对石灰有不同的影响，其中皂素类表面活性剂对石灰的消化有明显的延缓作用，因而也可以使料浆稠化推迟，原因可能是皂素分子吸附在石灰颗粒表面，形成单分子薄膜，对石灰与水的接触起一定的阻碍作用。

使用废浆不仅仅是为了利用废料，因废浆是一种重要的调节剂。废浆中含有大量的水泥和石灰的水化产物，具有较高的碱度和黏稠性，因此可以使新配制的蒸压加气混凝土料浆的性能得到改善。不过一般认为，废浆量超过 5% 时，料浆似乎过稠而对发气不利，还可能使蒸压加气混凝土坯体透气性变差，容易在蒸压养护时产生裂缝。

废浆加入到硅质材料中共同搅拌贮存或是共同碾磨贮存，可以更有效地发挥废浆的作用，在一定程度上促进硅质材料与氧化钙的反应。因此，用这种方法使用废浆时，蒸压加气混凝土料浆的浇注稳定性能得到明显的改善。

（8）搅拌工艺

搅拌工艺对料浆稠化的影响主要表现在搅拌强度和搅拌时间上。在有限的时间内，能否将蒸压加气混凝土料浆充分搅拌均匀，水泥、石灰等钙质材料能否均匀分布到料浆的每一部分的微小空间，关系到料浆能否均匀地稠化和硬化。搅拌强度还可以对物料起到再分散的作用，防止结团，促进反应，改善料浆流动性。在生产中搅拌强度的差异对料浆均匀性和稳定性有重要影响。

搅拌时间不仅关系到料浆的均匀性，而且在一定程度上决定着料浆浇注入模时的初始黏度，从而可以调整料浆稠化速度与铝粉发气速度之间的相互关系。当铝粉发气快，而料浆稠化速度较慢时，可以适当延长搅拌时间，使料浆稠化过程的起点高一些。反之，则可以适当缩短搅拌时间，以此降低料浆的初始稠度去适应铝粉发气的需要。

在搅拌强度不够的情况下，用延长搅拌时间的办法来达到搅拌均匀的目的；当出现料浆过稠现象时，应当首先改善搅拌机的工作状态，有的操作人员无原则地随意减少料浆搅拌时间或者提前加入铝粉，则降低了料浆性能，破坏了气孔结构。

搅拌强度并不是单纯的提供搅拌力，而是对搅拌力有要求。要获得良好的料浆，搅拌机主要提供对料浆的挤压力，尽量减小剪切力，避免过大的离心力。

（9）特殊工艺措施的影响

在生产中，根据不同情况可以采取不同的工艺措施来解决某些具体工艺问题，这些措施可能对料浆的稠度和稠化产生重要影响。例如使用减水剂、促凝剂可以使料浆增稠；使用硫酸钠可以促进发气并加速料浆稠化；使用氟石膏则可促凝。当使用植物脱脂剂时，其中的某些成分可以起到延缓石灰消化，推迟料浆稠化的作用。有的工厂为了解决石灰消化快的问题，采取分二次加料的方法来消除料浆升温过快和温度过高现象。在这种情况下，第一批投入的石灰在料浆中消化放出热量，使料浆温度升高、黏度增大，但在连续搅拌下并不能形成凝聚结构。第二批投入的石灰，应当恰好为工艺要求的料浆初始温度，即当第二批石灰搅拌完成后，料浆温度适合浇注。这种方法浇注的蒸压加气混凝土料浆一般都较稠，而且稠化时间早，但相对于一次加料的料浆来说，其稠化过程稍平缓，基本上可以避免速凝。

在水泥-石灰-粉煤灰蒸压加气混凝土中，采用混合湿磨工艺，对改善料浆性能有显著的作用。采用混合湿磨的蒸压加气混凝土料浆，在发气初期的 30～40min 内，黏度增长缓慢，从而发气顺畅，并且料浆悬浮性能好，无泌水现象，稠化较快，能够较好地与铝粉发气过程相配合。掺入一定量的废料浆，也有湿混磨的作用，坯体塑性强度发展也比较快，但并不是掺得越多越好。目前，蒸压加气混凝土行业中，采用高钙粉煤灰的较多，其生产特性类似于混合湿磨。

冬天生产时，恰恰采用未经碾磨的湿粉煤灰，可能因粉煤灰颗粒的多孔结构而蕴含着细小的冰晶，这些冰晶融化后会在浇注后逸出，从而造成泌水或降低料浆稠度，由此影响浇注的稳定性；夏天生产时，往往砂在碾磨过程中会产生大量热量而使砂浆温度升高，从而使料浆的初始温度升高，造成料浆稠度增大。

5.4.4 蒸压加气混凝土浇注不稳定现象分析

蒸压加气混凝土料浆在浇注过程中的不稳定性是一种比较复杂多变的现象。它在不同品种的蒸压加气混凝土中既有共同之处，又有不同之处。

1. 水泥-石灰-粉煤灰蒸压加气混凝土的浇注稳定性

浇注时最理想的情况是发气和稠化同时结束，即稠化正好出现在再也没有体积膨胀的瞬间，但原材料中石灰、水泥和铝粉在与水反应过程中都放热，它们的成分与掺量的变化都会影响料浆的升温速度和温度的绝对值，都会影响热膨胀值的大小，其中，尤以石灰的影响更为显著。因此，稠化和体积膨胀完全同步是有困难的。一般铝粉发气应在料浆体积可以自由变化的状态下进行，铝粉发气完成后，料浆还允许自由膨胀一些，这也是操作控制难点。料浆浇注的不稳定现象，均由于此点控制不好而产生。

（1）塌模及其控制

① 前期塌模。前期塌模即发生在料浆发气过程前期的塌模，一般指浇注 15min 以内，在高膨胀阶段的塌模。通常由下列原因引起：

a. 水料比较大，料浆黏度增长缓慢，气泡极易汇集成大气泡并上浮；

b. 铝粉颗粒过细，覆盖面积大于 6000cm²/g，早期发气较快；

c. 料浆温度过低，生石灰消化温度较低；

d. 粉煤灰存放时间过长，颗粒较粗，含碳量较大；冬季使用湿排灰时，灰中含有冰粒。

解决办法主要围绕提高料浆的黏度、抑制铝粉发气及采用稳泡措施进行，其途径有：

a. 检查粉煤灰采灰点，避免使用存放时间久、出现板结和含碳量较大的粉煤灰；

b. 检查粉煤灰的碾磨效果，保证粉煤灰的细度；

c. 在条件许可的情况下适当加入部分石灰或废块混磨；

d. 粉煤灰浆中掺入一定量的废料浆（掺入时间尽量提前）；

e. 适当减小水料比，促使黏度迅速增长；

f. 加入适量水玻璃，克服铝粉发气太早的缺陷；

g. 加入一定量的可溶油等气泡稳定剂；

h. 配料中适当增加石灰掺量；

i. 延长料浆的搅拌时间。

② 后期塌模。后期塌模即发生在料浆接近稠化时，局部发生冒泡、沉陷而引起的塌模，一般发生在 15min 之后。后期塌模常因石灰性能波动或石灰消化速度过快引起。

当采用消化速度过快、消化温度过高的石灰，由于料浆温度在模内高度方向变化大，顶部散热快，温度最低；底部散热次之，温度较低；中部不易散热，温度最高。这样气孔压力、压力梯度、极限剪应力沿模高方向都不均匀，中部极限剪应力最大，发气就容易被抑制，欲向极限剪应力较小的地方伸展，而顶部极限剪应力最小，发气最舒畅。但当某一局部由于继续发气或气体压力的传递，就会在顶部拉断料浆表面而形成冒泡，打破浆体平衡而引起塌模，其解决的主要途径有：

a. 抑制生石灰的消化速度（参见"原材料制备·生石灰"），配料中适当增加石膏，并可考虑适量加入三乙醇胺等；

b. 将部分生石灰提前消化，延长石灰存放时间；

c. 调整配合比，适当减少石灰用量，增加水泥用量；

d. 不要使用过粗的铝粉（覆盖面积小于 4000cm²/g）或适当减小铝粉用量；

e. 适当降低浇注温度。

（2）冒泡程度的控制

冒泡一般发生在料浆稠化之后，此时料浆已形成坯体，并不发生体积变形。冒泡是由热膨胀引起的。当坯体中部温度高，气体压力大时，将产生膨胀力。由于坯体顶部温度低，料浆塑性强度低，就有可能在顶面的薄弱部位造成破裂，排出部分气体而使坯体内部膨胀力减小，这就是冒泡。

掺有生石灰的蒸压加气混凝土，当水料比较大、铝粉发气时间较长、坯体温度升高缓慢时，在料浆稠化后，经常是不冒泡而保持了浇注稳定。当水料比较小、铝粉发气时间较短时，在料浆稠化后将出现冒泡，但不一定是破坏因素，而往往是属于正常现象。正常的冒泡在生产中被看作是发气结束的一个标志，是发生在离坯体顶部 3cm 的深度范围内（此范围正好属面包头而切掉），其特征是冒泡时一次放出的气体量较大，但不连续，有时是脱泡（将坯体表面冲开一片，冒出气体，而后又重新盖合坯体表面，坯体没有因此而下沉）。深入制品内部形成大孔的冒泡是不允许的，但沿模壁的冒泡（在制品外表面留下了气泡痕迹）难以避免。

当坯体表面塑性强度较大，虽然坯体内部有一定的膨胀力，却不能在坯体顶面造成裂缝，气体无法排除，我们称之为憋气（发气后期出现面包头竖起时，往往伴随憋气现象）。憋气是由于膨胀力继续要求坯体体积膨胀，但却因坯体塑性强度过高而不能膨胀，又不能在顶部排除气体。憋气往往在坯体上部形成水平裂缝，这将对坯体产生破坏。

因此，粉煤灰蒸压加气混凝土出现适量的冒泡，有利于获得良好的坯体，但冒泡量过多易于坯体中因料浆下沉而出现密实部分或出现深层孔洞，对坯体形成破坏。

消除因憋气引起的水平裂缝，首先应该使坯体出现冒泡，增加热膨胀值。为此，可以用多掺生石灰、提高料浆温度，或用消化温度较高的生石灰来提高坯体温度升高值，也可适当加大水料比，降低顶面坯体的塑性强度。

出现严重冒泡时，应适当减少石灰用量或适当降低料浆的浇注温度，用降低坯体温度来减少热膨胀值；严重的冒泡还可能由于环境温度过低，顶面坯体塑性强度低而引起；此时应考虑以适当的措施来保证环境的温度。

（3）泌水

泌水是指料浆在浇注后期（一般将满模时），在模具四角及边沿，因料浆与混合水的分离而出现一层不含物料的清水，这种现象主要是由于粉煤灰过粗、含碳量较大、料浆保水性能差所引起。而石灰中生烧成分较多，造成料浆温度偏低，坯体稠化较慢，料浆满模后仍未稠化，使粗物料下沉而引起泌水。出现此现象，轻者形成的坯体周边较软，中部较硬，不利于切割；重则引起塌模。当出现泌水时，应立即调节配合比，增加钙质材料（石灰、水泥）的用量。同时，应调整磨机的出料细度，在有条件的情况下，可以采用粉煤灰与石灰、水泥等混磨工艺，以改善浇注稳定性。

（4）坯体龟裂

坯体发气结束后，表面出现不规则裂纹，主要原因是石灰过火成分较多，或与原使用石灰相比，消解温度及 A-CaO 含量明显提高，也因为石灰存放过久及吸湿、发热量较低，从而增加石灰用量所致。

遇有坯体龟裂现象，首先必须检查石灰性能，及时根据石灰性能调节其用量；若发生经常性含有过量过火石灰，则应在工艺上采取相应的措施，如提前部分消解、混磨等；另外，石灰的运输与贮存应严格把握。

（5）面包头竖起

发气后期，料浆高于模框时，料浆不是向模框外漫延，而是垂直向上升起，我们称之为面包头竖起。面包头竖起主要是发气滞后于稠化，也就是稠化后继续发气，这一现象极易造成坯体的破坏，一般可采用增加石膏等延缓石灰的消解或改用中速石灰等办法，使稠化适应发气。

（6）边沿沉陷

发气结束后，靠模具边沿的坯体出现局部沉陷。这是因为石灰的消解已经结束，但料浆尚未稠化，坯体难以支撑已经形成的结构，而此时石灰消解结束，坯体无后续热量支持坯体继续稠化硬化。一般可通过增加石灰用量，同时增加石膏用量，以保证发气后期坯体有充足的热量供给。

（7）切割后坯体裂缝及其他损伤

坯体在切割时，易造成一定的破坏，较常见的有裂缝及缺棱掉角，其原因主要表现在两方面。其一是坯体强度过低，轻微的振动碰撞或遇剪应力所致。可通过重新选择采灰点，以保证所采粉煤灰存放期较短，活性较好；保证粉煤灰的磨细度；保证水泥的质量及配料量等措施予以改善。其二是机械原因损坏，除切割机的因素，主要原因在于浇注底板不平整（造成原因是起吊时，没使所有吊钩钩牢底板，底板置放不平整）；底板、小车、模框等设备刚度不够等。可通过加强操作管理及设备维护予以避免。对于变形和质量过差的设备应有计划地进行修理或更换。

2. 水泥-石灰-砂蒸压加气混凝土的浇注稳定性

水泥-石灰-砂蒸压加气混凝土浇注稳定性与水泥-石灰-粉煤灰蒸压加气混凝土有相似之处，其主要的影响因素也是原材料性能和工艺方法。但在控制和操作上，又有其特点：生产的主要原料砂相对于粉煤灰来说，其物理化学性质稳定，因此，在浇注稳定性上一般可看作相对稳定的因素，而石灰与水泥作为主要影响因素。

通常，在水泥-石灰-砂蒸压加气混凝土中，钙质材料（水泥和石灰）的总量较高（达配料量的35%～40%）。因此，石灰及水泥质量的波动，对浇注稳定性有着更显著的作用。特别是如果石灰消化过快，消化放热较高，料浆可能在短时间内（如5～6min）达到90℃的高温，使料浆失去流动性而稠化，铝粉的发气反应不能完成，出现发气不畅、憋气，从而造成不满模及气孔不封闭且大小不均匀。严重时可能发生因石灰过高的水化热使气泡再膨胀，产生坯体分层开裂，影响到生产的正常进行。

水泥-石灰-砂蒸压加气混凝土中的砂，在浇注静停过程中基本不参加反应。坯体强度的形成主要靠石灰与水泥消解产生的凝胶及水泥初凝强度的贡献。其中，凝胶中的SiO_2由水泥提供。因此，要获得良好的坯体及合适的静停时间，所采用的水泥必须严格符合要求，水泥的用量也必须得到保证。一些国家为了保证以砂为硅质材料的蒸压加气混凝土的质量，常采用砂与石灰的混磨工艺或采用以水泥作为单一钙质材料的生产工艺，虽然生产成本有所增加，但产品的成品率及质量均有较大提高。

现在，硅质材料采用各种工业固废的比较多，如各种尾砂、地铁砂（地铁施工中挖掘出的地下砂）、陶瓷泥等，这些材料往往过细粉末较多，因而提高了料浆的需水量，这对浇注稳定性也有较大影响。

3. 水泥-矿渣-砂蒸压加气混凝土的浇注稳定性

水泥-矿渣-砂蒸压加气混凝土是我国历史较长的产品，其生产中浇注稳定性的影响因素亦是原材料、水料比等工艺参数。因此，可以通过控制原材料的质量（如水泥、矿渣及铝粉的质量）及生产工艺参数（如配合比、水料比、浇注温度等）进行调节，所不同的是，水泥-矿渣-砂蒸压加气混凝土常使用碱性较强的碳酸钠作调节剂。因此，铝粉的发气反应是生产中必须经常调节的因素。

通常，在使用了强碱性的碳酸钠时，铝粉发气反应一般较快，如果工艺条件处理不当，常会发生发气过早的问题。甚至铝粉在搅拌机中便开始反应发气，或边浇注边发气。料浆在模具内互相冲击翻卷，气泡受到很大破坏。发生以上情形，一般采用增加水玻璃用量、减少碱用量或降低料浆温度、更换颗粒较粗的铝粉等办法加以解决。必须提出的是，如此调整，极易使浇注稳定性导向相反的方向，即铝粉发气太晚。

料浆稠化以后的冒泡，对于水泥-矿渣-砂蒸压加气混凝土来说是不被允许的，在工艺上作为一个控制目标。

4. 钢筋网（笼）对浇注稳定性的影响

在生产板材时，钢筋网（笼）也会影响浇注稳定性，主要表现在浇注的早期，当铝粉发气比较快时，在钢筋周围极易出现气泡聚集，如果料浆的黏度不足以抵抗气泡的压力，会出现早期塌模；由于钢筋阻力，特别是配筋量较大时，会阻碍发气膨胀。在发气后期，当料浆接近稠化时，容易造成钢筋上侧空洞；同样因为钢筋阻力，当料浆性能不理想而下沉时，又会在钢筋下侧出现空洞。为此，板材对料浆有更高的要求，要求发气快速而平缓，要求发气与稠化严格吻合，同时，钢筋涂料的密实度和厚度也应符合要求，以避免涂料层带入过多的空气。生产板材时，控制发气速度的重要性比生产砌块时更大，往往最上一根钢筋上面的坯体出现明显凹痕，或有开裂，都是发气过慢所引起。

5. 生产设备对浇注稳定性的影响

以上只是分析了原材料及生产工艺对浇注稳定性的影响，生产设备对浇注稳定性也有极大的影响，如当料浆发气过程与前一模有明显差异或发气不均匀时，都有可能是设备引起的。

常见的设备因素有：计量秤精度误差；计量后给料器放料不完全；搅拌机功率不足（如搅拌叶磨损、缺相）或搅拌机长期没有清理，造成结料和结料集中落下；模具牵引设备运行不稳定或轨道平整度较差等。

相对来讲，机械设备引起的浇注稳定性波动现象比较明了，易于区别和排除，但也往往被我们忽略。

思 考 题

1 试述料浆发生膨胀的过程。
2 什么叫稠化?
3 浇注过程的不稳定现象有哪些?
4 影响浇注稳定性的因素有哪些?
5 石灰对浇注稳定性有什么影响?
6 如何依据稠化和冒泡来判定坯体的质量?
7 气泡消泡机有什么作用?
8 如何判断搅拌效果?

6 静停切割

蒸压加气混凝土生产，经过了浇注工艺后，料浆经发气、稠化、初凝等一系列物理化学变化形成了坯体，坯体在一定温度条件下，继续完成其硬化过程，以达到切割所需的强度要求，这一过程被称为静停。切割是对蒸压加气混凝土坯体进行外形加工的重要工序，是蒸压加气混凝土制品实现外观尺寸的必要手段。

静停和切割在生产过程中是密不可分的两个工序。静停质量的好坏，不仅关系到前道工序浇注目标的实现，更影响到下道工序切割的成败，而切割则是蒸压加气混凝土制品达到外形尺寸的必然步骤。

6.1 坯体的静停

坯体静停，从定义来讲，是料浆浇注、发气、稠化及初凝以后的继续硬化，直至可以切割的阶段。但从生产特点来讲，则从料浆浇注入模便开始了静停。通常，我们将浇注以后至发气结束的这一过程称为发气和稠化过程，而将发气结束至坯体硬化，适合切割的过程称为静停过程。

6.1.1 静停的作用

发气稠化过程，是蒸压加气混凝土坯体形成过程。以形成良好的孔结构来达到浇注目的。该过程主要决定于原材料性质及浇注控制的工艺参数等，环境条件相对比较次要。

静停过程没有多少操作和控制，只是坯体内部仍在进行物理化学反应。在这一过程中，水泥和石灰等钙质材料产生的水化物凝胶继续不断地增多，使坯体中的自由水越来越少，而凝胶更加紧密。硅质材料颗粒在凝胶的黏合和支撑下，越来越牢固地占有固定的位置，形成以硅质材料颗粒为核心的弹-黏-塑性体结构。当坯体塑性强度达到一定的数值，能够承受其自身的重力并在切割工艺中具有保持其几何形状而不发生有害变形的能力时，我们就说它已经硬化，或者说其硬化程度已经适合切割。也可以说，静停的过程就是坯体硬化的过程。在这一过程中，除了原材料性质、工艺参数外，环境温度及时间也是其直接影响因素。

在生产板材时，预养静停还应避免振动和防止撞击，特别是在静停后期，振动和撞击都会降低钢筋的黏着力。

6.1.2 影响坯体硬化速度的因素

硬化速度指蒸压加气混凝土坯体达到可切割的硬化程度所需要的时间。在工艺上，硬化速度又称为静停时间。静停时间不仅关系到生产的组织及生产能力的发挥，更关系到坯体气孔结构及孔间壁质量。

蒸压加气混凝土坯体的硬化过程不仅是其料浆流变特性变化过程的继续和发展，而且硬化过程的发展规律与料浆稠化过程的发展规律在很大程度上是一致的。在一般情况下，料浆黏度增长速度快，坯体塑性强度增长也快；反之，料浆黏度增长慢，坯体强度增长也慢。料浆从浇注入模到形成可切割的坯体，在宏观上发生一系列弹-黏-塑性演变，使料浆从流体逐步演变成具有可塑特征的黏塑性体，料浆失去流动性而稠化，最后具有一定的结构强度。这个由稠化到形成结构强度的过程在微观上就是蒸压加气混凝土料浆体系由分散悬浮体系到凝聚结构，再到凝聚结晶结构的形成和发展过程。因此，坯体强度的变化规律同其料浆黏度的变化规律一样，取决于原材料的组合及其物理化学性质、浇注过程中控制的工艺参数等。调节这些因素，可以影响料浆的稠化过程，同样也可以影响坯体的硬化，从而使我们有可能在较短的时间内获得理想的坯体。

1. 钙质材料用量

钙质材料指水泥、石灰等含钙材料和采用混磨工艺制备的含有一定量水泥、石灰的混合材料。钙质材料用量的变动是影响坯体硬化速度的重要因素。在总配料量和工艺条件一定的情况下，增加钙质材料用量，坯体硬化就会加快，反之则会变慢。但改变钙质材料用量就是改变配合比，因此，提高钙质材料用量，应考虑到制品的性能要求。

2. 水泥与石灰相对用量

钙质材料中水泥与石灰的总量相对固定后，两者用量比例对坯体的硬化也有直接影响。一般情况下，石灰用量增加（石灰与水泥总量不变），料浆稠化加快，坯体初期强度增加较快，而后期强度增加减慢，并且坯体强度也有所降低。在以砂为硅质材料的蒸压加气混凝土生产中尤为明显，而水泥增加，料浆稠化减缓，坯体后期强度增长较快，并且坯体的强度也较高。由于测定坯体强度方法的限制，我们测得的坯体强度包括抗压强度和抗剪强度。在实际生产中，往往经水泥和石灰用量调整后，虽然坯体强度值相近，但后者的坯体明显优于前者，切割时不易产生裂缝或破损。这是因为，增加水泥用量后，提高了坯体的抗剪应力；而石灰减少，则降低了水化热，减少了水分的蒸发，同样提高了坯体的抗剪应力。

3. 石灰和水泥的品种

石灰和水泥品种对坯体硬化也有影响。石灰的消解速度快、消解温度高、有效钙含量高，则坯体硬化快。特别是石灰的消解温度，当料浆稠化时（石灰消解结束），消解温度较高，则坯体内部温度较高，有利于坯体的快速硬化。但过高的温度也易造成坯体裂缝等损坏；水泥一般相对稳定，对坯体的影响也较稳定，水泥凝结时间短，则坯体硬化快。关于不同强度等级和品种水泥的作用，已经在第3章第1节做了介绍。

4. 水料比和浇注温度

水料比对坯体硬化也有影响，一般来讲，水料比增大，坯体中多余的水分增加，蒸发这部分多余水分的时间延长，坯体硬化延缓，并且坯体的硬化时间与水料比成正比。当石灰消解，或砂中含泥量增加，或配料时加入菱苦土，必然提高了水料比，增加了坯体中多余的水分，也将延长坯体的硬化时间。

对蒸压加气混凝土坯体来说，浇注温度高则坯体升温起点高，有利于水化反应的快速进行，水化反应放热集中，从而提高坯体的温度，并加快了多余水分的蒸发，使硬化加速。

5. 硅质材料

硅质材料对坯体硬化速度的影响，主要表现在粉煤灰的性质上。粉煤灰中，Al_2O_3 含量高，坯体硬化较快；粉煤灰颗粒较粗，且未经磨细时，因其需水量较大，所以坯体的硬化较慢；粉煤灰中，含碳量较高时，坯体硬化较慢。对于砂而言，砂的细度越细，或含泥量越高，其需水量越大，坯体硬化延缓。

6. 废浆和混磨

废浆的掺入和采用混磨工艺，对坯体硬化均有促进作用。废浆本身不仅具有较高的碱度，而且经长时间贮存后，各物料初步进行水化反应，凝胶数量较多。混磨工艺则使部分物料先行反应，有利于坯体的硬化。

6.1.3 坯体的静停

坯体的静停，就是静置坯体以待其硬化。静停质量的好坏，除了影响静停时间的长短而影响生产能力发挥及生产正常进行，还影响到生产的成品率及制品质量。

静停环境温度的高低，直接影响到静停时间的长短。静停的环境温度高，则相对地静停时间短，反之，则静停时间长。这是因为环境温度低，坯体热损失大，温度上升较慢，不利于坯体硬化。同时，当环境温度过低时，坯体热损失较大，造成坯体内外温度差别很大，坯体内外的硬化程度不同，由此而引起的应力将使坯体在蒸压养护前即有可能产生裂纹。因此，硬化不均的坯体，在进行翻转、切割等工序时，容易产生变形、裂纹、沉陷及外层剥落等弊病。

当坯体因为环境温度过低而具有过量水分就进行养护时，由于温度应力和湿度应力，将使坯体发生局部或全部变形。

因此，蒸压加气混凝土生产中，对静停的环境温度有一个基本要求，即不低于20℃。为了缩短静停时间，提高产量和质量，目前工厂大多采用定点浇注，热室静停，静停的温度要求在 40～50℃，有些移动浇注工艺，因没有热静停室，冬季必须采用暖气来提高车间温度。

采用热室静停工艺，必须解决模具的行走问题，若解决不好，也极易造成塌模（因浇注完毕即进入热室）、坯体裂纹而影响产品质量。一般采用的机械行走方式为摩擦轮或辊道输送（如伊通和乌尼泊尔等）、专用推车机构（如海波尔、司梯玛等），过去国内多采用的以卷扬机钢缆牵引或人工推行方式输送模具，近两年已逐步淘汰。前两种机械行走方式因设备性能较好，模车行走平稳且能实现准确定位。而卷扬机钢缆牵引方式因牵引时振动过大，不便于连续行走，应在浇注完毕后一次牵引就位，避免因振动引起塌模。

对于板材生产线，由于拔钎时极易破坏坯体，常见的是产生钎孔裂或板材出现沿网片的分层开裂，为此而迫使提前拔钎。提前拔钎虽然可以有效避免上述问题，但又带来坯体强度过低而产生切割损伤，所以，在拔钎后再给一个二次养护的机会，将有利于提高产品质量。

在板材生产中，完成切割的坯体多采用 65～75℃ 的釜前预养，以提高坯体强度和入釜温度并降低坯体含水率。板材配有钢筋，钢筋在温度变化时具有较大的线膨胀。提高坯体温度，减小了入釜后升温时的温差，也就减小了钢筋对坯体的应力，减小坯体产生裂纹的机会；同样，较高的釜前预养温度，有利于提高坯体强度，以抵御钢筋膨胀产生的应力；釜前预养也减少蒸压过程的升温时间，更主要的在于减小坯体与环境的温差，以避免坯体产生裂纹；釜前预养降低坯体含水率，提高了蒸压养护过程中的热交换效率。需要说明的是，釜前预养若控制不好，极易造成坯体脱水（特别在北方干燥地区），严重影响水化反应的进行，降低制品性能。因此，在采用釜前预养时，应控制温度并应采取保湿措施。

6.1.4 坯体在硬化过程中的缺陷及其原因

蒸压加气混凝土在硬化过程中虽然基本上处于静止状况，不会受到外力的破坏和干扰，但是由于坯体内部的原因和某些硬化环境不利因素影响，也常会产生各种不利于坯体质量和制品性能的缺陷。由于蒸压加气混凝土品种不同和生产工艺差别，各生产厂中蒸压加气混凝土坯体出现的缺陷也各不相同。

1. 硬化不均

同一模具中坯体各部分硬化程度不一致。坯体在静停过程中不断散热，导致各部分温度不均匀，从而致使蒸压加气混凝土坯体各部分的硬化程度不同，越靠近模边和上下表面，温度越低，硬化也就越慢，强度（指坯体强度）越低，而中心部位温度相对较高。尤其是在室内自然静停硬化条件下，这种现象更加明显。如果室内温度较低，还可能形成内外强度悬殊的问题，经实测，坯体中部中心处的强度与四角部位和表底层的坯体强度相比，边角部一般只及中心强度的 60%～90%，严重时这一差距更大。

坯体硬化不均可能造成硬化不足的假象，导致错过切割时机；若采用翻转切割，当以模具中部硬度为切割依据时，又可能发生边缘坯体坍塌或出现裂缝等。坯体硬化不均的原因较多，主要有以下三点：

（1）环境温度过低。通常，生产蒸压加气混凝土的模框为钢板制成（也有采用钢木复合），因此，模框的保温较差，环境温度对坯体有直接的影响。因而，目前大多数厂家采用热室静停，以保证坯体的正常硬化。

（2）搅拌不均。由于搅拌机的能力或配料投料的误差，易出现搅拌不均的现象。特别是以石灰为主要钙质材料，且石灰质量不好，配料中加大石灰用量时，更易发生此现象。也可能因设计不合理，设备选型不当，钙质材料下料过快而引起。这种硬化不均不同于前一种，由中心到边缘逐步降低强度，而是强度高的部分和强度低的部分不均匀地间隔存在。切割后的产品，除有钢丝切不透的现象外，切割缝成为波浪形，也是比较常见的现象。除此以外，制品强度不均，坯体有团状硬块及不均匀气孔，对产品质量也都存在破坏。

（3）料浆沉析。当浇注后料浆发生沉析，会引起坯体的硬化不均，主要表现在下部强度较高，而上部较低，其后果会使制品在发气方向的中部产生水平断裂。发生沉析比较常见的因素是粉煤灰过粗且未经碾磨、砂子粒度过粗等，有时喷油燃煤的粉煤灰、烧失量过大的粉煤灰和堆放时间过久的湿排灰也有此现象。解决料浆沉析一般可通过保证碾磨细度、粉煤灰或砂与石灰和水泥进行混磨、加入废料浆和碱液等方法进行调节。有时，甚至只要提前制浆，保证料浆的搅拌时间，就能得到较大的改善。值得注意的是，当铝粉搅拌不均，也会出现上下分层的现象。虽不属于沉折，但其结果也是导致坯体强度上下不均，此原因引起的表面特征是坯体上层气孔多而大，而下层则少且小。

2. 不硬化

不硬化现象是指坯体硬化时间过长（超过 4h，有时甚至达 12h），长时间无法切割的现象，引起的原因主要为配料中石灰用量过多，且质量较差，而水泥用量过少，强度等级较低或掺有较多混合材。这一现象在环境温度较低时（低于 5℃）更易发生。当生产板材的配料中加入了一定量的菱苦土，或矿渣质量较差时，也有此现象发生。有效避免不硬化，可以从增加水泥用量或选用强度等级高的水泥［如 P·Ⅰ（P·Ⅱ）42.5 硅酸盐水泥或 P·O52.5 普通硅酸盐水泥］及性能好的石灰，以及提高环境温度（如热室静停）等着手。当采用石灰和石膏轮磨时，石灰中掺混了过多的石膏，也易出现此现象。

3. 收缩下沉

收缩下沉是指料浆发气结束，坯体形成中期出现下沉和周边裂缝，造成的主要原因有水料比过大、水泥石灰质量较差和矿渣活性较低等，其中石灰质量是主要因素。在高温浇注时，有时下沉现象可能并不显现，而是在离顶面一半以内、紧靠模具边缘的坯体内部出现。这种下沉由于不易发现而缺少弥补的机会。

4. 坯体表面裂缝

坯体在静停后期往往出现一些裂缝，大面是龟裂，四周靠模框则为环绕一周的均匀缝隙。主要由于石灰掺量过多（特别是采用快速石灰时）或浇注温度过高所引起。配料时石膏因误差而投入过少也是起因之一。解决的方法是及时掌握原材料的波动，保证计量与投料的准确，同时，应注意合适的静停温度和湿度。

5. 坯体内部裂缝

坯体在脱模后，常在侧面或端面出现一些水平的、弧形的和横向的裂缝。这类裂缝因为深入坯体内部，所以对制品影响较大，而且常常在切割时发生坯体碎落断裂甚至坍塌。

产生以上裂缝的原因大多与发气不均匀有关。当料浆温度高，稠化快时，铝粉发气后期的气体温度上升，可能使已经稠化的初期坯体产生水平层裂。当料浆发气早，边浇边发气时，已经发气的料浆从浇注口注入模具之后，又从底部涌向两侧与两端，易形成气孔密度不均的弧形分层，在坯体硬化过程中，这些分层的界面处容易产生裂缝。

机械损伤也是造成坯体裂缝的一大原因，如模具的机械振动、吊运、摆渡或辊道的振动以及脱模时的损伤等。

解决坯体裂缝应从具体情况出发，根据其成因，一是从工艺控制出发，二是从机械设备控制出发来寻求解决的办法。

6.1.5　坯体强度的测定

坯体强度是判断坯体是否适合切割的一个重要指标，也是对浇注及静停质量的检验。因切割方式的不同，对坯体强度的要求不同。一般坯体不采用搬运、翻转的切割方式对坯体的硬化程度要求低。坯体越少受冲击、振动、弯折或挤压等的外力作用，其塑性强度要求也就越低。但目前已基本没有哪一种切割方式不对坯体进行移动或体位变化，翻转、夹运、真空吸运必选其一，因此，对坯体的强度要求也有提高，并随着对产品质量要求的提高，切割时坯体强度呈现走高趋势。

判断蒸压加气混凝土坯体的硬化程度是否适宜进行切割，也就是说，是否达到切割的强度要求，在生产中采用两种方法。一种是经验法，凭操作者的经验判断是否可以切割，通常都是以手指按压坯体表面或手掌拍压坯体表面，凭感觉判断其硬度。也有以打开模具侧板分别按压各部位，判断坯体上、中、下各部位硬化是否均宜。有时借助钢钎插向坯体内部，以了解坯体内部强度。这种方法比较简单，但是随意性较大，又不能得到定量的结果，对于生产的记录、分析及研究没有意义。另一种方法是仪器法，即借助仪器，定量地测出坯体的强度。塑性强度需要特殊的仪器装置，不便于在生产现场灵活使用，一些企业只是利用测试出某种蒸压加气混凝土坯体的可供切割的塑性强度范围，实际上有相当的局限性。比较常用的仪器是简易、通用、可靠的"落球仪（图 6-1）"和"落锥仪（图 6-2）"。"落球仪"是测定坯体的表面硬度，以一定高度落球压痕的直径来表示；"普瓦维硬度仪（图 6-3）"也是一种以落球方式测试坯体强度的仪器，其不同的是不以压痕直径表示，而是以压入深度表示；"落锥仪"

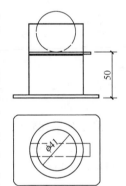

图 6-1　落球仪

是测定坯体的表层塑性强度，以一定高度的落锥深度表示。以上都可以间接地定量反映坯体的硬化程度，给出的是有标准试验方法的客观数据，其科学性、可靠性和可对比性都比经验法进了一大步。但是，这两种方法还只是反映了坯体的表面强度，不能反映坯体内部中下层的硬化情况，特别是当坯体硬化不均匀时，其测试数据也就失去了意义。为了解决这一问题，原国家建材局建筑材料科学研究院和原常州建材研究设计所共同研制了一种贯入式坯体强度测定仪（图 6-4），它是由直径 10mm、长度330mm 的测力插杆 1，可固定在插杆上的深度限位片 2，测力弹簧 3，套筒 4，游标 5和标尺 6 组成。当手握套筒匀速将插杆插入坯体时，插杆受到的坯体阻力压缩弹簧，套筒与插杆发生相对移动，并推动游标移动而指示一定数值。坯体强度越大，对插杆的阻力越大，需要施加的贯入力也越大，因而弹簧压缩量也越大，游标同时指示出相

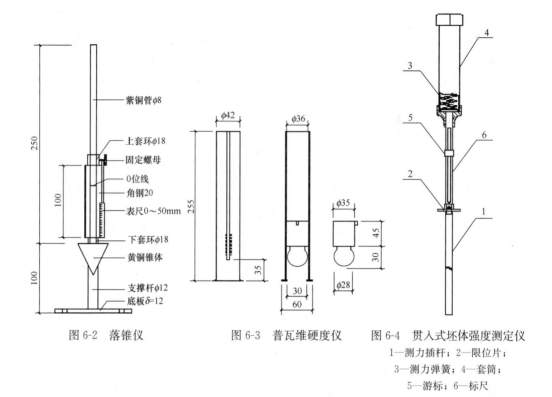

图 6-2　落锥仪　　　　图 6-3　普瓦维硬度仪　　图 6-4　贯入式坯体强度测定仪

1—测力插杆；2—限位片；

3—测力弹簧；4—套筒；

5—游标；6—标尺

应的数值，从而测出了坯体近中部的强度。通常，为了使用方便，采用测定仪与经验相结合，确定出适合切割的贯入力范围，用于指导对坯体硬化程度的判断。该仪器结构比较简单，使用方便，可以在坯体的不同部位、不同深度随时测出坯体的硬化程度，测定结果比较全面地反映了坯体情况，可用于比较准确地掌握切割时机。必须指出的是，该仪器尚有不甚完善之处，不同的人员、不同的插入速度以及插入时的垂直度与稳定程度，都对测试结果有一定影响。

6.2　坯体的切割

　　蒸压加气混凝土是由浇注、发气膨胀而形成坯体，所形成的坯体体积较大，要达到所要求的外形尺寸，必须在最终形成产品前进行分割加工，这就是蒸压加气混凝土的切割，是蒸压加气混凝土生产过程中的一个重要工艺过程。在进行切割的同时，往往伴随着其他外形加工，包括铣槽、手抓孔和异形块加工，对于外形加工国内尚未普遍推广，但在国外已是加工的基本要求。

6.2.1　切割工序的意义与工艺要求

　　切割工序的意义在于：切割是蒸压加气混凝土制品外形尺寸形成的加工工序。蒸压加气混凝土成品外形尺寸的可变动范围，取决于切割工艺的适应能力，其外形尺寸的准确程度，取决于切割工序的设备性能和工作质量，切割工作过程对制品外形尺寸的影响不仅是决定性的，也是一次性的，因此切割是产品外观质量极其重要的工序。切割工序同时还可以完成对蒸压加气混凝土制品的外部形状加工，如铣槽、刮边、铣侧平面、倒角或板材大面的特种表面处理等。切割工序还影响上道工序浇注工序和下道工序蒸压养护工序的生产效率及成本支出，切割工序时间节拍掌握，也影响模具的周转和蒸压养护的入釜编组。紧凑的切割时间既不致坯体过长时间的停留，避免了坯体失水及模具底板的使用效率，也保证了釜的利用效率及蒸汽的合理使用（倒汽），从而保证了产量、质量和成本控制。

为了实现良好的外形尺寸，蒸压加气混凝土在切割过程中，要借助于一定的切割工具，并且必须满足一定的要求：

1. 切割尺寸的灵活性

蒸压加气混凝土切割工具完成切割的灵活性是指可进行切割的最大和最小的尺寸范围及其变动的最小间隔，以及在特殊要求情况下，可能采取的临时性变通措施。最基本的要求是按国家标准 GB/T 11968—2020《蒸压加气混凝土砌块》和 GB/T 15762—2020《蒸压加气混凝土板》所载明的多种规格要求，并尽可能地满足当地建筑部门所要求的常用规格及习惯尺寸。

2. 切割尺寸的精确性

蒸压加气混凝土制品的切割尺寸，直接影响到建筑施工速度和效率及施工方法。目前，国内建筑的特点还主要是用混合砂浆砌筑，这对蒸压加气混凝土制品的尺寸要求不是很高，但是过大的尺寸偏差（特别是正负偏差同时存在时）对施工的不利影响很大。如墙与柱的连接及墙面抹灰，不仅直接影响了施工效率和材料耗量，更影响砌筑质量。国外及国内先进地区（如江浙沪和京津地区）蒸压加气混凝土施工，多已进入薄层砂浆（蒸压加气混凝土专用砂浆）砌筑、胶泥黏结、组合拼装及以直接装饰阶段。墙体以薄层专用砂浆砌筑，板材与结构梁柱的组装采用结构胶黏结，墙面不打底而直接进行装饰，这就对制品提出了更高的要求。在德国，砌筑灰缝的要求为0.8mm；在国内已提出3mm的要求。显然，蒸压加气混凝土制品的切割精度目标为小于1.5mm。另外，尺寸偏差大的制品，由于连接缝隙的热桥作用会影响建筑物的质量和功能。对于板材来说，尺寸的误差，更易带来施工安装的不便并影响建筑质量。因此，切割尺寸的精度是蒸压加气混凝土坯体切割工具的又一基本要求。

3. 制品的外观

在传统施工方法中，蒸压加气混凝土的外观仅与美观有关联，一般小的缺棱掉角、鱼鳞面、波浪面等，都可在粉刷以后得到弥补。但随着蒸压加气混凝土的发展，特别是当蒸压加气混凝土应用于自保温体系时，必然对外观提出更高的要求，以满足薄层专用砂浆的精确砌筑和墙面的直接装饰；一些项目因功能需要，对墙面不得做任何处理，包括饰面涂料及修补都不做，这就要求蒸压加气混凝土砌块或板除了色泽以外，对尺寸精度和外观更是异常严苛。

4. 切割工具的生产能力

切割工序不仅要完成对坯体的外形加工，还要保证前后工序的正常运转，实现企业的生产能力。因此，切割工具必须达到一定的生产能力。这一能力包含切割的成品率，也应扣除基本的维修和更换切割钢丝的时间。

5. 功能完善

功能完善主要指是否满足标准规范要求的对制品最基本的加工，特别是满足六面切割的要求；同时，用于板材切割时，还必须具有铣槽功能；国外更有体现人性化的掏挖手抓孔功能，配合数据管理的钢丝受力检测功能。现在，随着企业要求的提高，切割机还具备了补切和清洁功能。

此外，切割工具操作简单，运行稳定，故障率低，维修方便，对坯体同时有其他外形加工能力以及对坯体的损伤程度也都是最基本的要求。

6.2.2 切割的工艺类型

根据蒸压加气混凝土坯体切割的基本要求，在设想完成切割的方式所必须考虑的是经济性和合理性。因此，目前不管哪种方式切割都是采用钢丝完成，而各种切割方式，乃至各种专利技术的切割机，也都是围绕钢丝如何切割坯体、坯体如何与模具底板分离来展开。切割方式比较通俗的划分为：预铺钢丝切割、钢丝压入切割和坯体与底板分离后再以钢丝切割。在设计具体的切割方式时，往往是以上三种基本方式的组合。

1. 预铺钢丝切割

预铺钢丝切割是预先按要求将切割钢丝铺设在模具底板或切割台上，待坯体成型后移到切割台上，将钢丝以一定的方法从下向上拉出而完成切割。过去我国许多小型蒸压加气混凝土厂采用的人工切割属前一种，而后一种可以看出已经是复合方式，国产的预铺钢丝卷切式（杨浦式）和预铺钢丝提拉式（北京、常州式）的纵切，包括艾尔科瑞特的横切，都属后一种。其中，切割前已经完成了坯体与底板的分离。

2. 钢丝压入切割

压入式切割是将钢丝自上而下（或坯体自下而上）压入坯体达到分割坯体的目的，这是实现切割的最简单的方式。但是，其存在着中间部位的坯体难以切透的问题。钢丝长度使切割坯体的宽度和长度受到一定限制，司梯玛切割机是典型的压入钢丝切割方式，另外，预铺钢丝提拉式（北京、常州式）的横切、国产翻转式切割机的横切、伊通的横切、乌尼泊尔的横切等也都是压入钢丝切割。

3. 坯体与底板分离后再以钢丝切割

这是所有切割机中运用最多的切割方式，坯体与底板分离方式很多，并且都有一个共同的特点，就是能进行大体积坯体的切割。通常，分离坯体与底板的方式有：底板由若干块小块组成，逐块分离以便钢丝通过而完成切割（西波列克斯切割机）；以负压吸吊（连模框）坯体至预铺钢丝的切割机（杨浦式）上或在可以通过钢丝的切割台的切割机（海波尔）上完成切割；以夹具夹起坯体移至可以通过钢丝的切割台（底板）的切割机上（威翰Ⅰ、艾尔科瑞特的横切）完成切割；将坯体翻转90°并移开底板进行切割（国产地面翻转切割机、伊通切割机和威翰Ⅱ型切割机等）等。南京旭建新型建材股份有限公司的西波列克斯切割机则将坯体夹起后进行横切，并在输送带移动中完成纵切，艾尔科瑞特的纵切则于坯体行进中完成。

6.2.3 切割机的工作原理及工艺特点

国内外蒸压加气混凝土企业使用的切割机种类较多，并且所采用的切割方法也各不相同，操作控制方法有简单的分步手控，也有电脑程序联动。国内采用的切割机列于表 6-1。

表 6-1 国内切割机的类型

品牌	生产国家	切割方式	启用时间	配套设备特点		
				模具	运模装备	运坯方式
西波列克斯 SIPOREX	瑞典	Ⅰ钢丝运动，底板逐块让开；Ⅱ夹坯横切，移动纵切	1967年 1997年	组合模具和底板组合养护底板	桥式起重机推车机构	模具和底板组合底板
伊通 YTONG	德国	坯体空中翻转脱模；侧立切割、侧立入釜	1997年	模具由侧板及整体底板模框组成	专用吊机	侧板
天元 TEEYER	中国	坯体空中翻转脱模 侧立切割、侧立入釜	1996年	模具由侧板及整体底板模框组成	专用吊机	侧板
新新铭丰 科达·新铭丰 KEDA SureMaker	中国	坯体空中翻转脱模；侧立切割、侧立入釜	2002年 2009年	模具由侧板及整体底板模框组成	专用吊机	侧板
海波尔 HEBEL	罗马尼亚	负压吸吊，带槽切割台	1983年	整底板，整模框	桥式起重	栅式底板
东岳 Donyue	中国	坯体空中翻转脱模；侧立切割、侧立入釜	2010年	模具由侧板及整体底板模框组成	专用吊机	侧板
JIIQ-3.9 长杆式	中国	负压吸吊，带槽切割台	1987年	整底板，整模框	桥式起重机	栅式底板
乌尼泊尔 UNIPOL	波兰	组合底板，带槽切割台	1983年	模框与箅式底板组合	辊道	箅式底板
6m-10A 4m地翻	中国	坯体地面翻转切割	1973年 1996年	整底板，活模框	桥式起重机	原底板
预铺钢丝卷切式	中国	负压吸吊，预铺钢丝，卷绕收紧钢丝	1978年	整底板，整模框	桥式起重机	原底板
预铺钢丝提拉式	中国	负压吸吊，预铺钢丝，提升收紧钢丝	1983年	整底板，整模框	桥式起重机	原底板
司梯玛 STEMA	德国 中国	压入钢丝切割	1987年 1994年	整底板，整模框	专用推车	原底板
道斯腾 DORSTENER	德国	坯体空中翻转脱模；侧立切割、侧立入釜	1990年	模具由侧板及整体底板模框组成	专用吊机	侧板

品牌	生产国家	切割方式	启用时间	配套设备特点		
				模具	运模装备	运坯方式
威翰 WEHRHAHN	德国	Ⅰ夹运坯体,带槽切割台; Ⅱ地面翻转,移动纵切	1993年 2006年	组合模具	专用吊运装置	栅式底板侧板
赫滕 HETTEN	德国	坯体空中翻转脱模; 侧立切割、侧立入釜	2001年	模具由侧板及整体底板模框组成	专用吊机	侧板
玛莎 MASA	德国	坯体空中翻转脱模; 侧立切割、侧立入釜	2015年	模具由侧板及整体底板模框组成	专用吊机	侧板
艾尔科瑞特 AIRCETE	荷兰	夹运坯体,钢带组成切割台,两道移动纵切	2019年	组合模具	专用吊运装置	栅式底板

1. 西波列克斯切割机

西波列克斯切割机是原北京加气混凝土厂(现北京金隅加气混凝土有限责任公司)于1965年从瑞典西波列克斯公司引进的一种琴键式切割机,与带活动底板的组合式模具及带专用抓具的桥式起重机组成切割机组。其特点是所有切割动作都在切割机上完成,结构比较复杂,制品切割完后仍然将模具合上,带模入釜养护,外部配套设备简单。由于制品带模养护,模具使用数量多,耗钢量大,能耗也较高。切割机能力为5~7模/h,模具尺寸:6000mm×1540mm×650mm。

切割机的工作原理是:待切割的蒸压加气混凝土坯体连模具一起由桥式起重机吊至拆模提升架,由拆模提升架将模具平稳地落在切割台上,打开模具侧板的紧固螺栓,使模具四框与底板和坯体分离,然后把模框升起;坯体由24块活底板托着落在切割台上;此时,纵向切割车启动开始纵向切割,同时,纵向切割进口支撑架和纵向切割出口支撑架抵住坯体,当挂有垂直的纵切钢丝的纵向切割车进行纵切时,24块活动底板便与切割台联动,逐块下降让过小车后再复位,以便切割钢丝通过分割坯体;纵切的同时,纵向切割车上的螺旋铰刀完成面包头的切除;纵切完成后,横向切割支撑架抵住坯体,横向切割车启动进行横切,横切的钢丝从24块底板的缝隙中通过;完成切割后,载有模框的拆模提升架落下,重新合模于已切割的坯体上,待吊起已切割坯体后,切割机各部分复位,等待下一次工作。南京旭建新型建材有限公司引进的西波列克斯改进型切割机组,采用的是将坯体夹起完成横切,然后再将坯体置于纵切输送带上,在坯体推进行走时完成纵切,完成纵切的坯体改由可作履带式运动的养护底板支承并再吊运码坯。

2. 伊通切割机

伊通切割机(国产机型称为分步式空中翻转型)是由纵向切割装置、横向切割装置在不同的工位分别完成切割的一种分步式切割机,与翻转吊具、专用组合模具及分掰机等组成伊通技术。在切割过程中,由坯体移动中分别完成切割的各道工序,下道工序不占上道工序的位置,当前一模制品离开第一道工序后,第二模又开始了第一道工序,整个切割过程是流水作业。该机型结构简单,产量较高;因切割过程是以坯体侧立状态进行，坯体可进行六面切割和铣槽等多种加工。产品质量较高，可充分满足现代建筑需要，该切割机可同时进行砌块与板的生产。生产能力：8～10 模/h，模具尺寸：6000mm×1200mm×650mm。

坯体的切割程序：静停后的坯体由脱模翻转吊具在空中翻转 90°后脱模，脱模后的坯体连同底板（侧模板）一起落在切割车上，切割车载运坯体在移动的过程中先后完成铣削平面和榫槽、纵向切割，铣削后的废料落入废料输送槽中。

平面铣削装置有两种形式，一种是钢丝切割式，一种是旋转铣削式（两根带有铣削刀具的旋转轴）。平面铣削装置和榫槽铣削装置可以根据需要"进刀"或"退刀"，这对于在同一坯体内既有板材又有砌块的加工是非常方便的。调整平面铣削机构的"进刀"尺寸，可以得到不同宽度的板材或不同长度的砌块。

在同一坯体内，要求板材与砌块的厚度不一致时，在水平（纵切）切割前需要将坯体在过渡处加工出退换刀（钢丝）槽，退换刀（钢丝）槽由掏空装置加工，掏空装置是由螺旋铣刀或两根不平行钢丝构成，当坯体需要掏空时，切割车作一停留，掏空装置自上向下完成动作，掏空宽度为 200mm，以便于退换刀（钢丝）进行水平钢丝切割（纵切）。

当全部完成铣削平面和榫槽、纵切后，切割车继续前进至横切装置下停止，终端位置的液压支座升起，将坯体托起，切割车可立即返回始端。此时横切装置对坯体进行横向切割，安装在横切架上的钢丝摆动着由上至下完成切割（原北京加气混凝土厂引进道斯腾的横切为铡刀式，上海伊通二期采用坯体抬升切割方式），切割完毕待横切装置复位，坯体由另一小车承载并送到吊运工位，由吊具吊走坯体进行编组入釜养护。

与伊通切割机相配套的设备主要有：

模具：模具由一块活动侧板与三面边框加底板的箱体构成。模具上装有活动侧板自动锁紧装置和翻转轴销（在端板上），以便于装拆模和模具翻转。

脱模翻转吊具：该吊具的作用是在吊运的同时，完成坯体的翻转及装拆模，翻转与装拆模的动作由吊具上的液压站和工作油缸完成。

分掰机：由于伊通技术是把坯体翻转 90°后，纵切以水平切割形式完成。切割后坯体不再翻回，因此，蒸压养护时，坯体仍一块一块叠在一起，易造成粘连，分掰机就是用以掰开粘连制品的工具。

蒸养车：由于伊通切割机切割后，坯体以侧立状入釜养护，在进行码坯时，蒸养车总是于一边先受力。因此，该蒸养车与一般小车不同，在四角处设有触地支承腿，在码坯时使其支于地面，防止倾翻。

伊通切割机是在不断吸收各种切割机的优点后加以完善的机型，也是当今国际上比较先进的一种机型。我国于 1990 年由原北京加气混凝土厂引进（德国道斯腾仿制型），代替原来的西波列克斯切割机，从运行情况看效果较好，可实现全自动控制。上海伊通有限公司 1996 年引入了伊通原型机。中国新型建筑材料公司常州建材研究设计所和北京建都设计研究院先后根据道斯腾原理和伊通原型机实例，结合国内实际，简化了一些功能，使之更适合国情，同时降低造价，设计并最早由江苏天元智能装备股份有限公司制造了适合 10 万～30 万 m³/年规模的（包括坯体行走式和切割机构行走式、模具自行和辊道输送与摩擦轮输送）4.2m、4.8m 和 6m 等系列分步式空中翻转切割机，同时配套开发了去底翻转装置，并以液压输送机构代替行车输送。现已装备了北京金隅、镇江闽乐、烟台宏源、上海宇山红和合肥六方等。

2009 年，芜湖科达新铭丰机电有限公司结合我国蒸压加气混凝土的发展要求，在 2002 年武汉新新铭丰建材技术开发有限公司完成的分步式空翻切割机的基础上，大量吸收国内外新技术，融入企业对装备的最新要求，进行了集成创新和二次创新，开发了具有较高自动化水平的空中翻转分步式切割机系列装备，使生产线在自动化程度上可以与进口线媲美，在产出蒸压加气混凝土产品质量及质量稳定性上有了很大提高，成为引进设备的替代产品，满足了行业发展的需要。我国知名企业北京金隅加气混凝土有限责任公司和武汉春笋新型墙体材料有限公司、新兴企业温州弘正节能墙材有限公司和新疆恒泰百联新材料科技有限公司成为该装备的典型用户。

目前，分步式空中翻转切割机组及配套技术，因为其切割精度高、产量大、操作维修方便等优势，已经成为我国蒸压加气混凝土行业的主要技术，因此从事该机型制造的企业也日益增多，改型设计普遍。保证分步式空中翻转切割机切割精度的最主要特征是：纵切钢丝挂线柱间距应在 600mm 以上；横切架由经过精密加工的四根导向柱控制升降；切割小车在精密加工的轨道上行走，其牵引方式是齿条传动或者有支撑链条传动。

3. 海波尔切割机

海波尔切割机是我国于 20 世纪 80 年代初从罗马尼亚引进，并先后在天津、上海和哈尔滨配备了三套，其中两套采用负压吸吊方式吊运坯体，而另一套（哈尔滨）则采用夹具吊运坯体，因海波尔切割机的纵切钢丝靠长杆牵拉，因此，又称为长杆式切割机。生产能力 5～6 模/h；模具尺寸：6000mm×1500mm×6500mm。

切割机的工作原理是：切割台是由许多"T"形块组成，块与块之间的缝隙，其宽度方向可通过养护栅式底板，长度方向可穿过送钢丝的长杆；切割前预先铺好蒸压养护底板，预置横切和纵切钢丝。当负压吊具将坯体（脱去底板）带模吊至切割台，并脱去模框（若采用夹坯式，则直接将坯体夹在切割台上），横切钢丝由下向上摆动完成切割，然后由切割小车完成纵切、水平切割和面包头切割，完成切割的坯体由蒸压养护栅式底板托起并码坯。

海波尔的主要配套设备有：模具（包括模框和底板）采用负压吸吊，使用固定模框（采用夹坯式，则模框可松开）；底板专门用于浇注静停，采用定点浇注，则底板带行走装置。为了能与切割台配合，在切割完毕后托走坯体，养护栅式底板与切割台都做成间隔状，因此，该工艺采用专用的养护栅式底板。一种吊具为带负压风机的负压吊具，以吸吊坯体；另一种则为液压驱动夹臂的夹坯吊具。

我国专门组织了专家对海波尔切割机组测绘翻版，该工作由中国新型建筑材料公司常州建材研究设计所和中国建筑东北设计院等承担。样机曾提供给原上海硅酸盐制品厂使用。后东北院在此基础上设计并由陕西省玻璃纤维机械制造厂制造了 JHQ-3.9 系列切割机。

4. 乌尼泊尔切割机

我国的三套乌尼泊尔切割机组，是20世纪80年代初从波兰引进的，其生产能力为7～8模/h，分别装备于北京、杭州和齐齐哈尔的企业。乌尼泊尔切割机采用分离坯体底板的原理是，浇注底板由2组箅板组成，坯体成型后，以其中1组箅板托运坯体至切割机上完成切割。

乌尼泊尔切割机也是一种长杆式切割机，切割的原理是：浇注成型的坯体在辊道上完成静停硬化，并由辊道输送至切割机前，由抽装底板装置松开箅式底板并抽走活动箅式底板，由脱模吊车送至切割台上并脱去模框。纵切的原理和动作与海波尔相似，而横切则是由横切装置自上而下完成。横切钢丝为φ1.2mm钢丝上间隔缠绕的φ0.4mm细钢丝构成。在进行横切时，钢丝来回摆动；切割完毕的坯体仍推到输送辊道上，然后吸走面包头。乌尼泊尔切割工艺的一大特点是，整个生产工艺都是在地面行走，很少采用吊车输送。

乌尼泊尔的配套设备有辊道（坯体从浇注到切割完毕均由辊道输送）、带斜度的固定模框和箅式底板组成的模具、底板抽装机（其作用是从待切割的带坯体模具中抽出活动箅式底板，并进行清理、润滑，然后装入待组模的固定箅式底板中）、脱模吊车（用于脱去模框）、真空吸罩（用于吸走坯体的面包头和两端的余料）。

5. 司梯玛切割机

司梯玛切割机是1984年原南通硅酸盐制品厂（现南通支云硅酸盐制品有限公司）从德国引进的二手设备，原为丹麦技术，其切割原理与求劳克斯相似，该切割机将所有切割动作分步完成。因此，机械结构简单可靠，且全部采用地面行走，无须行车吊运，但因坯体与底板始终不分离，钢丝必须由上而下完成切割，因此，采用的是2.1m×1.24m的小模具，因此带来了不能生产板材的不足；然而，也因坯体与底板始终不分离，使坯体受到的损伤最小。切割机正常工作时为连续作业，每个动作都与步进行走装置联动，完成时间约为5～6min。因每个动作都同时在不同的坯体上分步完成，因而，切割机的切割周期也为5～6min。

司梯玛切割机组分脱模、横切与水平切、纵切和真空吸罩四个单元组成。国产化后又增加了码架装置。其切割过程是：成型后的坯体经模车顶推装置送入脱模机构脱模，脱去的模框放置于预先就位的模车；脱去模框的坯体由模车顶推装置送入横向及水平切割机构，并于送入过程中完成水平切割，进入机构的坯体经定位后由切割框架自上而下完成切割，切割时钢丝来回摆动，切割完毕，切割架自行复位；横切完毕的坯体由模车顶推装置送入纵向切割机构，纵切钢丝间隔错动，仍为由上而下完成切割；完成纵切后的坯体进入真空吸罩，吸去坯体上的面包头，吸下的面包头送入该机构下的废浆搅拌机制浆，并输送回配料系统；最后码架机构完成码坯。

司梯玛切割机的配套设备主要有：模具（包括模框、底板）小车和液压站（提供切割机及地面行走模具顶推装置的液压动力）。

司梯玛切割机的翻版工作由中国新型建筑材料公司常州建材研究设计所承担，最早由湖北松木坪电厂制造。翻版设备先后在甘肃兰州及江苏常熟等厂家应用。

6. 威翰切割机

威翰是德国的又一建材设备制造商，南京建通墙体材料公司于 20 世纪 90 年代引进了威翰Ⅰ型（WEHRHAHN Ⅰ）二手切割机，生产能力为年产 10 万 m³，其原理是：浇注成型的坯体完成静停后，开启模具由夹坯装置将坯体夹至切割机上，并改由以箅条式养护底板支承，横切装置自上而下完成横切；完成横切后，坯体被送入纵切装置，纵切钢丝通过养护底板的缝隙完成对坯体的纵切，该机的特点是，生产线全为地面作业而不用行车，模具为可以开启的五面联体式，但因采用夹坯式吊运和箅条式底板养护，易对坯体造成破坏。浙江开元新型墙体材料有限公司 2006 年引进的威翰Ⅱ型，则已参照伊通技术，采用了脱模翻转切割、侧立养护工艺，与伊通的区别为沿用了威翰特有的四面开启式模框，以保持便于模具自动化清理的优点；面包头和底面切割从纵切机构中分出，采用翻转机构单独工作，以便于废料的集中收集，其他工位的废料较少，坯体行走地沟实现了封闭结构；完成切割后，再对坯体进行二次90°翻转，以除去底部余料。威翰技术保持了四面开启式模具的自动清理技术，吸收了伊通翻转切割、侧立养护方式，创新了翻转去底技术，实现了无硬废料生产。新的威翰 60 型，则在翻转去底以后不再翻回而保留坯体平卧方式。

7. 艾尔科瑞特切割机

艾尔科瑞特（AIRCETE）是荷兰推出的蒸压加气混凝土技术。我国引进的艾尔科瑞特工艺设备是在威翰Ⅰ型的基础上形成的一种工艺技术。该技术保持四面开启式模具和坯体夹运方式，模具尺寸 6.20m×1.58m×0.72m，底板则改为 4mm 厚钢片组合式，代替矩形钢管组合式。切割时首先由机构将 4mm 厚钢片组合式底板送至切割机，横切机构向下移动，预铺好横切钢丝；然后由专用的坯体夹具将待切坯体夹放至切割机已经就位的组合式底板上；横切机构启动上升，带动预铺的钢丝向上提拉以进行横切；纵切则在坯体移动中通过切割门架完成。纵切钢丝分前后两道，后一道钢丝直径大于前一道，前道钢丝完成切割，而后道钢丝则起拉光作用，以实现高光洁制品的生产；完成纵切后的坯体继续向前移动至下一工位，由负压吸罩吸除顶部废料（俗称面包头），坯体再前行至下一吊运码坯工位，并在行走中由另一负压器吸除残留的废料，然后进行码坯编组，等待入釜。该技术的特点是，模具四面打开以便于机械化清理涂油；底板由 4mm 厚钢片组成并可任意调整切割尺寸，使板材的切割厚度可以达到最小仅 37mm；钢片组合式底板还能完成坯体分辦，以避免成品分辦消耗功率大，废品率高的不足。艾尔科瑞特是一种辊道行走、坯体卧式切割、卧式入釜养护的工艺。

8. 6m-10A 翻转式切割机

6m-10A 翻转式切割机（俗称地翻式）是由中国建筑东北设计院设计，陕西省玻璃纤维机械制造厂制造，早期在国内应用较多的一种机型，设计生产能力为 10 万 m³/年。配套模具规格为 6000mm×1500mm×640mm。6m-10A 翻转式切割机由翻转台、拆模装置、水平切割车、垂直切割装置、废料回收装置和水平支撑组成。其工作原理是，待切割的坯体连同底板、模框用专用吊具吊放在切割机的翻转台上，拆模装置运行至坯体就位处进行脱模，脱下模框稍加清理后到回模车上进行合模；脱掉模框的坯体连同底板，在翻转台上做水平移动，并使坯体的一个侧面靠紧翻转台上的小滑车，坯体翻转90°，小滑车水平移动，使坯体脱离底板，并运送到切割位置，启动水平切割车，挂在水平切割车上的钢丝对制品完成水平切割（纵切），同时完成面包头切割；启动垂直切割装置，由该装置上的钢丝自上而下完成对坯体的切割，然而钢丝仍沿原切割缝返回，至停止，即完成垂直切割（横切）；切割完的坯体，又重新返回到翻转台上的起始位置，靠上底板，并回翻90°，坯体即可由吊车吊运码坯，准备养护；切割机工作时，废料回收装置启动，将切割下的废料（主要是面包头）经打碎后输送到料浆罐。

6m-10A翻转式切割机，是我国自行开发比较成功的一种机型。设计生产能力为10万 m³/年，实际最大生产能力达20万 m³/年，装备该切割机的企业均为行业中的骨干企业。为满足市场需要，中国农房西北公司首先在张掖推出了4m机型，目前已推出了该机的改进型，规格有4200mm×1200mm×640mm等多种型号。但该机型也存在致命弱点，即自动化程度和切割精度难以提高，如果没有较大的技术改进，难以满足行业进步的要求。

9. 预铺钢丝卷切式切割机

预铺钢丝卷切式切割机是20世纪70年代由华东新型建材厂（当时为上海杨浦煤渣砖厂，故该切割机又称为杨浦式切割机）研制、后经数次改进完善的一种机型，一般适合用于5万 m³/年规模的企业，其配套模具长度为4m，宽度有1m、1.2m和1.5m。

该切割机是采用预先铺设钢丝的原理完成切割的机型，由切割台、切割机架、螺旋铣刀、纵向切割车、横切翻转架等组成，与其配套的还有负压吊具。进行切割时，应先将养护底板吊放在切割台上；横切翻转架落下至最低位置，同时将半圆轮复位，这样就将一组横切钢丝预铺在蒸养底板上；启动纵向切割小车，将上一切割周期结束时的切割小车返回，钢丝卷筒反转放松完成布丝，当切割小车行至终点时，切割钢丝不接触底板而成一倾斜直线；用负压吊具将坯体连同整体模框吊运至预放底板及预铺钢丝的切割台上，在坯体下降过程中，模框压住倾斜的纵切钢丝至贴住底板，以完成纵切钢丝的最终预铺，然后脱去模框；启动纵切支撑和纵切小车，使支撑抵紧坯体，纵切小车行走进行纵向切割；同时，启动螺旋铣刀进行面包头切割，在纵切小车行走进行切割时，钢丝卷筒将自动收卷钢丝，纵切小车到达尽头，开动钢丝卷筒，将坯体内的剩余钢丝卷出，以此完成纵向切割；启动横切支撑抵紧坯体，启动横切翻转架，使坯体被横切翻转架上的钢丝切割，切割时，钢丝亦靠钢丝卷筒收卷以完成横切，最后由吊车吊运码坯，准备入釜。

该切割机结构紧凑，工艺简单，比较适合小型企业使用。但因切割钢丝过长，张紧程度较难控制，因此，切割精度难以保证。

10. 预铺钢丝提拉式切割机

预铺钢丝提拉式切割机也是一种预铺钢丝式切割机，为与前一种（杨浦式）区别开，根据其纵切钢丝的切割过程，称为预铺钢丝提拉式切割机，该切割机由原北京市建材工业设计所（现北京建都设计研究院）设计，常州建材设备制造厂制造，生产能力为6～7模/h。

预铺钢丝提拉式切割机由切割台、车架、横切机构、导向机构、轨道及铰刀等组成。切割之前（上一模完成切割之后），先将养护底板吊放在切割台上，然后将车架开回到切割起始位置，放下车架上的纵切钢丝横梁，使纵切钢丝预铺在底板上，然后放下横切机构，也使横切钢丝预铺在底板上；以负压吊具吊起模框与坯体（负压吊启动负压），使其与底板分离，并移至切割机上，负压吊具开启正压，脱去模框；启动横切机构，对坯体自下而上完成横向切割；提拉纵切钢丝横梁，使纵切钢丝一端于坯体上部（另一端始终在坯体底部）而成斜线状；启动车架，使斜线状纵切钢丝向前移动进行切割。同时，启动铰刀，进行面包头的铣切，在车架行走的同时，布置于车架上的水平切割钢丝完成对坯体的水平切割；车架行走至终止位置，即完成纵切，由吊车连同底板吊起坯体进行码坯，准备入釜，切割机则可进行下轮切割。

预铺钢丝提拉式切割机由于采用了预铺钢丝的方法，使切割台部分大大简化，因而简化了切割机的总体结构，但由于该机采用先横切，再纵切，且纵切钢丝成斜线状向前推移，使制品上部棱角容易破损，另外，纵切钢丝过长，对切割精度也有不利影响。

6.2.4 手工切割

过去，手工切割也是作为生产工艺采用的一种切割方式。手工切割的方法主要有三种，即模内切割、脱模后切割和起吊切割，都是以手工拉动钢丝完成切割，而起吊切割仅是将横切钢丝挂在模具上，靠行车起吊脱模时拉动切割钢丝完成切割。手工切割的特点是切割精度没有保证，虽在过去曾被广泛运用，终因切割精度太差并且劳动强度大而被淘汰。

有一种装在摆渡车上（或地面），以四根立柱支撑横梁，靠电动葫芦提升模框（模框上预先装有切割钢丝）对坯体进行切割的"多功能切割机"，其实和手工切割一样，这里也归为手工切割，现在也已经被淘汰。

目前，我国国产切割机已基本定型于分步式空中翻转型。空翻切割机切割精度高、维护保养方便且成本较低、运行稳定可靠、自动化程度高、全套设备用钢量少而广受欢迎；而地翻切割机则配套简单，在我国应用历史较长，曾拥有许多用户，但今天已经不适合市场的要求。国产的其他机型（包括翻版仿制机型）虽然已经退出历史舞台，但为我国蒸压加气混凝土装备积累了大量的经验，其中最具代表性的技术即为地面去底翻转台，为今天的成就打下了坚实的基础。

对切割机的一般要求主要有：

切割精度：高度和宽度方向（横切与纵切）小于 1mm，长度方向（底面与面包头）小于 3mm；切割后外观合格率 98%；切割钢丝（因断丝或拉伸等）更换率 0.5%；故障时间 2%。

6.3 坯体的损伤及防止

坯体的损伤，大多出现在切割前后。损伤出现的原因较多，工艺控制条件、切割机的机械性能、吊运过程的影响及操作人员的技能等，这些都将直接影响产品质量与产量。因此，控制并防止坯体损伤是蒸压加气混凝土生产的一大课题，本节着重讨论机械设备与操作造成的坯体损伤。

6.3.1 吊运脱模时的损伤

坯体成型以后进入切割工艺时，都必须经过一定距离的运送，吊运是采用较多的方法，也是极易造成坯体损伤的工艺过程。

1. 坯体的断裂

蒸压加气混凝土成型的模具都比较大，6m-10A 翻转式切割工艺模具长度为 6m，当起吊力量过猛时，过大的冲击荷载使模具（或底板）发生变形，或使坯体受到过大的振动，易造成坯体的断裂；一般地翻模具、底板的起吊抓孔有四至八个，在空模吊运中，操作人员因图省事，往往没有使吊钩钩住全部的起吊抓孔即行起吊，极易造成模具底板的变形，特别是结构刚度差或磨损锈蚀严重的模具底板，其变形更大，这是坯体断裂损伤的潜在因素，也是浇注时，模具漏浆的一大原因。在采用负压吊吸运时，由于坯体两端强度不匀，形成不均匀下滑，也易造成坯体的断裂。

空中翻转时，因坯体由大面支承改由侧面支承，翻转后的上部中间已受到较大的压应力，而此时若产生较大的振动（如较快地放置于切割支撑架，中部为承受拉应力），就极易造成断裂；空翻模具起吊点在两端，当翻转臂没有完全就位时起吊，极易使吊轴自行滑入翻转臂的起吊槽而产生冲击力，造成坯体损坏，甚至会因为模具滑落造成伤害事故；而当空翻模具制作刚度较弱，因两个翻转臂工作不同步，或采用单臂翻转时，会出现扭曲断裂。

2. 缺棱掉角

缺棱掉角主要是吊运脱模过程中，模具的晃动造成了棱角的损坏。这一现象以地翻脱模尤其严重。可采取设置脱模导向槽（杆）的措施予以弥补；当采用单钩起吊时，则应改为双钩起吊。

空翻模具脱模时，在大面与侧面或大面与顶面的角部较易引起掉角，这和坯体的弹塑性及模具内侧面的光洁度有关；侧面与顶面的角部（翻转后处于最上部）掉角，多与模具晃动有关。

3. 吊运过程中的其他缺陷

负压吸吊时坯体下滑，甚至滑落。设备上的原因是负压不够或负压吊与模框连接不密封，应检查负压风机、风管和密封条。工艺上的原因主要是坯体过软；采用夹运坯体方式时，对坯体强度均匀性要求更高，否则极易产生整模破损而报废；坯体大面积粘模（坯体粘贴在模底板上）则主要是原材料及工艺原因引起，避免坯体粘底应及时清洁底板，并涂上合适的隔离剂，如黏度较高的废机油或混凝土隔离剂；预养时应避免在模具底部加热；保证料浆搅拌均匀；避免浇注时料浆冲力过大而冲掉脱模剂。

4. 转钎裂纹

在板材生产时，坯体在切割前先要拔出固定钢筋网笼的钢钎，拔钎时需将钢钎转动使钎上限位销退至缺口。转钎的过程可能对坯体产生两种破坏情形。其一是，当坯体强度过高，转钎时的摩擦力可能造成钎孔开裂；其二是，当钢钎变形时，转动钢钎会推动钢筋网笼而破坏坯体。

6.3.2 切割时的损伤

1. 切割前坯体裂纹

切割前坯体出现裂纹，一般有两种情况，一种是当坯体由浇注底板换到养护底板或切割台，由前后底板、切割台的平整度差异而造成，应对底板或切割台进行校整；另一种是在坯体进行翻转切割时产生的裂纹，产生的原因或是坯体强度不均匀（通常是边角部分较软，而中部较硬或坯体温度过高），或是翻转时，产生扭曲，前者大多产生于原材料较差（如粉煤灰过细、石灰 A-CaO 含量低、消解温度过低）或气温较低时；而后者则是设备因素。当坯体温度过高，脱模时骤然增大了散热面而使坯体加大了散热量，致使坯体产生收缩，当坯体的塑性强度不能抵御收缩应力时会产生裂纹。

当设备制造质量较差，模具和底板不能很好密封，为防止浇注漏浆而以螺栓强行加强密封时，在坯体成型并失去弹性时松开螺栓，造成底板和模具恢复变形而引起坯体变形，从而产生坯体损伤。

2. 翻转切割时，纵切（水平切割）断裂

在进行翻转切割时，纵切变成了水平切割。由于切割缝的沉降量超过了坯体的极限变形值，引起坯体断裂。一般单根钢丝切割缝的沉降量约为钢丝直径的 0.9 倍。在没有支撑的情况下，水平沉降量超过 1.0mm 时，坯体就可能发生裂纹；在有支撑的情况下，水平沉降量超过 3.0mm 时坯体将可能断裂。因此，在选择水平切割钢丝时，应同时考虑钢丝的直径和同一垂直面内悬挂钢丝的数量，还要加强坯体两端的支撑。在新的空翻切割机上，水平钢丝已分成若干组进行切割，每组的距离（挂线柱的距离）应大于 600mm。当生产板材时，因板的长度较长，每组钢丝的距离应更大。部分地翻型切割机吸取了空翻型的钢丝挂法，有效地避免了这一缺陷。

同样，在坯体温度较高时，空翻型切割工艺中坯体完成纵切后，因坯体不仅增加了散热面，坯体的形状也成长条形，此时坯体会因散热后的收缩引力而引起裂纹。

3. 横向中部断裂

在地面翻转切割时，由于翻转角度的偏差，使底板和坯体不能准确达到 90°，在完成切割后，坯体则与水平面达到了 90°，此时，坯体不能完全靠上底板，翻回时必然有一侧因存在空隙，造成坯体冲向底板而使坯体断裂。出现此类损伤，应及时调整设备，保证动作准确到位。

4. 缺棱掉角

缺棱掉角是因切割机型号不同而情况各异，对于大多数切割机来说，缺棱掉角主要由于钢丝从坯体中离开时发生；若有支撑，因支撑不能抵紧坯体被钢丝崩坏；而对于预铺提拉式切割机，因其纵切钢丝是成斜线状向前推移完成切割，切割钢丝对于坯体的施力，可分解为水平方向和垂直方向。在完成横切面包头后进行纵切，坯体上部没有向下的支撑，因此，钢丝很容易导致制品的角部崩坏。空翻型因无纵切支撑，也

易出现端部崩角现象，这一现象常以提高坯体强度或预先人工倒角来避免，更宜从改变钢丝角度和钢丝进入坯体方向来解决。钢丝进入坯体应底部为先，顶部为后。另外，空翻切割机大面铣刀的角度，也是造成坯体掉角的因素，与行走面的角度不宜过大，或者采用分部铣面的方法，减小大面铣切的厚度，来降低损坏角部的尺寸，保证在横切时能切除角部损伤。

5. 表面鱼鳞状

在使用螺旋绞刀铣切面包头时，常因坯体过软或绞刀刀口黏结废料过多而将表面拉成鱼鳞状；而坯体过软，钢丝又较粗且粘有余料，也易造成鱼鳞状（钢丝造成的鱼鳞片虽然很小，但影响砌筑质量）。空翻型的大面铣切刀也会因坯体过软而造成鱼鳞状。

6. 双眼皮

双眼皮是指同一钢丝来回切出两道切割缝，这是因为坯体硬度不均，或坯体支撑存在位移，退出切割钢丝不能从原路返回而造成。主要发生于 6m-10A 翻转式（地翻）切割机的横切、乌尼泊尔的横切等切割钢丝需从原路返回的机型，且以端部最为常见。空翻型切割机也偶有双眼皮发生，主要是因为坯体支撑移动或钢丝定位失效所造成。空翻的横切（钢丝垂直运动）在向下运动时，因为坯体的阻力而处于绷紧状态，向上返回时钢丝没有坯体的阻力而处于松弛状态，如果气缸的行程不足以拉紧钢丝，钢丝极易偏离定位槽而"另辟蹊径"。一般可以通过提高坯体强度、拉紧切割钢丝、稳固切割台和保证静停温度的办法来避免钢丝与坯体的错动，从而避免双眼皮的发生。

7. 边缘塌落

切割后坯体平放，常发生边缘塌落，其原因主要是坯体边缘部分强度过低，切割后割断了与中部坯体的连接，难以独自承受自身的质量而造成塌落。一般可通过改善原材料状况或改善静停条件，以保证坯体强度均匀发展，避免边缘的塌落。

8. 尺寸偏差

尺寸偏差是切割过程中较常出现的缺陷，一般来说，有规律的尺寸偏差来自设备的系统误差，应通过对切割机的调试加以解决；而无规律的尺寸偏差，引起的原因较复杂，主要是切割机和坯体两个方面。在切割机上，较常见的原因是切割钢丝过松、张紧弹簧疲劳、张紧气缸磨损以及切割动作的传动部分出现故障等。在坯体方面，经常出现的原因是料浆搅拌不均、坯体强度不均、原料中含有较粗的颗粒和原料中含有过烧石灰或氧化镁等。

需要特别提出的是，在板材生产时，尺寸偏差还会造成钢筋偏离而影响结构性能，而板材钢筋的偏离在完成切割或出釜后不一定能发现。因此，控制板材的切割尺寸尤为重要。

6.3.3 切割后的损伤

坯体在切割后仍会造成损伤，其典型的损伤有如下几种：

1. 坍塌

坍塌的主要原因是坯体强度过低，在完成切割后的吊运过程中，经受不起晃动和振动。地翻型切割机由于底板变形，使切割后的坯体，在翻回时不能完全与底板接触而造成冲击和倾斜，使坯体受到损伤。

切割后的坯体，在牵引中会有倒塌发生，这一现象除坯体质量以外，牵引机运行的不稳定性是其诱因之一，这种现象在钢缆牵引或无依托链条牵引时更易发生。

2. 裂纹

有时，坯体在切割时并没有出现裂纹，但切割后却逐渐出现了裂纹，一般来说，这不是由切割所造成，而是由坯体温度过高引起的。因为，坯体温度过高时，切割缝增加了坯体的散热面积，大量的散热必然使坯体内部产生应力，当坯体的强度不能抵挡热应变时，自然会产生裂纹，这种裂纹还会出现在 600mm 方向的中部。避免这种热应变裂纹的方法是降低坯体内部温度（可从降低浇注温度或减少石灰用量着手），或者切割后对坯体进行适当的保温。

3. 酥松

切割后坯体出现酥松一般在完成蒸压养护后才能发现，但原因却出在切割后对坯体的管理上。当坯体完成切割后等待入釜的过程中，会大量散失掉水分，使水热合成反应不能正常进行。因此，在完成切割后，应尽快进釜；或在编组等待过程中采用釜前预养等，以避免水分大量散失。

对大多数生产企业来说，切割是蒸压加气混凝土生产中对外形尺寸的重要的一道加工工序，切割质量的好坏，直接影响产品的质量。就工艺而言，切割质量的主要影响因素是坯体质量，要求坯体强度均匀，硬化程度适中，但各企业情况有所不同，我们应该按照切割的要求，结合工艺特点，制订出适合各自企业的工艺规程来指导生产。

思 考 题

1　坯体为什么要静停？

2　试述坯体硬化过程中的缺陷及原因。

3　国内有哪几种切割机？基本的切割原理是什么？

4　切割时易出现哪些损伤？其原因是什么？

7　蒸压养护

蒸压养护是蒸压加气混凝土获得强度等物理力学性能的必要条件，是使制品实现水热合成的具体方式和手段，它不仅关系到制品性能的好坏，也关系到工厂生产效率的提高和能源的消耗。本章将着重讨论蒸压釜内的水热物理过程和蒸压加气混凝土的最佳蒸压养护制度及蒸压养护的主要工艺装备和操作。

7.1　蒸压养护的热物理过程

7.1.1　蒸压养护过程中的热传递

在蒸压釜内，当高压蒸汽送入后，蒸汽与坯体之间，蒸汽与釜体、蒸养车和底板等设备之间将进行一系列热交换，将蒸汽的热量传给坯体（包括与之接触的设备）。热量传递效率越高，坯体升温就越快，坯体内外达到均匀温度的时间越短。

蒸汽与坯体的热交换是从坯体的表面首先开始的。当高温蒸汽与坯体表面接触时被迅速冷却，同时释放出汽化热，蒸汽冷凝后在坯体表面形成水膜并充满外表气孔。这时，坯体表面首先被加热，逐渐形成坯体外层温度和湿度高于坯体内层温度和湿度的情形。在这种情况下，表层温度势必向较低的内部传递，较高温度的水分也将向内层渗透。这种传递和渗透直到坯体内外温度、湿度达到平衡为止。在坯体与模板接触的部分，热量的传递通过模板间接进行。由于没有和蒸汽直接接触的机会，也没有冷凝水由外向内的迁移运动，因而这部分坯体的温度增长将滞后于蒸汽直接接触的部分。当坯体内外各部分温度接近均衡，釜内蒸汽达到要求的温度时，升温过程即告结束，养护进入恒温阶段。

恒温的目的主要是使制品充分进行水热合成反应，生成足够的水化产物并达到必要的结晶度，使制品获得良好的性能；同时坯体中心部分少量尚未达到恒温温度的部分将在恒温阶段前期达到与外层一致的温度。在此期间，由于制品内部水热合成反应大量进行，放出较多的水化热，可能出现釜内温度再升高的现象（有时釜内压力升高0.1MPa）。

降温阶段的热交换与升温过程相反，由于釜内蒸汽的排出，气压下降，制品表面水分迅速汽化，吸收制品热量并随之带出釜外，坯体表面湿度和温度的降低，使制品内部的高温液体向表层迁移。釜内制品的温度就是在这样连续进行的水分迁移和不断汽化中降低温度。同样，由于模底板的阻隔，制品与模底板接触部分的降温过程将滞后于其他的部分。由于在降温的开始阶段制品的内部处于饱水状态，降温过程基本上靠水分的迁移和汽化完成，因而热交换较快，降温速度也较快；在后期，制品内部水

149

分已经大量减少，气泡内的空间逐步由高温液体变成蒸汽，水分迁移变慢，热交换速度随之降低。此时制品内外的热传导将主要靠温度差的作用，整个制品总的降温速度将明显低于前一阶段。这也是实际生产中常见的现象。

由于在整个蒸压养护过程中，热量在坯体内部的传递主要靠冷凝水的迁移和蒸汽的渗透来完成，所以蒸压加气混凝土坯体的透气性对坯体内部的传热具有较大的影响，表现为对坯体升温速度的影响。影响蒸压加气混凝土坯体透气性的因素主要是原材料的品种、配合比等，同品种的蒸压加气混凝土，其原材料的细度影响透气性。一般来说，从品种看透气性比较好的依次为水泥-矿渣-砂、水泥-石灰-砂和水泥-石灰-粉煤灰；而从细度看，则原材料细度过细，坯体的透气性显得较差，由此可知，砂的含泥量也对透气性有不利影响。

空气的传热效率大大低于蒸汽，蒸汽中含空气量越多，其含热量和放热系数也越低。所以，蒸压釜内含有空气，对热交换是一种阻碍。例如，在 $\phi2.85m\times26m$ 的蒸压釜内，当装满 12 个 $6m\times1.5m\times0.6m$ 的蒸压加气混凝土坯体时，除去坯体、蒸压养护底板和小车的体积后，尚有约 $100m^3$ 的自由空间，若不进行抽真空，釜内坯体经 3h 的升温达到 120℃ 左右，6.5h 才能达到温度均匀，而若进行 30min 抽真空，使釜内真空度达 $-0.06MPa$，则 1.5h 便可升温达 175℃ 以上，3h 左右可达到均匀恒温。这不仅因为含空气的蒸汽含热量和放热系数较低，还因为空气在坯体表面形成一层静止的薄膜，这层气膜的导热系数很小，它阻碍蒸汽向坯体的传热。根据气态方程，计算出这部分空气将使蒸汽压力下降 $0.06MPa$，气体和坯体的温度都将低于相应压力的饱和蒸汽温度。

另外，蒸汽经过热交换后形成的冷凝水也将吸收一部分热量，且冷凝水聚集在釜的底部，加之空气的密度大于蒸汽，造成了釜内上下部分的较大温度差，使釜内坯体处于不同的温度环境，影响蒸压养护效果。因此，生产中在升温的同时应及时排放过多的冷凝水。

7.1.2 蒸压养护的热平衡

蒸压养护过程中，釜内热量来源是饱和蒸汽，饱和蒸汽水汽平衡温度和压力见表 7-1。

表 7-1 饱和蒸汽水汽平衡温度和压力

压力 (MPa)	饱和温度 (℃)	饱和水密度 (kg/m³)	饱和汽密度 (kg/m³)	饱和水热焓 (kJ/kg)	饱和汽焓 (kJ/kg)	饱和水汽化热 (kJ/kg)
0.10	99.634	958.589	0.590	417.52	2675.14	2257.62
0.20	120.24	942.951	1.129	504.78	2706.53	2201.75
0.30	133.556	931.793	1.651	561.58	2725.26	2163.68
0.40	143.642	922.935	2.162	604.87	2738.49	2133.62
0.50	151.867	915.332	2.668	640.35	2748.59	2108.24
0.60	158.863	908.595	3.168	670.67	2756.66	2185.99

压力 (MPa)	饱和温度 (℃)	饱和水密度 (kg/m³)	饱和汽密度 (kg/m³)	饱和水热焓 (kJ/kg)	饱和汽焓 (kJ/kg)	饱和水汽化热 (kJ/kg)
0.70	164.983	902.609	3.666	697.32	2763.29	2065.97
0.80	170.415	896.861	4.162	720.94	2767.50	2046.50
0.90	175.358	891.822	4.655	742.64	2772.10	2029.50
1.00	179.884	886.997	5.147	762.61	2726.20	2013.60
1.05	182.015	884.721	5.392	772.03	2778.00	2005.90
1.10	184.067	882.535	5.638	781.13	2779.70	1998.50
1.15	186.048	880.359	5.883	789.92	2781.30	1991.30
1.20	187.963	878.272	6.127	798.43	2782.70	1984.30
1.25	189.814	876.271	6.372	806.69	2784.10	1977.40
1.30	191.609	874.279	6.617	814.70	2785.40	1970.70
1.35	193.386	872.372	6.858	822.67	2788.22	1965.55
1.40	195.078	870.398	7.103	830.24	2789.37	1959.13
1.45	196.725	868.508	7.346	837.62	2790.45	1952.83
1.50	198.327	866.701	7.592	844.82	2791.46	1946.64

蒸压加气混凝土蒸压养护时热量的消耗在以下几个方面：

①加热制品（坯体及所含水分）；②加热釜体；③加热模具（包括模底板及支承件）及蒸养车；④加热釜内残留空气；⑤加热釜内冷凝水；⑥釜体向空间散热；⑦釜内自由空间蒸汽的热量。

除以上几个方面的蒸汽消耗外，蒸汽的实际耗用量与采取的蒸压养护制度、燃料品种、气候条件、原材料品种和性质及蒸压釜的保温隔热措施等有关，T/CACA 0001—2020《蒸压加气混凝土单位产品能耗限额及计算方法》在大量统计的基础上，将各种情况下的生产能耗以系数加以修正。蒸压加气混凝土的水热反应是放热反应，理论上蒸压养护达到恒温时，蒸压釜的压力和温度不应降低，但实际上因釜体的散热及管、阀的泄漏，使恒温后的压力很难保持不变。JC/T 2275—2014《蒸压加气混凝土生产设计规范》对蒸压养护提出的能耗建议限制值为 26kgce/m³，T/CACA 0001—2020《蒸压加气混凝土单位产品能耗限额及计算方法》提出的可比产品热耗限定值，砌块小于 17.1kgce/m³，板材小于 20.5kgce/m³。

7.1.3 蒸压过程中的热膨胀

蒸压加气混凝土坯体在蒸压养护过程中都会因为温度的变化而发生体积膨胀和收缩。对密度为 500kg/m³ 的蒸压加气混凝土试件进行测量的结果表明，加热开始阶段试件相对变形增长较快，以后逐渐变缓。当温度上升到 100～110℃时，蒸压加气混凝土的变形大约是最大值的 70%，达 0.9～1.0mm/m。在恒温阶段，蒸压加气混凝土体积大体稳定。当蒸压釜内气压开始降低时，试件开始收缩，压力低于0.3MPa时收缩量最大。试件的蒸压膨胀值不会因降温而完全消失，其残余变形值约为0.12mm/m。制品的受热变形不是均匀的，在升温阶段，制品表面温度首先上升，因而其变形也早于制品内部。降温时则与此相反，制品内部温度下降的速度低于制品表面。由于温度分布的不均，导致制品各部分的不均匀热变形。当制品表层温度高于内部时，表层应力为压应力，而内部则为受拉；当制品表层温度低于内层时，表层为拉应力而内层则受压。制品有可能因为过大的温差应力而受到损坏。

在蒸压加气混凝土坯体中，除固体物质外，还有大量的液体和气体。当坯体受热时，液体和气体的膨胀系数要大得多（水是坯体的25～70倍，气体是坯体的300～350倍）。因此，当制品在升温及降温时，其内部压力（主要由于蒸汽和空气的膨胀与收缩产生）也将不同，但一般对制品不构成威胁，因为坯体或制品中的孔隙并不是完全封闭的。水分和空气混合物可以通过相通的毛细管孔移动或被挤出，内压差因此得以缓解。只有当制品强度过低或内压差增长过快时，才对制品有破坏作用。

制品固体组成物料的热膨胀主要取决于原材料的品种和数量。一般来说，使用石灰作原料组分时，制品蒸压膨胀值比不用石灰时的要大些。而在使用水泥为钙质材料的蒸压加气混凝土中，水泥是蒸压膨胀的主要因素。在硅质材料中，粉煤灰中的氧化钙也是造成坯体膨胀的因素。氧化钙含量过高时，形成的膨胀不会因降压冷却而使坯体恢复原样。

7.2 蒸压养护制度

蒸压养护制度是为了达到对坯体进行充分有效的养护而制定的有关温度、压力和时间的具体控制要求。要达到对坯体进行充分和合理的养护，使制品在较短的时间内获得需要的强度，而又最大限度地避免可能遭受的损害，就必须做到以下几点：

（1）提供良好的热载体（一般是适当压力的饱和蒸汽）。为了获得最大的有效热交换，应尽量避免蒸汽中携带液体水或使用过热蒸汽。

（2）创造良好的热交换环境。良好的热交换环境除了需要密闭的蒸压釜外，还要排出釜内自由空间中存留的空气。

（3）适当的加热速度。对坯体的加热速度取决于制品承受内应力的程度。坯体入釜强度高，抵抗内应力的能力强，升温就可适当加快，反之则应缓慢。

（4）足够的温度和保温时间。这是使坯体能在养护阶段充分完成水热反应，生成必需的水化产物，使制品具有实际使用所需的各项物理力学性能的条件。

（5）合理的降温。合理降温主要是保证降温过程的内应力不致对制品造成破坏及合适的时间以保证生产的最佳安排。

蒸压加气混凝土的种类较多，但蒸压养护的要求大体相同，主要包括抽真空、升温、恒温和降温四个阶段。

7.2.1 抽真空

我们已经知道，当蒸汽中混有一定的空气时，将大大地影响热交换。而且，釜内剩余空气的分压，使蒸汽压下降约 0.06MPa，同时，温度也有相应的下降。因此，蒸压加气混凝土的生产工艺中，蒸压养护都有抽真空的要求。在蒸压养护过程中，进行抽真空后，釜内空气大部分被排出，蒸汽与坯体的热交换效果得以改善。同时，由于釜内和制品气孔内的部分气体排出后形成的负压状态，在送汽升温时，蒸汽不仅在坯体表面冷凝和渗透，而且在坯体内部负压的作用下被坯体内层吸入，有利于把热量传送到坯体中部，使整个坯体温度迅速上升，缩短了升温时间，还有利于各部分温度的均匀，减小了升温时坯体内部的应力。抽真空还能抽去坯体多余的水分，有利于升温和降低养护能耗。

以水泥-石灰-砂蒸压加气混凝土为例，在不抽真空的釜内，送汽升温约 1h，釜内蒸汽达 130℃以上，坯体外层（约 10cm 处）温度才 100℃，而坯体内层（约 30cm 处）的温度还是原来的温度（约 60℃），这种坯体内层温度滞后现象，甚至可延续到恒温阶段以后数小时。而抽真空后，坯体内外温差则可减少 30～40℃。

抽真空的速度和真空度取决于坯体的透气性、坯体的硬化情况以及蒸压膨胀值。透气性好，入釜时坯体塑性强度较高，抽真空可以加快，真空度也可以提高（绝对值）；反之，则应缓慢，真空度也应稍低。但要求的真空度一般应不低于－0.04MPa，若低于此值时，热交换效果明显减弱，升温过程坯体内部温度滞后于表层温度的幅度增大，必须延长蒸压养护恒温时间，否则，坯体中部实际恒温时间不足，将影响制品质量。当真空度高于－0.07MPa 时，坯体内部水分会因为过高的真空度而过多地蒸发并在强大负压的作用下使切开的坯体重新粘连。根据大多数厂的生产实际，控制的合适的真空度为－0.06～－0.07MPa。不同真空度时坯体的升温情况如图 7-1 所示。

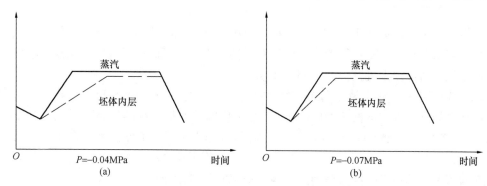

图 7-1　不同真空度时坯体的升温情况

抽真空的速度一般不宜太快，通常是用 30～50min 使釜内表压均匀地达到－0.06MPa，速度过快，也可能使坯体内外因过大的压差而受到损害。

有种说法认为抽真空后釜内温度升温缓慢。热釜抽真空后会损失釜体原有热量，会有升温缓慢的错觉，这个错觉主要来自我们只看到釜内空间温度，而不是釜内坯体中部的温度。而真正有意义的升温是坯体内部温度，抽真空后，坯体内部升温比不抽真空快。

7.2.2 升温

升温过程中，坯体内外层的温度差总是存在的，关键在于不要使这种温度差过大，以免造成制品结构的破坏。不同种类的蒸压加气混凝土升温要求略有不同。对于水泥-矿渣-砂蒸压加气混凝土，因其透气性较好，可以采用较快速度直线升温，一般升温时间约 100min，其中，前段可适当缓慢一些，以保证产品质量和安全生产。而水泥-石灰-砂蒸压加气混凝土，因透气性稍差（坯体内外层温差达 6℃/cm），升温时间需 120～180min，同样升温的后期可加快速度。水泥-石灰-粉煤灰蒸压加气混凝土，与水泥-石灰-砂蒸压加气混凝土相似，因为受到传热效率和透气性的影响，一般在生产中多采用比较缓慢的升温制度。其过程需 120～180h。但粉煤灰本身是一种具有一定活性的材料，在不太高的温度环境下就可与氢氧化钙发生反应，生成高碱的水化硅酸钙凝胶，这种高碱性水化产物逐渐包裹在粉煤灰颗粒表面，对在较高温度时生成低碱性水化产物托勃莫来石等起到了一定的阻碍作用，从而影响到制品的性能。

板材由于配有钢筋，升温时有更多的要求，比如坯体的强度比砌块高，坯体的入釜温度也比砌块高，切忌冷坯入釜，但升温梯度却应更加均匀。

二次升温法是在实践中总结的一种升温方法，是在升温过程中当釜内蒸汽压力达到 0.1MPa 时，先恒温 1h，然后再次升温，可以有效加快升温速度。在二次升温法的基础上，改成升至 0.1MPa 时作短暂的降压，将更有利于后期升温。因为这短暂的降压过程破坏了由于升温在坯体表面形成的水膜，并使水膜内外的平衡得以破坏，从而有利于蒸汽渗入坯体。

7.2.3 恒温

恒温是硅酸盐混凝土进行水热合成反应的阶段，此时的温度、压力与材料及产品的规格等密切相关，是蒸压加气混凝土获得物理力学性能的关键，反应在蒸压养护制度上，就是对恒温温度及恒温时间的要求。

实践证明，水泥-矿渣-砂蒸压加气混凝土在 200～213℃的温度范围内养护能够取得最好的强度。当温度低于 200℃时，制品强度随着养护温度的提高而增加。当温度超过 213℃时，强度不仅不增加，反而会降低。养护时间除了保证水热合成反应的充分进行，对各种水化产物的形成也有影响，并最终影响制品的性能。在整个养护时间不变的情况下，恒温温度（压力）越高，恒温时间可以越短，恒温温度比恒温时间对制品的性能有更大的影响。

水泥-石灰-砂蒸压加气混凝土，理论上其水热合成反应在 174.5℃以上都可以进行，不过，考虑到蒸压加气混凝土在釜内的传热特点，为保证制品的性能和企业的生产效率，世界各国都倾向于较高的恒温压力（即较高温度下恒温），使用压力一般为 1.0～1.2MPa（183～191℃）。若采用 1.1MPa 的养护压力，则养护恒温时间应不少于 4h，再加上升温过程的滞后时间（按 2.5h 计），则养护恒温时间应不少于 6.5h。

水泥-石灰-粉煤灰蒸压加气混凝土在恒温时的情况与前两种有相似之处，即各种压力下，均有一个最佳恒温时间，而且，随着压力的提高，最佳恒温时间相应缩短，一般采用的恒温压力为 0.8～1.3MPa，时间为 8～12h。但粉煤灰蒸压加气混凝土因主要原材料粉煤灰的特性，也有与砂蒸压加气混凝土不同的区别。蒸压养护制度对制品的干燥收缩、抗冻性、抗碳化性等耐久性指标影响很大，在相同养护压力下随着恒温时间延长，干燥收缩值降低，而压力过大（2.0MPa），并不有益于干燥收缩性能的改善；抗冻性的冻融强度损失与恒温时间密切相关，随着时间延长，其冻融强度损失减小，相反，压力提高（2.0MPa），其冻融强度损失反而增加；抗碳化性则随着压力和时间增加而提高。现在行业中一种扩大产量的方法是缩短养护时间，显然，缩短养护时间的同时，也对产品的性能构成了威胁。

恒温过程直接影响到制品的水热合成反应的进行，在生产中是一个关键的过程，必须提出的是，前面所述的恒压时间，均以坯体中部达到要求温度算起。因此，生产中还必须增加升温的滞后时间，若不进行抽真空，则所需的时间还要加长。表 7-2 为部分企业的蒸压养护制度。

表 7-2 蒸压养护制度实例

蒸压加气混凝土品种	水泥-石灰-粉煤灰						水泥-石灰-砂	
养护制度	压力(MPa)	时间(min)	压力(MPa)	时间(min)	压力(MPa)	时间(min)	压力(MPa)	时间(min)
抽真空	−0.05	30	−0.06	20	−0.06	30	−0.06	45
升温	−0.05～1.3	90	0～1.2	120	−0.06～1.25	120	−0.06～1.2	90
恒温	1.3	420	1.2	390～420	1.25	420	1.2	420
降温	1.3～0	120	1.2～0	150	1.25～0	120	1.2～0	120
合计		660		680～710		690		675
企业	北京金隅（高井）		武汉春笋		合肥六方		上海伊通	
蒸压加气混凝土品种	水泥-石灰-砂						水泥-矿渣-砂	
养护制度	压力(MPa)	时间(min)	压力(MPa)	时间(min)	压力(MPa)	时间(min)	压力(MPa)	时间(min)
抽真空	−0.06	30	−0.05	20	−0.06	40	−0.06	30
升温	0.06～1.25	130	0.05～1.3	90	−0.06～1.2	90	−0.06～1.5	100
恒温	1.25	420～480	1.3	420～480	1.2	480	1.5	420
降温	1.25～0	120	1.3～0	120	1.2～0	90	1.5～0	100
合计		700～760		660～720		700		650
企业	浙江开元		北京金隅（黄村）		瑞典西波列克斯公司		北京加气混凝土厂	

注：1. 北京金隅、上海伊通、浙江开元生产板材时在上列范围内调整。

　　2. 一般升温至 0.1MPa 时排放冷凝水。

7.2.4 降温

一般来说，蒸压加气混凝土砌块可采用比较快的速度排汽，排汽降温时间约 2h。整个降温过程开始时速度较慢，中期较快，到后期（表压为 0.1MPa 以下）也较慢。在降温的 2h 内，后期降温放出多余的蒸汽就需要 40～60min。这是因为，降温初期釜内蓄热量很大，排出一些蒸汽后，釜内蒸汽压力下降，温度也随之有所下降，但这反映到制品上尚不明显。随着釜内压力继续下降，制品含水大量蒸发，温度将较快下降。降温后期耗时较长是因为釜内外压差很小，蒸汽外排动力减弱及制品水分的继续蒸发（包括釜内积水的蒸发），因此，一些企业在排汽降温前，先放一次冷凝水，然后再排汽。

降温过程对制品（特别是加筋板）极易造成破坏，在冬季开釜门之际，由于釜外的冷空气骤然与高温的制品接触，易使制品产生微裂纹（粉煤灰制品出现较多），防治的方法是拧松釜门后不要立即打开，有条件时尽量多等一些时间，以使制品逐渐冷却。

7.2.5 如何使用电站蒸汽

目前，有些蒸压加气混凝土生产线建在发电厂附近，除了粉煤灰供应便捷，还有供热便捷的优势，但发电厂可提供的蒸汽往往不是饱和蒸汽，而是过热蒸汽，汽源一般为二级尾气，气压为 0.6～1.2MPa，温度在 250～300℃。如果直接使用，容易使坯体脱水而影响其完成水热合成反应，制品达不到所要求的物理力学性能。根据生产实践，我们可以采用喷水降温的办法使蒸汽温度降至 210～230℃，然后供蒸压养护使用。此时，进入釜内的过热蒸汽，通过与釜体、坯体及运载工具的换热进一步降温，逐步达到饱和状态。

使用过热蒸汽应注意釜内气压和温度变化，与使用饱和蒸汽不同，不仅要密切关注气压，更要关注温度，不应使釜内温度过高，以保证釜内蒸汽的饱和度，避免使坯体脱水。

由电站接管输送蒸汽，往往管道较长，鉴于所输送的蒸汽温度较高，管线热损失较大，导致出口温度大幅降低，因此，管线和阀门应有较好的保温措施，同时，管线设计时应充分考虑蒸汽流速，避免低速输送，以减少热损失。

7.2.6 配汽控制

配汽控制是按照确定的蒸压养护制度，采用人工或自动的方式，对蒸压釜进行给汽和排汽的控制系统。配汽要求应实现各台釜可任意完成抽真空、给汽和排汽倒汽而互不干扰，所有操作应方便快捷，通常有采用多台分气缸集中布置的控制方式和采用母管式分散布置控制方式。分气缸集中布置控制方式一般用于手动操作，可以减少人员的往复距离，降低劳动强度。这种方式管路比较复杂，采用的阀门也比较多，但操作集中，控制方便，被广泛采用；母管式分散布置控制方式主要应用于编程自动控制，优点是蒸汽流动距离短，阻力小，布置比较清晰。母管式又分为上母管布置和下母管布置，上母管布置时安装比较简单，下母管布置时，安装工作量大，但整体布置比较清晰，维修方便。自动控制除了降低操作人员的劳动强度外，还能有效控制釜内温度压力，保证蒸压养护质量。为保证升温和降温速度，通常将所有蒸压釜（一般为8台至10台）分成两组进行控制，以提高蒸压釜的利用率。

过去，曾有单路管道以人工给各台釜分别送汽的做法，这种方法虽然管路简单，投资低，但控制阀都在釜边，人员操作必须现场完成，不仅劳动强度大，而且存在安全隐患，现在已被淘汰。

配汽控制还包括排汽控制。排汽控制应同时考虑疏水、排渣、排汽速度、降噪和消白。消白来自烟气消白概念，是对烟气的环保处理，即在消除烟气的同时消除其中的水蒸气，此处专指消除蒸汽的对空排放。蒸压加气混凝土蒸压养护的排放并没有烟气而只有水蒸气，但水蒸气还是会被认为有碍环保，因此，企业也有消除蒸汽排放的需要。

蒸压釜管道接口的配置，应由设计人员根据釜的规格、使用性质和现场条件等因素提出要求，而不宜由蒸压釜制造商自行确定。当设计人员未提出要求时，蒸压釜制造商可按常规配置。

关于进汽口的设置，我国蒸压加气混凝土行业曾经历过底部进汽、顶部进汽和侧面进汽的多种探索，最后定型为侧面进汽。底部进汽从热力学原理上讲比较合理，温度高的蒸汽总是在上部，底部进汽有利于蒸压釜下层处于较高温度蒸汽环境。但是，一旦停止进汽，底部温度还会处于略低的状态。并且底部进汽时，会使载坯底板温度过高而造成对坯体的破坏，如粘连、裂纹等（伊通虽然也有底部进汽，但这些生产线建设时，并没有采用底部边废料去除工艺，底部边废料可以保护上部成品免遭损伤）；同时，底部进汽容易造成进汽管在停止给汽时进入冷凝水和渣屑，在再次给汽时对坯体产生破坏。因此，底部进汽越来越少地用于新建生产线。顶部进汽除增大釜内上下温差，还会因管道中的冷凝水冲击而对坯体产生破坏。也曾有在顶部进汽口下方设一挡板的做法，虽然缓解了冷凝水的冲击，但还是不可避免地使含铁锈的冷凝水污损坯体。侧面进汽被认为是最佳的进汽方式，侧面进汽要求布汽管尽量压低布置，一般处于中部或中部偏低位置。同时要求布汽管上的布汽孔不对坯体，以免蒸汽冲击坯体。

排汽口的设置直接影响排汽速度，因此，设计人员会根据条件提出排汽口的位置、口径和数量。

7.3　蒸压养护过程中制品的损伤与缺陷

蒸压加气混凝土制品在生产过程中所出现的各种损伤，一般可划分为两类，即蒸压养护前的损伤和蒸压养护中的损伤，二者是以出现或发现损伤的时间来划分的。虽然，蒸压养护中所出现的损伤也不完全是蒸压养护所造成，但按损伤出现的时间，我们还是归于蒸压养护中损伤进行讨论。

7.3.1 裂纹

出釜制品出现裂纹是蒸压加气混凝土生产中常见的损坏，造成裂纹的原因可能是原材料，也可能蒸压养护本身（机械原因前面已作叙述）。

一般来说，掺有石灰的蒸压加气混凝土因为坯体的热膨胀值较大而易引起裂纹，其裂纹产生的方向总是垂直坯体的最长方向，也就是在切割后坯体的高度方向（一般为60cm）。当坯体产生较大的热膨胀及冷收缩时，在（切割后）坯体的最长方向产生断裂以减少收缩引力，与此相类似，当石灰中含有较多的MgO时，也将出现上述情形的损伤，或是表面大面积龟裂。

在坯体强度过低时，蒸压养护也易对坯体造成破坏，其破坏主要表现在制品的裂纹，但裂纹的部位与方向和上面的情况不同，其裂纹的破坏面大多垂直于底板，而出现的部位大多在每块（或大多数）制品的边角部位。这主要是由于升温和降温造成坯体体积变形而产生的内应力所形成。

当蒸压养护制度不当，升温或降温速度过快，产生过大的内应力对制品形成破坏，其裂缝多为整模坯体的外缘一周，裂缝形成的断面垂直于底板。当料浆搅拌不均匀，特别是铝粉不均匀时，坯体上、下部气孔相差悬殊，坯体下部密度过高，也可能使整模坯体产生弧形裂纹。

有些裂纹虽然并非蒸压养护所造成，但在蒸压养护后才能发现，其中以水料比、浇注温度、配合比、坯体的停放环境等影响最大。水料比过大，坯体成型的后期因水分大量蒸发，易造成坯体收缩而引起裂纹，这类裂纹一般较细，并且破坏深度较浅；水料比较大且硅质材料较粗时，容易使固体物料快速沉降，引起坯体密度上下偏差过大，会因坯体的上下应力差而造成水平裂纹；水料比过小，则会因石灰消解时缺少必要的水分使坯体失去流动性而致表面发生龟裂，这类裂纹虽浅，但裂纹宽度较大；浇注温度过高，容易引起成型后期坯体大量失水，特别是在切割以后，由于坯体缺少弹性，难以抵抗大量散热引起的收缩而使坯体产生裂纹，这类裂纹主要发生在模具中部热量集中的部位；配合比中，常由于石灰等钙质材料使用过多而引起坯体总的发热量过大、坯体过早失去流动性，从而造成裂纹，这类裂纹基本类似于水料比过小和浇注温度过高造成的裂纹；坯体的停放环境也是造成裂纹的一大因素，其原因主要为环境温度和湿度过低，使坯体周围（或切割后块体周围）因温度差或快速失水造成裂纹，这也是制品缺棱掉角的原因之一。与蒸压养护没有直接关系的损伤，如负压吊的吊运破坏、翻转裂纹、发气时的憋气裂纹等，这在前面已做了讨论。必须提出，裂纹的反面是粘连。因此，在采取调整措施时必须综合考虑各种因素，从多方面入手，寻找合适的平衡点，实现生产质量目标。

板材在蒸压养护过程中，极易产生裂纹损伤，以后专门讨论。

7.3.2 粘连

粘连是指出釜产品块与块之间黏结在一起，引起粘连的原因很多，主要在蒸压养护后出现。因此，我们在此一并讨论。粘连其实就是切割缝隙没能阻隔缝隙两边的坯体的延伸结晶。在蒸压养护过程中，水热合成反应生成的水化产物，通过缝隙中的物料碎末向对面延伸结晶，从而使本已分割开的坯体重又连接在一起。粘连的要素就是水分、缝隙中残余物料所占空间的比例、水分中 SiO_2 和 CaO 的溶解量等。也就是说，粘连与坯体中的水分、切割缝的宽度以及配料有关，实践表明，粘连与切割时坯体的强度、配合比、水料比、浇注温度、静停时间、蒸压养护制度密切相关，只要解决好以上关系，就能解决制品的粘连问题。

切割时坯体的强度，反映坯体的水分含量，确定切割缝隙的宽度。坯体强度高，水分含量少，切割后缝隙中的残末强度也相对较高，能保证已有切割缝隙的宽度，已大量失水的物料碎末阻止了缝隙两边坯体在反应时向对面延伸结晶；反之，则水分含量多，残末强度也相对较低，坯体通过自重缩小了已有的切割缝隙，并能顺利向对面延伸结晶。因此，切割时坯体的强度高，粘连的可能小，强度低则易产生粘连。

配合比对粘连的影响，主要表现为钙质材料和废料浆过多。当钙质材料过多时，一方面未参加反应的钙质材料通过切割缝隙中残留碎末，经过自身的水化反应，形成具有一定强度的黏结层，将缝隙两边的坯体黏结起来；另一方面，过多的钙质材料（特别是石灰），降低了坯体的透气性，延长了蒸汽在坯体表面的滞留时间，导致在坯体表面产生过多的冷凝水，提供了坯体通过缝隙残末延伸结晶的条件，使坯体产生粘连；过多的废料浆，其影响与钙质材料相似，也会使坯体产生粘连。石灰质量好，粘连的可能小，这与石灰的用量以及它的发热量有关。

水料比对粘连的影响，表现为水料比大，坯体的水分较多，相同时间内坯体的强度就低，容易导致坯体粘连；即使延长静停时间，在相同的原材料和配合比条件下，坯体总的热量不变，水分蒸发量不变，坯体中的水分相对较多，还是容易产生粘连。

浇注温度对粘连的影响，表现为坯体温度高低对坯体中水分蒸发的影响和坯体强度发展的影响。浇注温度高，坯体温度发展快，坯体强度增长相应加快，坯体中水分蒸发量加大，粘连不易发生；反之，则容易发生粘连。

静停时间对粘连的影响，本应该是静停时间长，坯体强度高，不易产生粘连。但我们总是以坯体的切割强度条件来确定静停时间，也就是说，强度一定，而静停时间有长有短。因此，实际上，静停时间长短反映了原材料性能、配合比以及浇注温度等工艺参数的变化，静停时间长，坯体强度增长和温度上升慢，水分蒸发少，坯体容易发生粘连；反之，则不易发生粘连。

蒸压养护制度对粘连的影响，主要为抽真空的影响，真空度高（$<-0.06MPa$），坯体切割后的缝隙容易缩小，容易导致坯体粘连，这一现象尤以坯体强度较低时更为明显。当然，真空度过低又失去了抽真空的意义。一般来说，真空度以 $-0.04\sim$ $-0.06MPa$ 为宜。

坯体的粘连，是生产过程中诸多因素共同影响的结果，我们在调整过程中不能说仅通过个别因素的调整，就能解决粘连现象，但是，诸多因素的影响，最终还是表现为几个特征值（或特征现象），比如静停时间若超过 2.5h，切割强度低于 0.3MPa时，容易发生粘连现象。以上仅是比较典型的影响因素，蒸压加气混凝土生产是一个复杂的过程，影响粘连的因素也因原材料、生产条件、生产工艺而变化。另外，除了以上工艺因素外,对有些机械因素的调整,严格要求设备操作,也能有效地避免粘连,如采用较粗的切割钢丝或在切割钢丝上间断地缠绕一段细钢丝,可以有效提高缝隙宽度;上海伊通有限公司在每模完成切割后,都要用油刷清理切割钢丝,无疑这是提高切割面平整度的基本措施,也为避免粘连起到了积极的作用。

裂纹与粘连的影响因素有些是共同而双向的,例如,浇注温度过高,能有效避免粘连,但是容易产生裂纹;而浇注温度过低,则裂纹的可能降低,粘连的可能增加;静停时间长的坯体容易粘连,但不易产生裂纹;静停时间短的坯体容易产生裂纹,但不易粘连。有些又是共同而单向的,例如,水料比过大,既容易产生裂纹,也容易造成粘连。还有些只对裂纹或粘连有关,例如,蒸压养护时升温和降温速度主要对裂纹有影响,而抽真空的真空度只对粘连有影响。这些因素确定了蒸压加气混凝土生产工艺参数的控制范围,这一范围因原材料、生产工艺而变,每一种原材料和工艺条件,都有相应的范围,在生产实践的不断总结和积累中,都能找到这一范围,并生产出合格的产品。

7.3.3 爆裂

爆裂主要表现为出釜时制品表面成片(大片约 $10cm^2$,小片则有 $1cm^2$)剥落,形成表面麻面。其产生的原因主要为过烧的石灰颗粒或没有搅拌均匀的石灰及其他材料的团粒。

过烧的石灰颗粒,在浇注静停时没有消解,而在入釜后的高温条件下迅速消解,同时伴随着体积的膨胀,对制品造成破坏。没有搅开的石灰团粒,在静停或切割后的消解,可能已经对坯体形成了破坏,在蒸压养护过程中,因石灰团粒较大的膨胀值进一步使受破坏的部分剥离坯体。其他材料的团粒也因吸水较慢而在后期膨胀对制品形成破坏。

爆裂还可能由于坯体透气性较差,入釜时坯体强度过低,在抽真空过程中,孔壁结构承受不了坯体内外压差而产生。当气孔不均匀或加铝粉脱脂剂不当时,也可能引起爆裂,但各种爆裂各有其特征,如石灰颗粒或较差的气孔结构,我们根据不同情况予以调整。

7.3.4 表面麻坑及坍塌

表面麻坑及坍塌多为管道中冷凝水造成。过去,蒸压釜的进汽管多布置在上方,使得进汽升温时,管中冷凝水直接冲击上面坯体,从而形成破坏。现在,大多数蒸压釜已改为两侧进汽,但也应避免进汽管的布汽孔直接对着坯体。使用叠加码坯时,上层底板的冷凝水除污损表面外,也会造成坯体麻面。

7.3.5 粘模

粘模是浇注、切割至蒸压养护阶段最常出现的损伤,不论是在哪一阶段发生,其产生的原因大致一样。其一底板涂油不当,底板没有吸透油,或是选用的油黏度过低。当底板没有吸透油时,浇注后料浆易直接与底板接触,涂油层起不到隔离作用;

当选用的涂模油黏度过低时，在浇注过程中易被料浆冲走，浇注结束后，涂层易渗入坯体，不仅起不到隔离作用，还使坯体底层强度降低，容易发生粘模。其二，采暖加热管布置在模具下方。当蒸汽温度过高时，易使底板涂油层渗入坯体，从而造成粘模。其三，底板清理不干净（这主要由上次粘模造成）。底板上的黏着物与重新浇注的坯体形成牢固的结合，而底板黏着物经反复蒸压养护，与底板的黏结力也越来越强，由此造成反复的粘模。其四，浇注口设计不合理，造成料浆冲力过大，使浇注部位的涂模油被冲掉而引起粘膜。

7.3.6 生心

有时出釜的制品中间部位颜色较深，我们称之为生心或黑心，甚至，也有整块制品颜色较深且无光泽，这都是没有蒸透所造成。应首先检查蒸汽是否符合要求、蒸压养护制度是否可行、相关仪器设备是否处于完好状态，然后检查原材料情况，最后作出调整。

7.3.7 水印

水印指出釜产品中间部位有明显的扩散形痕迹，有时整个扩散范围的颜色与正常部位不同，也可能仅扩散的边界有不同的色泽。如果扩散痕迹范围内强度没有降低，这种现象是制品中可溶盐的迁移引起的，除了外观以外，一般不影响使用。可溶盐一般来自原料中超标的金属离子，也可能因原料中化合的金属元素（如长石中的钾、钠）被置换成离子。原料中一般会注意砂和水所含的金属离子，而很少注意水泥中金属离子含量。水泥中的金属离子主要由混合材带入。如果扩散痕迹范围内强度明显降低，这与蒸压养护有关，可参见上节。

7.4 蒸压釜安全操作及余热利用

蒸压釜是硅酸盐制品进行水热合成反应、获得物理力学性能的主要设备。其操作使用在蒸压加气混凝土生产中，关系安全生产及能源的合理有效利用。

7.4.1 蒸压釜的安全操作

蒸压釜由釜体、釜圈、釜门、布气管、疏水器、安全阀等部分构成。釜体是蒸压釜的主要部分，是蒸汽及被养护制品的容器，又是模车、底板和制品质量的承载体；釜圈是釜体与釜门的过渡部件，起到啮合釜门，保证密封的作用，密封主要靠安装在釜圈上的密封圈完成；釜圈还是釜门到釜体的过渡部件，承担着消弭釜圈到釜体因材料、结构等引起变形应力的作用；釜门是隔离釜体内部与外界的门；布气管将外部通入的高压蒸汽均匀地分布于釜内；疏水器主要为隔离蒸汽、排出冷凝水之用；安全阀则在紧急情况（如超压）时，自动泄出蒸汽，保证安全生产。国内常见的蒸压釜规格有 $\phi 1.65m \times 21m$、$\phi 2m \times 21m$、$\phi 2.5m \times 32m$、$\phi 2.68m \times 32m$、$\phi 2.75m \times 32m$ 及 $\phi 2.85m \times 32m$ 等（长度可根据需要确定）；若按工作压力分，又有 1.2MPa、1.3MPa

和 1.5MPa；按轨距分则有 600mm、750mm、800mm、860mm 和 900mm 等；按开门形式分又有侧开门、上开门和电动门三种；而按釜门数量分又可分为双开门（釜的两端均有门）和单开门（又称单端釜）两种。

蒸压釜是一种大型压力容器，生产中频繁多次的反复使用，长年累月的重复升温降温、升压降压、加荷卸荷的过程，不仅蒸压釜体要不断地热胀冷缩而承受多种应力，而且会受到蒸汽混合物和冷凝水中有害成分的侵害腐蚀，各转动部件和密封材料也在磨损和老化。因此，安全是蒸压釜使用的首要问题。由于蒸压釜的事故后果重大，监管部门对生产和使用蒸压釜都有着严格的规定，并强制要求安装安全联锁装置。

蒸压釜的操作虽比较简单，但相当重要，一般操作的过程是：连接好釜内外轨道过桥，拉入釜车，并检查釜两端停车位置妥当，撤走过桥，关闭釜门（关门前应在釜圈上涂刷石墨润滑剂），充气张紧密封圈，然后按养护制度进行抽真空、送汽升温、恒温和降温，最后开门出釜。蒸压釜在操作中应注意以下几点：

1. 安全阀

安全阀是蒸压釜内高压超限时，自动卸荷的部件，因此，作为高压容器的蒸压釜都应配备，并应同时配备 2 只，以便当一只偶然失灵时，另一只仍可起作用。安全阀的额定开启压力应根据蒸压釜的允许工作压力来调整，一般应稍低于允许工作压力值。为了保证安全阀的良好性能，必须定期检修和做好日常维护工作。

2. 开关釜门

制品入釜后，应认真关闭好釜门，使釜门与釜圈啮合到位，并拉下安全手柄。在送汽前最后检查釜门关闭情况。当采用安全联锁装置时，釜门没有关闭到位将无法供气。完成养护后，在开釜门之前必须注意检查釜内是否还有压力，并首先打开安全手柄，使釜内余汽放尽后才可打开釜门。注意操作者避免正对釜门，以防被高温余汽烫伤。

3. 密封圈

釜门和釜圈之间用于密封的密封圈是橡胶制品，在每次关闭釜门前，应在釜圈上涂刷掺石墨粉的润滑剂，以减轻密封圈对釜门的摩擦力，同时，也可延长密封圈的使用寿命。密封圈在使用中应经常检查，及时更换，以保证釜门的有效密封。

4. 保持疏水畅通

蒸压釜釜体除了要承受蒸汽形成的压力荷载外，还有在轨道支点和釜体支座上承受的蒸压釜自重及蒸养车和制品质量形成的荷载，以及由于冷凝水引起的釜顶和釜底之间的温度差形成的应力。蒸压釜长期在周期性的应力作用下，易造成构成材料疲劳而失去部分强度。同时，水和气体的腐蚀，也易使材料强度降低。因此，我们在使用过程中应及时排出冷凝水，尤其在升温的最初阶段（30～60min）釜内产生大量的冷凝水，若不及时排除，将在釜底聚集，使釜体下部形成一个低温区，增大釜体上下温差（一般 10℃左右，也可能达到 60～70℃），形成釜内上下过大的应力差和热变形差。

在保证冷凝水畅通排放的措施中，伊通的单端釜工艺，将蒸压釜按 1‰进行倾斜布置，以利于及时有效排除冷凝水。

釜底冷凝水集水罐起到疏水和排渣两个作用，同时还必须有效锁汽。蒸压加气混凝土在蒸压养护过程中难免有渣排出，理论上冷凝水集水罐可以有效分离水和渣，但实际使用中仍需严格观察和控制，以防水渣分离失效。

5. 保持安全联锁装置运行有效

蒸压釜安全联锁装置是强制安装的安全保护设施，其原理是采用气电联动控制釜门的安全锁，只要釜内有压力，安全锁就处于关闭状态，能有效保护蒸压釜的安全运行。生产中，有些企业为提高釜的周转率，故意解开安全锁，使釜门处于无保护状态，造成极大的安全隐患。

6. 保证滚动支座活动自如

蒸压釜在运行中，由于冷热交替而至釜体始终在一定幅度内产生变形，滚动支座是消除冷热变形的主要部件，生产中应保证滚动支座活动自如，以防变形应力积聚给釜体和安全带来隐患。

蒸压釜是蒸压加气混凝土企业发生事故最多的设备，并且，一旦发生事故多为造成伤亡的重大事故。蒸压釜的事故近几年每年都发生，而且基本上都是责任事故，都是没有有效使用安全联锁装置所造成。

蒸压釜在使用过程中，一旦发现异常，应立即由专业人员进行检查和维修，如果专业人员一时不能到场，应采取安全保护预案，尽快退出运行，切忌蒸压釜带病运行和由非专业人员擅自维修。

7.4.2 蒸压釜的保温

蒸压釜的保温至关重要。理论上，蒸压釜在蒸压养护过程中，同时发生着传导传热和辐射传热，有时也伴随着对流传热和相变传热。我们所做的釜体保温主要是针对传导传热和辐射传热，这就要求选用经济高效的保温材料，一般我们选用矿棉或岩棉做保温层，选用抛光铝板或镀锌板做防护层，但许多企业的保温并没有达到预期的效果，其存在的主要缺陷如下：

1. 保温层厚度不足，做法不科学

按有关行业规范，以室内和室外 Ⅵ 类区为例，蒸压釜的保温层厚度（$100 \sim 120kg/m^3$ 的矿棉或岩棉）应不小于 $110 \sim 220mm$（按不同能源价格），但实际上很少有企业达到，大凡釜体加强圈暴露在外的保温厚度肯定不足。保温层厚度不足，除了降低了保温效果以外，还暴露了釜体加强圈。如果釜体加强圈没有包在保温层和防护层之内，不仅釜体加强圈以传导传热的方式在散热，而且，一旦下雨，雨水会渗入保温层，从而降低保温效果，同时，雨水打湿釜体加强圈，又增加了相变传热的散热。科学的做法是采用 2 层 $60 \sim 110mm$ 的矿棉或岩棉，以阻断传导传热；矿棉或岩棉的错缝叠加，以阻断保温材料空隙的对流传热；再以抛光铝板或镀锌板做防护层，以阻断釜体的辐射传热（注意，防护层的颜色越深、反光效果越低，其阻断辐射传热的能力越低）；施工应保证将釜体加强圈全部包裹在防护层内，抛光铝板或镀锌板应折边搭接，并且在上下搭接时注意必须上片压住下片，保证雨水不至灌入，以阻断相变传热。

2. 保温材料缺陷

一些企业为降低费用，往往选用硅酸钙保温块或蒸压加气混凝土废块砌筑釜体保温层，并且忽视保温层的防水。虽然硅酸钙保温块或蒸压加气混凝土废块具有较好的保温隔热作用，但具体的施工方法很难保证保温层的保温效果，而且，保温施工时采用的保温砂浆本身也会降低保温效果。如果已经采用了上述做法，应切实做好保温材料外的面层，避免保温层的开裂和脱落；采取有效的防雨措施（如搭建雨篷），弥补材料选择的不足。

3. 保温工艺缺陷

在保温工艺上一般存在如下缺陷：为方便施工，在釜体上随意焊接支架和挂钩；保温的防护层不能有效防水；釜门不做保温。按规范，釜体上严禁焊接其他物件，除安全因素外，任何焊接件都是在扩大釜体的散热面。因此，在保温施工时应摒弃焊接支架和挂钩的方法，同时，尽可能地对所有部位进行保温。

4. 釜体（或釜头）不做防雨

许多企业往往将蒸压釜设在室外，但是，虽然釜体有良好的保温，管道的阀门和接头却难以保温，特别是釜头部位，这部分成为蒸压釜热损失的主要部位，每当雨雪和大雾天气，其热损失将更大。因此，我们应尽量给釜体做好防雨，至少必须为釜头做好防雨。

7.4.3 蒸压釜的余热利用

蒸压养护是蒸压加气混凝土生产中的主要耗能工序。制品在养护过程中需要消耗多少热量，主要取决于制品本身的物理化学性能和养护制度。整个蒸压养护过程的实际耗能除以上两方面因素外，还与操作管理有关。目前，我国蒸压加气混凝土的一般煤耗在 30kg 标煤/m³ 以内。当产品合格率高，生产管理好，余热利用充分时，单位煤耗可能低于上述水平。根据国内外一些资料的分析记载，蒸压加气混凝土蒸压养护时热量消耗如表 7-3。

表 7-3　蒸压加气混凝土蒸压养护热耗分析（1.5MPa）

项目	热耗（%）	项目	热耗（%）
蒸压釜内蒸汽总热量	100	升温过程散热	0.21
加热制品	92	恒温过程散热	—
加热釜体	14	釜内自由空间蒸汽含热	6.5
加热制品中水分	29.87	冷凝水含热	29
加热养护车等	10.5		

由表 7-3 可知，蒸压釜的每个生产周期总有大量余热，仅余汽和冷凝水部分就约占 35%，利用价值可观。

1. 余汽的利用

蒸压釜在恒压结束时，尚维持较高的压力。因此，多釜生产时，可通过循环"调汽"的办法，把蒸汽从压力高的釜转换到压力较低的釜内，其方法主要有以下四种：

(1) 单釜一次调汽

这是一种将待降温釜的蒸汽送入升温釜中，直到两釜气压平衡为止的"调汽"方法，这种方法简单省事，因而使用较多。一般恒温压力为 1.5MPa 时，升温釜经"调汽"后，不仅可加热坯体及设备，还可将蒸汽压力升至 0.3MPa 左右。

(2) 两釜梯次转换

这是一种依次向两台待升温的蒸压釜"调汽"的方法，首先，将待降温釜的蒸汽调入具有一定初压的升温釜，当达到压力平衡后，将降温釜的蒸汽继续调入无初压的升温釜，以提高蒸汽的利用率。

(3) 喷射泵强制转换

如果采用蒸汽喷射泵的方法，基本上可以使余汽全部利用。蒸汽在经过上述"调汽"后尚有一大部分余汽，在蒸压加气混凝土生产中，还可以用以作为静停的热源和加热料浆、配料水及采暖等。

(4) 加热生产和生活用水

由于生产的节拍要求，往往余汽很难充分利用，此时，可考虑通过换热器加热生产和生活用水，生产用水主要是锅炉用水和配料用水，生活用水主要是淋浴水和水暖式采暖设备的热源水。

随着能源利用和生产效率的提高，原有的余汽利用方案已经不能满足企业的要求，于是各种新的回收利用技术应运而生，比较典型的是采用蓄能器贮存排出的余汽，然后再送入升温釜。采用蓄热器的方法也有几种，最简单的是单蓄热器，但更有效的是梯级蓄热，即采用 2 台或更多的蓄热器，来贮存不同压力的蒸汽，高压蒸汽送至升温釜，低压蒸汽用于预养采暖，冷凝水可用于补充生产用水。所有余热回收系统应该做到回收和利用并举，如果只收不用，岂不徒生费用而无意义？余热回收利用还必须以不增加排汽时间和符合环保要求为前提。

采用消除蒸汽对空排放技术时，简单的方法是将蒸汽通入冷水，使冷水吸收蒸汽的热能而使其凝结为水，再通过冷却降低水温，显然，这是一个耗能过程；更可行的方法是采用喷淋冷凝器进行吸收蒸汽，这些蒸汽包括蒸压釜开门以后的余汽和冷凝水闪蒸产生的蒸汽。

2. 冷凝水的利用

蒸压养护过程中，随着蒸压釜的容积、制品状况及蒸压养护制度等不同，将产生不同量的冷凝水。理论上，一台 $\phi2.85m \times 32m$ 的釜，冷凝水约 10t；一台 $\phi2.68m \times 38m$ 的釜，冷凝水约 9.7t；一台 $\phi2m \times 27m$ 釜的冷凝水约为 4.5t。蒸压釜的冷凝水一般含硫酸盐 43.6mg/L，氯化物 86mg/L，氧化钾 214mg/L，氧化钠 77mg/L，氧化镁 0.05mg/L。利用冷凝水，不仅可以利用相当一部分热量，而且还可以节约水资源。冷凝水余热利用，主要是通过热交换器来加热生产和生活用水。有的企业也在蒸压釜下的冷凝水罐后接一闪蒸器（罐），使排除的高压水在此汽化而用于釜前预养窑采暖和料浆加热；而冷凝水也可分成两路贮存，一路高温水用于发气静停预养窑采暖，另一路是采暖以后的回路水，主要用于配料和碾磨，用于配料和研磨的冷凝水应有足够的贮存空间，以满足缓冲和降温的需要。

蒸压釜排出的余汽及冷凝水虽然利用价值较大，但切忌直接用于生活。因为蒸汽及冷凝水中已含有一定的油类和硫离子等杂质，同时还有一股较浓的气味。

思 考 题

1　蒸压养护过程中抽真空有什么作用？

2　试述恒温压力和恒温时间的相互关系。

3　蒸压养护过程中，常见的制品损伤和缺陷有哪些？其原因是什么？

8 蒸压加气混凝土板

蒸压加气混凝土板是蒸压加气混凝土制品的一种，是按一定要求配以钢筋后使制品具有结构性能的结构件。蒸压加气混凝土板不仅具有蒸压加气混凝土砌块的各种特性，而且还具有附加值高，可大幅度提高施工效率和降低建筑物综合造价的优点，因而备受推崇。

本章所说的板材都是配筋板材。市场上还有一种"保温板"说法，是指无配筋的保温砌块（尺寸在砌块的范围中），只是厚度较小，又多用于贴挂保温，因此俗称为板，但此说法不符合有关标准的定义，也不在本章叙述范围。

蒸压加气混凝土板在生产中除了遵循一般蒸压加气混凝土砌块生产要求外，也有其突出的特色。本章简要介绍蒸压加气混凝土板的生产技术。

8.1 板的分类

蒸压加气混凝土板分为常用品种和非常用品种，常用品种是目前生产和应用中较常见的规格种类，非常用品种则是一些工厂开发和推广的新品种。在制定标准 GB 15762—2020 时，主要针对量大面广的常用品种；而对非常用品种，则做简单提示和涉及，待这些品种得到较大应用时，再纳入到板材标准中。

8.1.1 常用品种

蒸压加气混凝土板按使用功能分为屋面板（AAC-W）、楼板（AAC-L）、外墙板（AAC-Q）、隔墙板（AAC-G）等。以上四种板是常用品种。

1. 蒸压加气混凝土板

蒸压加气混凝土板外形、钢筋网示意图见图 8-1。由板的长度（L）方向和宽度（B）方向构成的面是大面，由板的长度（L）方向和高度（D）方向构成的面是侧面，由板的宽度（B）方向和高度（D）方向构成的面是端面。不同品种和用途的板还配有不同的榫槽，带有榫槽的板宽度为榫和槽的底部间距，即保证安装后板的有效宽度必须符合规格尺寸。

2. 蒸压加气混凝土板典型断面和配筋

（1）屋面板和楼板的典型断面和配筋

图 8-2 是屋面板和楼板典型断面和配筋示意图。左边的为 L 形板，两块板拼装后榫槽相互咬合后，会在板大面上自然形成沿板长的凹槽（图 8-2 左下），这一凹槽在工程施工时用于埋设钢筋和灌注水泥砂浆；右边的板型，在拼装后也会形成凹槽（图 8-2 右下），与 L 形板比，无榫槽的咬合。屋面板和楼板的受力是不对称的，即下部

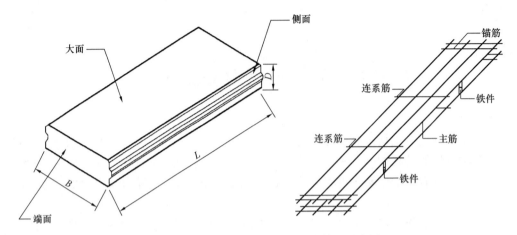

图 8-1　蒸压加气混凝土板外形、钢筋网示意图

受拉、上部受压，因此屋面板和楼板的配筋也是不对称的，下部受拉区应布置较多的纵向钢筋。较多的意思是：不仅数量可能比上部多，而且钢筋直径可能也更大。

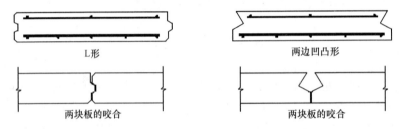

图 8-2　屋面板和楼板典型断面和配筋示意图

（2）外墙板的典型断面和配筋

外墙板断面通常有两种：T形（侧面为榫槽）和C形（侧面为半圆槽），见图 8-3。两种板型施工时完全不同。T形可以横装，也可以竖装，由于带有榫槽，因此板缝间是干拼接、而无黏结砂浆；板通过（多种）连接节点与结构牢固连接。C形板一般为竖装，板拼装后，侧面自然形成O形，其中埋设与结构拉结的钢筋，并灌注专用砂浆。C形板因施工相对比较麻烦而逐步退出市场。

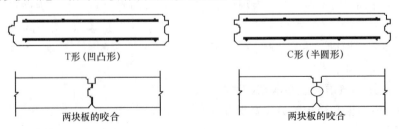

图 8-3　外墙板典型断面和配筋示意图

外墙板用于建筑物的外墙，可能受到风的垂直作用于板的压力或吸力（拉力）。在建筑结构中认为风的压力和吸力基本相同，因此外墙板可能受到相同的压力或拉

力，因此外墙板的配筋是相同的。

欧洲板和日本板在外形上基本相同，但细部有细微差异。图 8-3 中上半部显示的是日本板，在板上部有一个正方切进的槽，施工后填埋密封胶；而德国板没有这个槽，拼装后成 V 形，其中填埋密封胶。

（3）隔墙板的典型断面和配筋

隔墙板（也称内墙板），通常有 3 种类型：T 形板（带榫槽）、C 形板和平板，见图 8-4。前两种外观与外墙板一致，平板只能用于隔墙板，使用时板缝间应用专用砂浆黏结（砌筑），同时也应采取措施与结构相连。过去我国的板以平板为多，一般安装时采用 H 形铁件连接（内墙）。

屋面板、楼板和外墙板都应配置双层钢筋网片（组成网笼），并且两层网片应采用金属焊接件连接成网笼；隔墙板厚度≤100mm 时，允许配置单层网片（应满足受力要求）；当隔墙板厚度＞100mm 时，应配置双层钢筋网片。

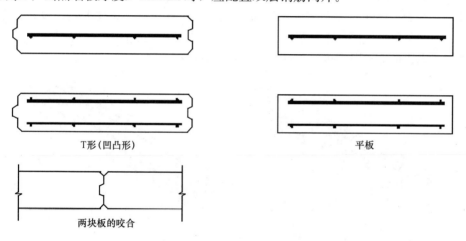

T 形(凹凸形)　　　　　　　　　　　　平板

两块板的咬合

图 8-4　隔墙板典型断面和配筋示意图

8.1.2 非常用品种

蒸压加气混凝土板非常用品种：

（1）板厚＜75mm 的薄板，使用时需固定在结构构件或基层墙体上，可作为装饰板、防火板等。现在，也被大量用于钢结构建筑中以双层包覆斜支撑；板厚＜50mm 的薄板，主要用于钢结构工程中对结构体的防火包覆；

（2）表面进行加工处理，形成一定图案的花纹板（也称艺术板），通常为具有装饰功能的墙板；

（3）干密度级别为 B03 或 B04 的低密度保温板，一般用于建筑物的辅助保温隔热，而不单独作为墙体使用；

（4）适用于外墙转角处的转角板；

（5）由板材切割而成的、应用于门窗洞口的过梁，分为承重过梁和非承重过梁，内部配筋应分别经计算和试验确认。

非常用蒸压加气混凝土板的用途：

1. 薄板和低密度保温板

薄板从定义看是板厚度小于 75mm、普通干密度（B05、B06）的蒸压加气混凝土板。此类板并不单独用于围护结构中，而是用于装饰或钢结构包覆和防火等。国内最薄的蒸压加气混凝土板可做到 37mm，其配筋方式与一般的网片不同，通常采用钢丝网或钢板拉伸网。

低密度保温板，是指干密度为 B03、B04 的蒸压加气混凝土板材。低密度保温板没有对其厚度做规定，是因为保温板的厚度是根据建筑节能要求计算而得。国内保温薄板工程应用较少。

2. 花纹板

普通花纹板外形见图 8-5。花纹板来自日本，欧洲并没有花纹板。花纹板可以是仅用于装饰的薄板（厚度＜75mm），也可以是用于围护结构的普通板（厚度≥75mm）。板表面的花纹多种多样，但通常仅在一面有花纹。花纹板的花纹是后期加工形成，即蒸压加气混凝土板蒸压养护出釜后，再于相关设备上完成表面加工。这种花纹加工设备俗称"雕刻机"，可以雕刻出任意花纹。

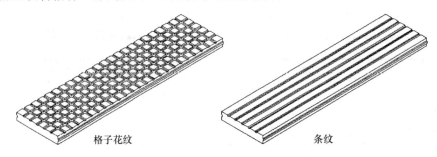

格子花纹　　　　　　条纹

图 8-5　普通花纹板外形示意图

外墙花纹板是指直接用于外墙、外侧大面刻有花纹的蒸压加气混凝土板。带花纹的外墙板，必须符合外墙板的受力要求，在考虑外墙花纹板的受力时，不计花纹厚度，即其有效厚度是总厚度减去花纹厚度。在测量保护层厚度时，也需扣除花纹厚度。外墙花纹板有效厚度和保护层厚度见图 8-6。

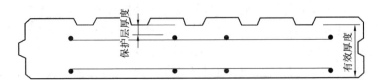

图 8-6　外墙花纹板有效厚度和保护层厚度

3. 异形板

（1）转角板

转角板是指用于转角的板，其外形见图 8-7。转角板一般外挂在（混凝土）柱外侧，通常为竖装（即使柱间板为横板时）。转角板表面也可加工成上述花纹，以期花

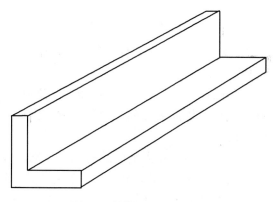

图 8-7 转角板外形示意图

纹统一。转角板应进行合理配筋，保证其使用性能。与转角板对应的实际上还有各种不同形式和形状。

（2）斜板

斜板（也称梯形板）指在板宽方向的厚度不一致。斜板主要利用其拼装后的装饰效果和采用悬臂柱安装的隔声墙。

（3）过梁板和 U 形板

过梁板是按门窗洞口过梁受力要求特制的蒸压加气混凝土板材，分为承重过梁和非承重过梁。与普通板相比，板宽一般为 300mm（即过梁高度），其中配制 4 根钢筋，并应用环形箍筋圈固。

U 形板为中空板，其为内部被加工切除的特种蒸压加气混凝土板，因为内部配筋，也归到板材中。使用时，在 U 形空腔中浇注混凝土，必要时还要按结构要求配筋。使用 U 形板，可得到有保温效果的圈梁。

8.2 钢筋网笼

用于蒸压加气混凝土板中的钢筋与普通混凝土楼板不同，要求钢筋无锈，按规格制成网片（笼），浸涂钢筋涂料，然后才能进入浇注工段用于浇注。

蒸压加气混凝土板应品种、用途不同，其配筋也不相同，屋面板和楼板为非对称受力，其配筋也是非对称的，非对称的钢筋网片，置于板的上部（使用状态）长度方向的钢筋，因承受的是压应力，我们称之为受压筋；置于板的下部长度方向的钢筋则承受拉应力，称之为受拉筋，这是板承载的主要钢筋，因此在生产中，我们必须严格标明方向；外墙板、隔墙板则是对称受力，其配筋也是对称的，通常，我们称墙板的长度方向承受拉应力（压应力）的钢筋为主筋；连系受压筋、受拉筋或主筋的钢筋（板的宽度方向）为连系筋；而为了加强受压筋、受拉筋或主筋与坯体的黏着力，在板的两端还设有若干（一般为二到三根）锚筋。

8.2.1 钢筋除锈

钢筋到厂或进行加工时，往往已有一定程度的锈蚀，如果这种锈蚀程度轻微，则可以进行除锈后再行使用。

钢筋在调直过程中，受调直机的高速拉伸和扭转，以及调直模对钢筋表面的机械刮削作用，在一定程度上消除了钢筋表面的轻度浮锈层。因此，在轻微锈蚀的情况下，可不使用专门的除锈设备。

当锈蚀面较大，在调直机上不能除去钢筋的锈蚀时，则应以机械的方法进行除锈。比较简单的方法是利用一对或一组相对转动的钢丝轮来刷除钢筋表面的锈蚀。这种装置可以做成单独的除锈机以布置在调直机前，也可以直接安装在调直机的前端，钢筋先经过钢丝刷除锈，然后再送进调直机进行调直。

在钢筋锈蚀相对严重时，则可采用化学方法除锈。即所谓的酸洗。酸洗是利用硫酸与铁锈发生化学反应，使之生成可溶性硫酸亚铁的原理来进行。这种方法一般采用三个处理池来进行。首先是将钢筋盘条吊放到酸洗池中，在硫酸溶液中浸泡一定时间，让钢筋上的铁锈与酸液充分反应，并溶解脱落，然后吊出，再放入盛有石灰水的池内，使钢筋上多余的酸液中和掉，最后将钢筋吊入清水池中清洗干净，晾干备用。

8.2.2 钢筋的冷加工和调直

钢筋的冷加工可以改善钢筋的力学性能，提高其屈服强度，从而减少用钢量。钢筋冷加工的方法有冷拉、冷拔和冷轧等几种。冷拉的效率较低，占用场地大，钢筋增强幅度较小，蒸压加气混凝土厂一般不采用。

冷拔是钢筋强行通过一个或一组带楔形孔眼的拔丝模，使钢筋被挤拉变细，这种方法可以较大幅度地减少钢筋直径，并显著增强钢筋抗拉强度。但其速度较慢，且为了减少钢筋与拔丝模孔之间的摩擦力，所使用的润滑剂在点焊之前应作清除。

冷轧是通过数对轧辊对钢筋的挤压来实现的。冷轧后钢筋的形态随轧辊的形状而异，钢筋的截面积可通过对辊之间的间隙和对辊的组数来调节。

钢筋的调直一般都采用钢筋调直机来完成。钢筋调直机是利用快速旋转的调直模使钢筋受到迅速反复的弯曲和拉伸发生塑性变形，并使其内部晶体产生位移。晶格重新排列，使钢筋得到冷轧及拉直。调直机都有切断功能，可以根据要求将钢筋切断。

钢筋在经过冷加工后，均会产生一定的内应力，内应力是否均匀，与冷加工工艺和设备相关，不均匀的内应力会导致网片变形。

8.2.3 钢筋网（笼）

蒸压加气混凝土板采用的大多是双片网组成的网笼，只有部分薄型隔墙板采用单片网，因此，网片组成网笼的方式成为各企业的工艺特点。

我国应用最早的是塑料卡连接工艺，即由专门定制的塑料卡来连接两片钢筋网以组成网笼，塑料卡的中间是一圆孔（或开口圆孔），钢钎通过圆孔固定塑料卡并由此固定钢筋网。塑料卡连接工艺的优点是：安装灵活；网片完成焊接后的停放期便于消除焊接应力，以保证网片不至变形；网片贮存节省场地。其不足为：网片安装组合时操作管理难度较大，容易出现尺寸和位置错误；安装后易出现塑料卡脱落而致网片偏移；在采用管锚或管板安装时，只有内层网受力，外层网作用难以发挥。

U形网是将组成网笼的两片网先焊成一片平面网，该网片的连系筋和锚筋的长度是单片网的两倍加网间距。平面网在专用的折弯机上折成U形网笼。U形网的优点是尺寸准确，安装方便，焊接组装劳动强度低。其不足是经过折弯后，网片易变形。

目前，较多采用的是铁件焊接工艺，即将两片网通过铁件焊接后组成网笼，铁件中间有一圆孔，钢钎通过圆孔固定钢筋网。铁件焊接工艺的优点是：网笼制作和安装尺寸准确；安装后不会出现铁件连接脱落而致网片偏移。不足是：H件焊接定位要求高并应严格控制焊接电流，以保证各点的焊接准确以及焊接强度和焊接温升一致，以避免焊接成网笼后产生变形；网笼存放占地较大，安装运输效率较低。

三种网笼安装示意图见图8-8。

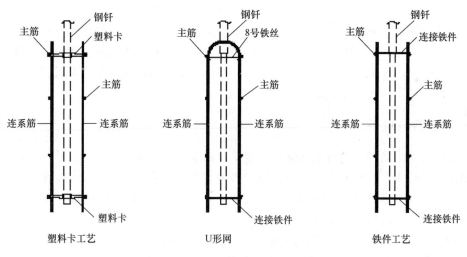

图8-8　三种网笼安装示意图

关于三种网笼工艺，应用专家也有不同的看法，有专家认为，对于不对称受力，塑料卡工艺最合理，因为两片网片各自处于自由状态；而后两种工艺，受拉和受压的两片网片，均通过铁件存在相互约束，从这点讲，连接铁件不是越多越好。

新标准GB/T 15762—2020《蒸压加气混凝土板》规定，外墙板、屋面板和楼板必须采用金属焊接件，按照这一规定，一些企业用钢筋焊接连接两片网片，组网安装仍采用塑料卡既符合标准规定，严格保证了网片质量，也满足了安装便利的要求。

8.2.4　钢筋的点焊

蒸压加气混凝土板中使用的钢筋网用焊接的方法制作，使用的焊接设备过去主要是落地长臂点焊机，现在则采用专为蒸压加气混凝土行业设计的网片多点焊机。为将网片组合成网笼，还使用悬挂式点焊机，以焊接连接铁件。

由于蒸压加气混凝土的钢筋网在点焊时都是单片进行，大多数网片中钢筋配置规格基本相同，因此，为了焊接操作的安全方便，提高生产效率，点焊机前配备了专用的焊接工作台。配套长臂电焊机的焊接工作台，由固定在点焊机两侧的平台支架和带滚轮的钢筋网台板组成，台板上均匀布置七条可供放钢筋的沟槽，钢筋网的主筋（纵向钢筋）按配筋图的要求放在这些沟槽内，在台板横跨两平台支架的中间空档处，用点焊机将钢筋网的连系筋及锚筋与台板上的主筋（受拉筋与受压筋）进行焊接；为蒸压加气混凝土专门设计的多点焊机，则与焊机专门配套了工作台，在工作台上按配筋要求放置好主筋（纵向钢筋），然后由工作台自动推入焊机，此时，在焊接处，由上部（或侧部）送入连系筋和锚筋完成焊接。

目前，我国采用的大多为平面网片，但也有一部分企业将受拉网片与受压网片做在一起。如此在焊接以后还要将网片弯曲成 U 形网，这样才完成钢筋网的加工。

当采用铁件连接时，完成焊接的网片还需经悬挂焊机焊接成网笼。

专门为蒸压加气混凝土行业设计的焊机，主要有两种形式。一种按原长臂点焊机工作原理发展起来的间歇式多点焊机，其特点是先将钢筋调直切断，然后由人工给料多组焊接；其优点是钢筋内应力平衡，网片不易变形，但自动化程度略低。另一种是连续式多点焊机，也分单网焊机和双网焊机，自动给料和人工给料，横筋自动给料和人工布料以及网笼全自动焊接等多种型号，其特点是自动化程度高，但对原料钢筋的质量和操作控制的要求比较高。

8.2.5 浸渍与烘干

制作好的钢筋网应进行钢筋涂料的浸涂和烘干。浸涂在专门的浸渍槽中进行。浸渍槽的大小视生产产量的大小而定。浸渍槽内装有自动定时搅拌器，可以在槽内一边行走一边搅拌（当需进行浸涂时，可令其暂停），以保证防腐涂料在每次浸涂时具有相同的流动性，且均匀而不沉降和凝结。

钢筋网笼浸涂的涂层应均匀一致，厚度保证，不产生滴挂，一般宜采用两道浸涂工艺，即完成第一次浸涂后，再倒过网笼进行二次浸涂。浸涂也分组网前和组网后两种工艺，前者机动灵活，浸涂效率高，后者一般用于大循环工艺，自动化程度较高。

烘干箱为一封闭的烘烤装置，箱内两侧有二组相互平行并通过横轴连接其传动齿轮使之保持同步行走的链轨或传送机构。浸涂了钢筋涂料的网（笼）被吊放到传送机构的链轨上，随着链轨的运行而缓慢进入烘箱内部，完成烘干。烘烤的热源一般采用暖气片，装配在烘箱底部或两侧内壁。

烘干以后的钢筋网笼应妥善运输和存放，防止涂料层脱落。组网后浸涂工艺，在网片完成浸涂并烘干后即进行插钎置网，期间没有停留。

8.3 钢筋网的组装

钢筋网片在插钎置网前必须先进行组装，即需要把整模的钢筋网按要求的位置依次悬挂到一个专用的组装架上（包括框架和横梁，也称鞍架座和鞍架），然后进行浸渍或插钎置网。

按不同的工艺，钢筋网组装工序和浸渍与烘干工序的先后次序正好相反。

8.3.1 组装设备

组装架：组装架主要用于存放框架和成组网（笼），由立柱、框架梁和悬吊框架组成。悬吊框架是一个侧边可以开合的金属架，通过其四角的定滑轮悬吊在固定框架的升降机构上，可以通过控制固定框架上的电机使其升降；以手动拉杆控制侧边的开合，完成夹持提升组装横梁和将组装好的钢筋网放入模具等。现在多采用鞍架循环机并配有多组鞍架座和鞍架，鞍架循环机分有动力和无动力两种，也可根据需要做成可升降式，以便于组网操作。鞍架循环机可同时存放和传送多台鞍架座，以满足钢筋网笼的组装、存放和传送。

鞍架座：是配合鞍架（也称横梁）组网的框架，有行走轮、定位榫、限位槽和起吊耳组成。

鞍架（也称横梁）：是带有两排定位钎孔的"工"字形钢梁或箱梁，孔间距离为25mm，两排孔交错排列，以适应不同厚度板材的需要。横梁两端有定位爪，以便与模具或鞍架座固定，定位爪上也可放置定位螺栓，以避免钢筋网及横梁或鞍架在发气时上浮。鞍架的上下两排钎孔的加工精度要求很高，精度包括尺寸误差、上下对应钎孔的同心度、两两钎孔的平行度。

钢钎：是一种带耳环（或手柄）的弹簧钢钎，上部（不插入坯体部分）为圆柱状，下部（插入坯体部分）则带有锥度，以便组装和从坯体中拔出。

塑料卡：用以将钢筋网固定在钢钎上，其中间为插钢钎的圆孔（或开口圆孔），两端为卡钢筋的卡爪。采用连接铁件工艺时，已预先将铁件焊接在网片上，铁件的作用与塑料卡相同，起到连接网片成笼和安装固定的作用。

钢筋网存放车：用以暂时存放准备组装的网片和塑料卡。

组装钩：用以将钢筋网暂时吊挂在横梁上。

钢钎盒：用以存放钢钎，并可在盒内给钢钎涂油。

8.3.2 平面网的组装

平面网在组装前，应首先准备好符合板材厚度规格的塑料卡及适当的铁丝钩（用于远离钢钎的地方固定两片钢筋网）；将横梁放在组装架下的地面上（横梁的数量由板的长度而定，一般3.3m以下用两个横梁，3.3m以上则用三个，超过4.5m用四个），横梁的位置应是最佳地分布在板的长度方向，以保证对钢筋网定位；根据板的厚度（即钢筋网的间距）选好横梁上的定位孔，将钢钎逐根插入孔内，然后将组装钩挂在各钢钎之间；开动升降电机，落下悬吊框架，操纵拉杆，将地面上的横梁夹住，然后提升到适合操作的高度；依次将钢筋网的上下网交替悬挂在组装钩上，网片的一端应以挡板顶住；将塑料卡由下而上套入钢钎，并用力将钢筋网的纵筋卡入塑料卡的卡爪（每根钢钎套两个塑料卡，分别卡住最上和最下的两根纵筋），在两片网之间距离偏差较大时，再以铁丝钩作补充固定；将组装好的整模钢筋网吊入模具，并使组装架脱离横梁；检查横梁是否放妥且固定，对钢筋网做最后整理以备浇注。

现在多采用鞍架循环机并配有多组鞍架座和鞍架（即横梁），鞍架定位及钢钎定位如上所述，不同的是鞍架先定位于鞍架座上，然后插好钢钎，再以塑料卡固定组装网片成网笼。网笼是在浇注后置入模具。

企业还采用一种免转钎的塑料卡，这种塑料卡和传统塑料卡的区别是，钎孔是开口的，塑料的膨胀量专门设定。当组网时由于处于室温，塑料卡能紧密地箍在钢钎上，而当拔钎时，因坯体温度较高而致钎孔膨胀，钢钎能自由地从钎孔拔出，以免去转钎之劳。

8.3.3 "U"形网的组装

一些企业倾向使用"U"形钢筋网或"匚"形钢筋网，这两种网与平面网相比具有两个明显的优势：一是整个钢筋网基本上组成了骨架结构，受拉筋和受压筋通过连系筋连在一起，改善了板内钢筋的受力状态，提高了板的结构性能；其二可以大大简化平面网在组装过程中的烦锁工作。

组装"U"形网与平面网的不同之处在于不用塑料卡固定，而是在钢筋网横筋上焊一块带有椭圆形小孔的铁片，在定位钢钎上相应位置上有一销钉，钢钎插入铁片之后转动90°即可卡住，并可把钢筋网悬挂起来，使之不触模底；浇注完成后，拔钎时只要把钢钎转回90°就可拔出。此法不便于机械作业。

8.3.4 铁件焊接网笼的组装

铁件焊接网笼的组装与平面网组装相似，所不同的是网片已经焊接成网笼，安装时只要按规格选好钎孔，架好钢钎（一般此时钢钎只插鞍架的上层钎孔），网笼按规定方向和位置就位，最后将钢钎插过鞍架的下层钎孔并插入网笼铁件的圆孔，旋转钢钎锁住网笼。

铁件焊接的特点是板材的结构性能好，对于外墙板、屋面板和楼板，这一点尤其重要，因此，在欧洲和日本，基本已淘汰了塑料卡的做法，但我国在内墙板还保留塑料卡做法。

8.3.5 铁件焊接＋塑料卡组装

铁件焊接网笼具有结构性能好的优点，但毕竟使用烦琐，成本略高。为此，一些企业又开发了铁件焊接＋塑料卡组装的做法，是将铁件由 H 件改成钢筋，这样，既能保证钢筋网的质量，又能省去焊接定位的麻烦，还可采用免转钎方法，是集铁件焊接网笼和塑料卡组装网笼各自优点的做法。

钢筋网表面浸涂的防锈涂层增大了钢筋的直径，因而增加了钢筋网对料浆膨胀的阻力，使钢筋网在料浆膨胀时"上浮"，在采用组装架组网工艺时，一些企业对模具及横梁、钢钎进行了改造，有效避免了钢筋的"上浮"（图 8-9）。

现在，钢筋网笼设备已经成熟定型，鞍架由鞍架座承载并固定，所有的尺寸定位

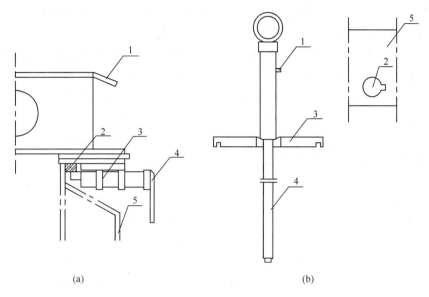

图 8-9　避免钢筋上浮装置
（a）1—横梁；2—方钢；3—开口销；4—偏心销轴；5—模框；
（b）1—圆柱销；2—带槽孔；3—塑料卡；4—钢钎；5—横梁

和防止上浮设施均有专门设计，鞍架上设有定位锁，而鞍架座上设有定位槽，完全避免了定位偏差和网笼上浮问题。

8.4　板材生产

蒸压加气混凝土板，除了于板中增加了结构材料钢筋外，其他生产过程（包括配料、浇注、静停、切割、蒸压养护）与生产蒸压加气混凝土砌块基本相同，但在工艺控制上有着更严格的要求。

8.4.1　配料浇注

按照板材的质量指标，其内容之一即立方体抗压强度，因此，要生产蒸压加气混凝土板，首先就必须能生产出高质量的蒸压加气混凝土砌块，只有立方体抗压强度达到要求，才能保证诸如钢筋黏着力等一系列质量指标。

板材的原材料与砌块相比，要求更为严格，并要求料浆具有更好的流动性。

蒸压加气混凝土板的生产还应考虑另外一个重要特性，就是钢筋膨胀和坯体膨胀的不一致性。在解决坯体和钢筋同步膨胀的方法上，形成了两种工艺，一种是掺加菱苦土（又称煅烧氧化镁）工艺，另一种是石灰工艺。

蒸压加气混凝土板的配料，除了选用成熟的相应干密度砌块生产配合比外，可按每 $1m^3$ 大约 35kg（具体掺量可由试验获得）的比例掺加菱苦土。由第 3 章得知，菱苦土遇水消解时体积膨胀 118％，由此使蒸压加气混凝土坯体增加了膨胀率，以适应钢筋的膨胀。高温烧成的菱苦土遇水消解时间长达 8h 以后，有利于用来调节蒸压养护过程中坯体的膨胀。但在加入菱苦土的同时，也使工艺参数有较大的变化，如坯体硬化较慢，静停时间延长，这在配料时也应予以重视。

石灰在消解时体积有44％的膨胀，我们也能利用这一特性来调节坯体膨胀以适应钢筋的膨胀。石灰和菱苦土不同，随着用量增加，消解热也大量增加，这会促进料浆加速稠化，与配筋板材需缓慢稠化的要求相背，因此，用石灰做膨胀调节材料时，对其消解特性又有了新的要求，即需要石灰具有较缓慢的消解性质。

通常，生产蒸压加气混凝土板采用两种浇注方式，一种是先置入钢筋再进行浇注，俗称为先插筋；另一种是先浇注，再置入钢筋，俗称后插筋。

先插筋工艺有利于预先准备好模具和钢筋，对配套设备和工艺布置要求较低；浇注过程用时较短，便于发气膨胀。不利之处在于浇注时容易冲偏钢筋网笼，甚至在采用塑料卡时会致塑料卡脱落；由于浇注模内已预置钢筋网笼，浇注入模的料浆不易向四周扩散；浇注料浆被鞍架（横梁）阻挡，造成设备污损。

后插筋工艺是目前采用较多的技术，其优点是由于没有鞍架（横梁）及钢筋网笼的阻挡，可以采用升降浇注方式，以最大程度减小料浆冲力；料浆先行浇注入模，便于对料浆进行消泡处理，以改善坯体的气孔结构；其不足是对设备的要求较高，并且，工艺必须专门按后插筋的要求布置。

在浇注蒸压加气混凝土板时，由于模具中置入了钢筋，因此，比较理想的料浆应具有较好的流动性，以便于发气顺畅。另外，也希望料浆发气应结束得"干净利索"，而不留尾巴。因为后期发气，特别是稠化以后的缓慢发气，会使钢筋的上部形成大气孔，从而降低钢筋的黏着力。完成发气后，坯体应迅速稠化，切忌坯体下沉，否则又会产生下部空脱，影响钢筋的黏着力。

8.4.2 静停与切割

板材生产中的静停与砌块生产一样，也是使坯体获得可供切割的强度，在板材静停过程，还要完成拔钎和移去鞍架（横梁）。

板材的配料中增加了菱苦土，在相同条件下，硬化的速度将比砌块慢，即使采用石灰工艺，为获得良好的气孔结构和钢筋黏着力，静停也应该是一个相对缓慢的过程。并且，在静停时应避免模具的振动和碰撞。一般来说，适合拔钎的坯体尚不适合切割，因此，拔过钎的坯体还应注意保温，以尽快符合切割的要求。

能进行砌块切割的切割机，也能切割板材。但切割机必须具备一定条件，运行稳定性、设备之间相互协调性、纵切钢丝间距、定位准确性等都将严重影响板材切割质量。当然，用于板材生产的切割机，还必须具有铣槽功能。可以说，所生产的板材越长，或板材厚度越小，对切割机的要求越高。进行板材切割时，所掌握的坯体强度一般要求比砌块的坯体强度稍高，同时切割的各项要求也比砌块高，其中主要是切割精度。

现在，板材的铣槽、倒角都要求在切割时同时完成，这比在蒸压养护后再行加工，具有污染小、加工质量好、余料回收方便等优点。

完成切割以后的板材坯体，由于切割缝的散热，会产生较大的收缩，但因钢筋的摩擦阻力，极易使坯体产生裂纹，因此，等待编组的坯体应做好保温。进釜前的坯体应达到一定的温度和强度，以减小蒸压养护时升温带来的应力破坏。因此，生产板材一般要求在釜前进行保温预养，称作釜前预养。釜前预养应阻止气流，监控温度和湿度。

8.4.3　蒸压养护

蒸压养护是蒸压加气混凝土板形成强度的必要条件。通过抽真空、升温、恒温、降温，以符合自身产品的蒸压养护制度，使蒸压气混凝土内部的水热反应充分进行，达到相应的强度。在这个过程中，由于板材内部配有钢筋，若入釜前相关工艺参数和相关保护措施不到位，则在蒸压养护阶段易出现钎孔裂纹、层裂、边角裂等质量缺陷。为避免这些缺陷产生需要注意浇注过程和冒泡效果、严格控制切割硬度、釜前注意保温等。

当采用菱苦土为调节剂时，因板材配料中的菱苦土一般要求在 8h 前后消解，板材在完成浇注后 8h 左右必须完成切割并入釜蒸压养护，以保证坯体的膨胀适应钢筋的膨胀。

板材的蒸压养护与砌块不同之处是温度的升降必须缓慢，以尽量缩短坯体内外的温差，避免板材因裂缝而报废。蒸压养护制度也受到板材配筋率的影响，不同的配筋率应制定不同的养护制度。同时，在同一釜中，板的规格应尽量一致，包括板的长度、厚度和配筋率等。

8.4.4　板材的后期加工

板材的后期加工，主要指铣槽、倒角、锯切、粘拼、镂花等，铣槽、倒角也可以在切割机上完成（如伊通型切割机），但还有许多加工在完成蒸压养护后进行，为此必须配置专门的铣削加工设备。

板材后期加工的品种主要有如下几种：

1. 花纹板

表面进行加工处理形成一定图案的蒸压加气混凝土板（也称艺术板），见图 8-5、图 8-6。花纹板通常为具有装饰功能的墙板，是在板材完成蒸压养护后对表面进行的镂刻加工。用于镂刻花纹的称为雕刻机，花纹图案可以输入电脑，然后由电脑控制刻刀，可出任意花纹。花纹板一般用于外墙装饰。

2. 转角板

转角板用于转角处的板，其外形见图 8-7。转角板一般外挂在（混凝土）柱外侧，通常为竖装（即使柱间板为横板时）。转角板是先生产坯板，再经锯切设备加工而成。转角板表面也可加工成上述的花纹，以期装饰统一。

3. 过梁板和 U 形板

过梁板是按门窗洞口过梁受力要求特制的板材，分为承重过梁和非承重过梁。一般采用符合荷载要求的板材切割而成。为在墙体中方便使用，往往在过梁的两端或一侧粘贴砌块或窃据下的端板，以凑成砌块高度。

U 形板指内侧在后加工时切除形成空腔的特种板材，因为内部配筋，也笼统地归到板材中。用砌块加工成 U 形块，将数块 U 形块按尺寸要求成组，再在空腔配筋并浇筑混凝土以作过梁使用。这种过梁除了具有较好的结构性能和热工性能外，加工比 U 形板方便简单。

切割是板材后加工使用最多的工艺，在板材施工中遇到的各种配板，大部分是以切割的方式加工的；往往一个订单会有多种规格，但生产中又不便于每一种规格都由切割机完成加工，这就需要进行成品的再切割；而销售后余下的尾货，也大多需按新订单要求进行切割加工。

4. 喷涂彩板

喷涂彩板是在成品板上按装饰要求喷涂饰面涂料。

5. 粘贴装饰板

粘贴装饰板是在成品板上按装饰要求粘贴饰面材料。粘贴的面层材料有瓷砖、花岗岩、大理石等。

6. 整体组装房和墙板

整体组装房是将独立的板材，按设计图纸组成建筑的一个单元，并完成内外装饰，安装好门窗空调和地板等，现场要做的只是组装和屋面、地坪的施工。这种整体式组装房也称单元房。单元房概念最早来自日本，适用于建设场地狭窄，建设工期短，对周围环境影响小的工程。

我国过去成功地开展了蒸压加气混凝土墙板和复合墙板的生产和应用。蒸压加气混凝土墙板是将板材在厂内组装好的正片墙体；复合墙板是将蒸压加气混凝土砌块排列在预设钢筋的墙板模内，再进行混凝土浇筑形成的整体墙板，这两种墙板类似于今天的 PC 墙板。PC 是预制装配式混凝土的简称，PC 只是建筑产业化的一部分，通常是指是以混凝土预制构件为主要构件，经装配、连接以及部分现浇而成的混凝土结构，这种装配式的结构体系其实已经在我国由来已久。

按照建筑产业化要求，施工现场的加工制作将越来越少，极大部分加工将在工厂内完成，以上各种后期加工既是建筑业发展的必然，也是企业延伸服务的方向。

现在，建筑业已经在推广 BIM 技术，BIM 就是利用创建好的 BIM 模型提升设计质量，减少设计错误，获取、分析工程量成本数据，并为施工建造全过程提供技术支撑，为项目参建各方提供基于 BIM 的协同平台，有效提升协同效率，确保建筑在全生命周期中能够按时、保质、安全、高效、节约完成，并且具备责任可追溯性。因此，蒸压加气混凝土生产应主动对接 BIM 技术，以确立蒸压加气混凝土板在建筑中的地位。

思 考 题

1 屋面板中，受拉筋、受压筋、锚筋和连系筋分别指什么？
2 板材在浇注时，为什么要求有较好的流动性，为什么发气不应留有尾巴？
3 板材生产为什么有的工艺要加菱苦土，有的可以不加？
4 采用铁件连接的钢筋网笼最易出现什么弊端？如何控制？
5 塑料卡工艺的优点和缺陷是什么？

9 质量管理

蒸压加气混凝土的生产受到多方面因素的影响，是一个比较复杂的动态过程，产品质量受到人、机器、材料、方法、环境和检测六大因素的影响，为此展开的质量管理活动是一个完整的系统。本书主要讨论生产技术问题，质量管理只做概念介绍。

9.1 质量管理的一般概念

质量是反映实体满足规定或潜在需要能力的特性之总和。对企业而言，质量是企业的生命，是企业信誉的标志，是企业开拓市场的武器，是提高企业经济效益的最佳途径。纵观当今世界成功的经营者，无不把质量管理作为经营活动的重点。

质量管理是指确定质量方针、目标和职责，并在质量体系中通过质量策划、质量控制、质量保证和质量改进，使其实施的全部管理职能的全部活动，其中质量保证体系是企业实施质量管理的必备条件，在强化质量体系的同时，对关键的工序（岗位）实行有效的质量控制，是追求产品质量的有效途径。质量管理的原则是具有可追溯性，即任何制造信息都可以追溯到源头。质量管理的基本手段是形成完整的数据链，保证每一个数据有来源，并且数据之间具有必然的内在联系。

质量管理是管理方法之一，是以保证产品质量为核心而采取的一系列经营管理方法的总称。它大体有三个阶段：（1）质量检验阶段。其特点是仅"抽样检验"产品，因而不能控制产品质量。（2）统计质量阶段。其特点是强调用管理统计方法，从产品质量波动中找出规律性，以采取有效措施，使生产过程各个环节控制在正常状态之中来保证质量。（3）全面质量管理阶段（TQC）。以向服务对象提供满意的产品和最佳服务为目的，以组织的全体职工为主体，综合运用现代科学和管理技术成果，控制影响质量构成全过程的各种因素，以最经济的方法实现高质量、高效益的科学管理。

全面质量管理的主要特点是：（1）管理内容的全面性，包括产品质量及其赖以形成的工作质量都管起来；（2）管理范围的全面性，即全过程的质量管理；（3）管理方法的全面性；（4）管理工作的全员性，即调动全体职工都对产品质量负责，这种方法的思想基础是"质量第一"，特别强调对全体职工进行质量意识和责任感的教育。

质量管理的七种工具：

统计调查表法是利用专门设计的统计表对质量数据进行收集、整理和粗略分析质量状态的一种方法。

分层法是将调查收集的原始数据，根据不同的目的和要求，按某一性质进行分组、整理的分析方法。

排列图法是利用排列图寻找影响质量主次因素的一种有效方法。

因果分析图法。是利用因果分析图来系统整理分析某个质量问题（结果）与其产生原因之间关系的有效工具。

直方图法。是将收集到的质量数据进行分组整理，绘制成频数分布直方图，用以描述质量分布状态的一种分析方法。

控制图。用途主要有两个，一是过程分析，即分析生产过程是否稳定；二是过程控制，即控制生产过程质量状态。

相关图。在质量控制中是用来显示两种质量数据之间关系的一种图形。

9.2　质量控制

质量控制是指为达到质量要求而采取的作业技术活动。控制是一个制订以及达到预定质量要求的管理过程。它包括确定标准、检测结果、发现差异、采取措施调编、达到预定质量要求五个方面。

依据质量控制的含义，质量控制就是要把管理的结果（产品的质量特性）转变成管理的原因（影响质量的因素）。具体地讲，就是把一种产品或一条生产线上的关键质量特性，通过因果分析图分析后，找出主要因素逐级展开，可展开两次、三次或多次，直到便于管理为止；然后建立管理办法，规定这些主要因素的管理项目和允许界限，并通过管理这些主要因素来保证产品的质量，我们称这些被管理的主要因素为质量控制点。

显然，质量控制点是质量控制工作中的关键，建立质量控制点是实现质量控制工作的基础。

9.2.1　建立质量控制点的原则

建立质量控制点，一般有以下四条原则：

（1）对产品的性能、成分、精度、寿命、可靠性和安全性等有直接影响的关键项目和关键部件，应建立质量控制点；

（2）工序本身有特殊要求，或对下道工序有影响的质量特性，应建立质量控制点；

（3）质量不稳定，出现不良品多的工序，应建立质量控制点；

（4）对从用户或各种抽检、试验中所反馈回来的不良项目，应建立质量控制点。

为了保证生产和产品质量，在遵循上述原则的前提下，对确定的质量控制点要依据其对生产和产品质量的影响程度进行分类，一般分 A、B、C 三类。

A 类：如果控制点失控，将直接影响到产品的安全性，如蒸压加气混凝土的力学性能、耐久性能等；

B 类：如果控制点失控，将降低产品的使用功能，如蒸压加气混凝土的导热系数、干密度和尺寸偏差等；

C 类：如果控制点失控，会造成用户不便及损害企业形象，如蒸压加气混凝土的外观等。

9.2.2 建立质量控制点的方法和步骤

建立质量控制点一般由企业的质量管理部门负责组织设计、工艺、检验等职能部门和有关车间进行，具体步骤如下：

（1）确定质量控制点，编制质量控制点明细表，质量管理部门组织有关机构，根据产品质量特性分级、产品工艺流程和存在的质量问题。通过分析，按建立质量控制点的原则，确定产品全过程应建立的质量控制点数，然后编制"质量控制点明细表"。

（2）编制控制点的有关文件：

① 设计绘制"质量控制点流程图"，明确标出控制点的工序、质量特性、质量要求、测量方法、测量工具、管理方法以及采用的管理工具（图表）等；

② 编制控制点质量特性分级表（可合并在质量控制点明细表上）；

③ 组织有关车间的工艺人员等进行工序分析，找出影响控制质量特性的主导性要素，编制"工序质量表"；

④ 根据操作规程，编制"作业指导书"（或工艺操作卡）和"质量控制点表"（自检表）。

以上文件均应按企业规定的工艺文件审批程序，经工艺部门领导审查，总工程师批准。

（3）由设备、工具、检验等部门，根据工序分析提出的与本部门职能有关的、影响控制点质量特性的主导性要素，编制"设备周期点检卡""工装周期点检卡"以及"计量仪器周期点检卡"等，并制订管理办法加以贯彻实施。

（4）由质量管理部门负责有关车间的质量管理员收集数据，计算并绘制控制点所用控制图和数据记录表。

（5）建立"质量责任制"等制度，明确奖惩办法，组织操作工人学习控制点文件和有关制度。

（6）落实控制点实施条件，组织工人实施，并组织人员对控制点进行验收。

9.2.3 蒸压加气混凝土工厂质量控制点

依据质量控制点设置的原则，可以从原材料开始直至成品出厂的过程，逐一建立质量控制点，然后编制各相关文件，现以水泥-石灰-粉煤灰蒸压加气混凝土的生产为例，试列质量控制点明细表，见表9-1。

表9-1 蒸压加气混凝土质量控制点明细表

序号	工序	工序号	控制点编号	控制点名称	技术要求	检测方式	检测工具	检测频次	质量特性分级			管理手段
									A	B	C	
1	原材料	1	①	石灰	JC/T 621	专检	略	每批	✓			数据表
2		1	②	粉煤灰	JC/T 409	专检	略	每批	✓			数据表
3		1	③	水泥	GB 175	专检	略	每批	✓			数据表

序号	工序	工序号	控制点编号	控制点名称	技术要求	检测方式	检测工具	检测频次	质量特性分级 A	质量特性分级 B	质量特性分级 C	管理手段
4		1	④	铝粉膏	JC/T 407	专检	略	每桶	✓			数据表
5		1	⑤	石膏	GB/T 37785	专检	略	每批	✓			数据表
6		1	⑥	钢筋	GB/T 701 GB 1499.1 JC/T 540	专检	略	每批	✓			数据表
7		1	⑦	涂料	企业标准	专检	略	每批	✓			数据表
8		1	⑧	塑料卡	企业标准	专检	略	每批	✓			数据表
9	石灰加工	2	⑨	石灰破碎粒度	≤15mm	自检	略	每15min		✓		控制图
10		2	⑩	石灰磨细度（出磨口）	≤15%（0.08mm 筛余）	自检	分样筛	每15min				控制图
11		2	⑪	粉状石灰性能（仓）	A-CaO≥60% 消解温度≥80℃ 细度≥15% 消解速度 10～15min	专检	略	每30min	✓			控制图
12	粉煤灰加工	3	⑫	粉煤灰浆浓度	相对密度 1.39～1.41	自检	量杯	每15min		✓		控制图
13		3	⑬	粉煤灰细度	≤15%（0.08mm 筛余）	专检	分样筛	每池		✓		数据表
14		3	⑭	石膏含量	工艺规程	专检	略	每池	✓			数据表
15	钢筋加工	3	⑮	钢筋拉拔后直径	见工艺规程	专检	略	每个盘圆	✓			控制图
16		3	⑯	网笼焊接强度、网片平整度，	见工艺规程	专检	略	每片	✓			数据表
17		3	⑰	网笼浸渍涂层厚度	见工艺规程	专检	略	每模	✓			数据表
18	配料	4	⑱	石灰性能	A-CaO≥60% 消解温度≥80℃ 细度≤15% 消解速度 10～15min	专检	略	每10模	✓			数据表
19		4	⑲	石灰计量	当日配料单	自检	计量称	每模	✓			数据表
20		4	⑳	水泥计量	当日配料单	自检	计量称	每模	✓			数据表
21		4	㉑	粉煤灰计量	当日配料单	自检	计量称	每模	✓			数据表
22		4	㉒	铝粉等计量	当日配料单	自检	计量称	每模		✓		数据表
23	浇注	5	㉓	各物料投料搅拌时间	当日配料单	自检	秒表	每模	✓			数据表
24		5	㉔	料浆扩散度	18～20cm	自检	略	每模		✓		数据表
25		5	㉕	浇注温度高度	42℃，32cm	自检	略	每模		✓		数据表

续表

序号	工序	工序号	控制点编号	控制点名称	技术要求	检测方式	检测工具	检测频次	质量特性分级			管理手段
									A	B	C	
26	静停	6	㉖	发气速度	0～10min 1.5～2.5cm/min；11～15min 0.8～1.2cm/min 20min 结束	自检	钢直尺	每10模		✓		数据表
27		6	㉗	稠化时间 冒泡时间	15～20min	自检	秒表	每模		✓		数据表
28		6	㉘	坯体强度 坯体温度 坯体含水率	工艺规程	自检	强度仪	每模		✓		数据表
29	切割	7	㉙	外观质量	粘模≤200cm² 棱角损坏≤300×30cm	自检	钢直尺	每模			✓	数据表
30		7	㉚	尺寸精度	±2, ±2, ±4(坯体四周)	自检	钢直尺	每模			✓	数据表
31	釜前静停	8	㉛	坯体强度 坯体温度 坯体含水率	工艺规程	自检	强度仪	每模		✓		数据表
32	蒸压养护	9	㉜	蒸压养护的时间、温度、蒸汽压力	抽真空-0.06MPa 恒压1.2MPa，升温2h，恒温7h，降温2h。	自检	压力表	每釜 每15min	✓			数据表
33	出釜	10	㉝	外观	工艺规程	自检	目检	每模			✓	数据表
34		10	㉞	出釜含水率	工艺规程	自检	略	每釜			✓	数据表
35	分拣	11	㉟	外观及尺寸	GB/T 11968 GB/T 15762	自检	钢直尺	抽检			✓	数据表
36		11	㊱	抗压强度	GB/T 11968	自检	压力机	抽检	✓			数据表
37		11	㊲	绝干密度	GB/T 11968	自检	略	抽检	✓			数据表
38		11	㊳	干燥收缩	GB/T 11968	自检	略	抽检	✓			数据表
39		11	㊴	抗冻性	GB/T 11968	自检	略	抽检	✓			数据表
40		11	㊵	导热系数	GB/T 11968	自检	略	抽检	✓			数据表
41		11	㊶	锈蚀面积	GB/T 15762	自检	略	抽检	✓			数据表
42		11	㊷	钢筋黏着力	GB/T 15762	自检	略	抽检	✓			数据表
43		11	㊸	钢筋保护层	GB/T 15762	自检	略	抽检	✓			数据表
44		11	㊹	结构性能	GB/T 15762	自检	略	抽检	✓			数据表
45	后加工	12	㊺	外观	工艺规程	自检	目检	每块			✓	数据表
46	包装	13	㊻	标记	工艺规程	自检	目检	每朵			✓	数据表
47	堆放	14	㊼	堆放	分级	自检	目检	抽检			✓	数据表
48		14	㊽	出厂检验	GB/T 11968 GB/T 15762	专检	略	抽检	✓			数据表

以上仅以某一个企业的生产工艺（石膏与粉煤灰混磨）而设计，各企业在建立质量控制点时，应考虑各自的工艺特点及装备、规模。需要特别提出的是，产品质量不是决定于出釜以后的检验，而是决定于生产的全过程（包括售后服务）的控制。

9.3 质量检验

质量检验亦称"技术检验"。采用一定检验测试手段和检查方法测定产品的质量特性，并把测定结果同规定的质量标准做比较，从而对产品或一批产品作出合格或不合格判断的质量管理方法。其目的在于，保证不合格的原材料不投产，不合格的零件不转入下道工序，不合格的产品不出厂；收集和积累反映质量状况的数据资料，为测定和分析工序能力、监督工艺过程、改进质量提供信息。

9.3.1 检验分类

质量检验的目的，主要是判定产品质量是否符合技术标准，把好质量关，以保证向用户（包括下道工序）提供符合标准或有关规定要求的产品（或零部件），以维护用户（消费者）的利益。为此，在检验过程中，必须选择合适的检验方式及方法。

生产控制质量检验有多种不同的检验方式，通常有以下几种分类方法：

1. 按加工过程阶段分

——进货检验：对原材料、外协件和外购件进行的进厂检验。

——过程（工序）检验：生产现场进行的对工序半成品的检验。

——最终（成品）检验：对已完工的成品在入库前的检验。

2. 按检验地点分

——固定检验：在固定的地点，利用固定的检测设备进行检验。

——流动（巡回）检验：按规定的检验路线和检查方法，到工作现场进行检验。

3. 按检验对象与样本的关系分

——抽样检验：对应检验的产品按标准规定的抽样方案，抽取小部分的产品作为样本数进行检验和判定。

——全数检验：对应检验的产品全部进行检验。

——首件检验：对操作条件变化后完成的第一件产品进行检验。

4. 按检验人员分

——专职检验：专职检验人员对产品进行检验，是质量检验的主体，应行使质量否决权。

——自检：由生产工人在生产过程中对自己生产的产品根据质量要求进行自我检验。

——互检：生产工人之间对生产的产品进行相互检验，如上下工序间及交接班之间。

5. 按检验性质分

——非破坏性检验：产品检验后，不降低该产品原有性能的检验。

——破坏性检验：产品检验后，其性能受到不同程度影响，甚至无法再使用了的检验。

6. 按产品检验方法分

——感官检验法，包括视觉检验法、听觉检验法、味觉检验法、嗅觉检验法、触觉检验法。

——理化检验法，包括物理检验法、化学检验法、微生物检验法。

——试验性使用鉴定法。

按照国家标准，对企业产品质量检验，根据行业和产品特点，可以选择下列一类或多类检验：型式检验（例行检验）、定型检验（鉴定检验）、首件检验等；出厂检验（常规检验、交收检验）、质量一致性检验等。蒸压加气混凝土相关标准选择的是型式检验和出厂检验。

9.3.2　型式检验

为了认证目的进行的型式检验，是对一个或多个具有生产代表性的产品样品利用检验手段进行合格评价。这时检验所需样品数量由质量技术监督部门或检验机构确定和现场抽样封样；取样地点从制造单位的最终产品中随机抽取。检验地点应在经认可的独立的检验机构进行。型式检验主要适用于对产品综合定型鉴定和评定企业所有产品质量是否全面地达到标准和设计要求的判定。

型式检验依据产品标准，由质量技术监督部门或检验机构对产品各项指标进行的抽样全面检验。检验项目为技术要求中规定的所有项目。

检验前提是有下列情况之一时进行型式检验：

（1）新产品或者产品转厂生产的试制定型鉴定；

（2）正式生产后，如结构、材料、工艺有较大改变，可能影响产品性能时；

（3）长期停产后恢复生产时；

（4）正常生产，按周期进行型式检验；

（5）出厂检验结果与上次型式检验有较大差异时；

（6）国家质量监督机构提出进行型式检验要求时；

（7）用户提出进行型式检验的要求时。

为了批准产品的设计并查明产品是否能够满足技术规范全部要求所进行的型式检验，是新产品鉴定中必不可少的一个组成部分。只有型式检验通过以后，该产品才能正式投入生产。

对于批量生产的定型产品，为检查其质量稳定性，往往要质量技术监督部门或检验机构进行定期抽样检验（在某些行业该抽样检验又叫作确认检验）。

型式检验的流程如下：

1. 约请型式检验机构

申请产品制造许可的单位，在获得受理通知后，应按相关管理办法向有型式检验资格的机构提出申请制造许可的产品型式检验意向委托书，同时提交制造许可受理通知书（复印件）。型式检验机构根据受理通知书中申请制造许可的产品类别、品种进行型式检验。型式检验机构在接到申请单位的约请后，按双方约定的时间，派出 2～4 名检验检测人员组成型式检验组，由一名具有评审资格的评审员担任组长，到制造单位进行产品抽样并完成相关检查等工作。

2. 具体工作内容：

（1）产品抽样：由型式检验组根据标准规定的产品抽样规则进行抽样。产品抽样应在制造单位库房中或在生产线末端经生产企业检验合格并包装好的产品中随机抽取经制造单位质检部门检验合格的库存产品。

（2）设计资料审查：型式检验组对抽样产品的图纸、计算书等设计资料进行审查。

（3）型式检验：制造单位现场具备型式检验条件的，产品抽样后在制造单位现场进行试验。制造单位现场不具备型式检验条件的，产品抽样后，由制造单位负责将封好的产品发运到型式检验机构所在地。

（4）出具型式检验报告：型式检验机构在完成产品型式检验后规定日期内出具型式检验报告（三年有效期），报告一式数份，制造单位、评审机构、受理机构一并存档。

9.3.3　出厂检验

对正式生产的产品在出厂时必须进行的最终检验，用以评定已通过型式检验的产品在出厂时是否具有型式检验中确认的质量，是否达到良好的质量特性的要求。产品经出厂检验合格，才能作为合格品交付，出厂检验的检验项目由相关标准规定。有订货方参加的出厂检验成为交收检验。

9.3.4　出厂检验和型式检验的区别

出厂检验和型式检验除了定义有区别以外，还具有如下区别：

1. 检验时间不同

型式检验只需要每半年进行一次，而出厂检验需要每批产品出厂前都进行检验，检验合格方可出厂。

2. 检验范围不同

出厂检验大多时候只需要完成部分的检测项目，是生产企业对自己生产的产品进行的检验；型式检验需要完成规定的所有检测项目，且型式检验是由职能部门或第三方来完成检测。

3. 检验前提标准不同

型式检验的前提是前述 7 项情况之一；出厂检验的前提是针对每批产品的质量。

思　考　题

1　质量管理的内容是什么？

2　质量管理的原则和基本手段是什么？

3　什么是质量控制？

4　建立质量控制点应编制哪些文件？

5　什么叫型式检验？什么是出厂检验？两者的区别是什么？

10　安全管理

安全管理是企业生产管理的重要组成部分，是一门综合性的系统科学。安全管理的对象是生产中一切人、物、环境的状态管理与控制，安全管理是一种动态管理。安全管理，主要是组织实施企业安全管理规划、指导、检查和决策，同时，又是保证生产处于最佳安全状态的根本环节。现场安全管理的内容，大体可归纳为安全组织管理、场地与设施管理、行为控制和安全技术管理四个方面，分别对生产中的人、物、环境的行为与状态，进行具体的管理与控制。

安全管理虽然不属于本书讨论的范围，但所有的工艺活动无不与安全密切相关，本章不能全面地论述安全管理，仅做一般概念讲解，以求以点带面，提示生产工艺不应忽略安全管理。

10.1　五种关系和六项原则

为有效地将生产因素的状态控制好，企业实施安全管理过程中，必须正确处理五种关系，坚持六项基本管理原则。

10.1.1　五种关系

安全与危险并存。安全与危险在同一事物的运动中是相互对立的，相互依赖而存在的。因为有危险，才要进行安全管理，以防止危险。安全与危险并非等量并存、平静相处。随着事物的运动变化，安全与危险每时每刻都在变化着，进行着此消彼长的较量。事物的状态将向胜方倾斜。可见，在事物的运动中，都不会存在绝对的安全或危险。

保持生产的安全状态，必须采取多种措施，以预防为主，危险因素完全可以控制。

安全与生产的统一。生产是人类社会存在和发展的基础。如果生产中人、物、环境都处于危险状态，则生产无法顺利进行。因此，安全是生产的客观要求。显然，当生产完全停止，安全也就失去意义。就生产的目的性来说，组织好安全生产就是对国家、人民和社会最大的负责。

生产有了安全保障，才能持续稳定发展。生产活动中事故层出不穷，生产势必陷于混乱、甚至瘫痪状态。当生产与安全发生矛盾、危及职工生命或国家财产时，生产活动停下来，整治、消除危险因素以后，生产形势会变得更好。"安全第一"的提法，决非把安全摆到生产之上，忽视安全自然是一种错误。

安全与质量的含义。从广义上看，质量包含安全工作质量，安全概念也内涵着质量，交互作用，互为因果。安全第一，质量第一，两个第一并不矛盾。安全第一是从保护生产因素的角度提出的，而质量第一则是从关心产品成果的角度而强调的。安全为质量服务，质量需要安全保证。生产过程丢掉哪一头，都要陷于失控状态。

安全与速度互保。生产的蛮干、乱干，在侥幸中求快，缺乏真实与可靠，一旦酿成不幸，非但无速度可言，反而会延误时间。速度应以安全做保障，安全就是速度。我们应追求安全加速度，竭力避免安全减速度。

一味强调速度，置安全于不顾的做法极其有害。当速度与安全发生矛盾时，暂时减缓速度，保证安全才是正确的做法。

安全与效益兼顾。安全技术措施的实施，会改善劳动条件，调动职工的积极性，焕发劳动热情，带来经济效益，足以使原来的投入得以补偿。从这个意义上说，安全与效益一致，安全促进效益增长。

在安全管理中，投入要适度、适当，精打细算，统筹安排。既要保证安全生产，又要经济合理，还要考虑力所能及。单纯为了省钱而忽视安全生产，或单纯追求不惜资金的盲目高标准，都不可取。

10.1.2 六项原则

管生产同时管安全。安全寓于生产之中，并对生产发挥促进与保证作用。因此，安全与生产虽有时会出现矛盾，但从安全、生产管理的目标、目的来看，两者表现出高度的一致和完全的统一。

安全管理是生产管理的重要组成部分，安全与生产在实施过程中，两者存在着密切的联系，也存在着进行共同管理的基础。

管生产同时管安全，不仅是对各级领导人员明确安全管理责任，同时，也向一切与生产有关的机构、人员，明确了业务范围内的安全管理责任。由此可见，一切与生产有关的机构、人员，都必须参与安全管理并在管理中承担责任。认为安全管理只是安全部门的事，是一种片面的、错误的认识。

各级人员安全生产责任制度的建立、管理责任的落实，体现了管生产同时管安全。

坚持安全管理的目的性。安全管理的内容是对生产中的人、物、环境因素状态的管理，有效地控制人的不安全行为和物的不安全状态，消除或避免事故，达到保护劳动者的安全与健康的目的。

没有明确目的的安全管理是一种盲目行为，盲目的安全管理，危险因素依然存在。在一定意义上，盲目的安全管理，只能纵容威胁人的安全与健康的状态，向更为严重的方向发展或转化。

贯彻预防为主的方针。安全生产的方针是"安全第一、预防为主"。安全第一是从保护生产力的角度和高度，表明在生产范围内，安全与生产的关系，肯定安全在生产活动中的位置和重要性。

安全管理不是处理事故，而是在生产活动中，针对生产的特点，对生产因素采取管理措施，有效地控制不安全因素的发展与扩大，把可能发生的事故，消灭在萌芽状态，以保证生产活动中人的安全与健康。

贯彻预防为主，首先要端正对生产中不安全因素的认识，端正消除不安全因素的态度，选准消除不安全因素的时机。在安排与布置生产内容的时候，针对生产中可能出现的危险因素，采取措施予以消除。在生产活动过程中，经常检查、及时发现不安全因素，采取措施，明确责任，尽快地、坚决地予以消除，是安全管理应有的鲜明态度。

坚持"四全"动态管理。安全管理不是少数人和安全机构的事，而是一切与生产有关的人共同的事。缺乏全员的参与，安全管理不会有生气、不会出现好的管理效果。当然，这并非否定安全管理第一责任人和安全机构的作用。生产组织者在安全管理中的作用固然重要，全员性参与管理也十分重要。

安全管理涉及生产活动的方方面面，涉及从开工到竣工交付的全部生产过程，作业时间，及一切变化着的生产因素。因此，生产活动中必须坚持全员、全过程、全方位、全天候的动态安全管理。

安全管理重在控制。进行安全管理的目的是预防、消灭事故，防止或消除事故伤害，保护劳动者的安全与健康。在安全管理的四项主要内容中，虽然都是为了达到安全管理的目的，但是对生产因素状态的控制，与安全管理目的关系更直接，显得更为突出。因此，对生产中人的不安全行为和物的不安全状态的控制，必须看作是动态的安全管理的重点。事故的发生，是由于人的不安全行为运动轨迹与物的不安全状态运动轨迹的交叉。从事故发生的原理，也说明了对生产因素状态的控制，应该当作安全管理重点，而不能把约束当作安全管理的重点，是因为约束缺乏带有强制性的手段。

在管理中发展提高。既然安全管理是在变化着的生产活动中的管理，是一种动态过程。其管理就意味着是不断发展和变化的，以适应变化的生产活动，消除新的危险因素。然而更为需要的是不间断地摸索新的规律，总结管理、控制的办法与经验，指导新的变化后的管理，从而使安全管理不断的上升到新的高度。

10.2　安全工作要点

事故的发生，是由于人的不安全行为运动轨迹与物的不安全状态运动轨迹的交叉。做好安全工作，必须从人和物（设备、建筑环境等）两个方面齐下手，才能有效实现管控。

10.2.1　风险评价抓源头控制

风险评价是企业安全管理中采用的一种技术手段，通过危险源的划分和预评价，找出各单位中存在的危险因素，然后有的放矢，采取必要的安全对策加以解决，从危险源源头上予以控制，以达到安全生产目标。因此，应依据自身的生产特点，将整个生产流程划分为若干单元，然后进行危险分析和不可接受危险程度的评价，对不可以接受的因素，及时拿出相应的安全对策和资金进行整改，对不能接受的危险，应告知员工可能发生什么结果，应怎么预防。

10.2.2 加强监督抓隐患整改

监督检查是安全生产管理工作的一项保证措施，是安全管理网络里的一个双向载体，通过它可以对公司的安全决策监督实施，又能快速向决策层反馈最新的安全信息，并根据这些信息做出决断，其目的就是及时发现危害因素，快速消除安全隐患。

10.2.3 总结工作抓整改提高

通过阶段性总结和评比找出差距，找出安全管理中的漏洞，作为下一阶段应解决的问题，达到提高整体安全管理水平的目的，这个提高包括言论理念和行为意识、客观环境和管理技术。

10.2.4 更新理念抓积极因素

"以人为本"找准切入点，开展具有针对性的长期细致的工作，从根本上改变"要我安全"到"我要安全"思想的彻底转变，将安全预防工作的重点前移到加强安全教育、提高全员安全素质的环节上来。通过安全制度的建立和完善，安全生产责任制的制定和落实，有效提高全员安全生产意识。

10.2.5 落实责任抓网络建设

安全生产责任制的落实，是有效控制安全生产事故的中心工作，而落实的途径，则是依靠合理的安全管理网络，采取安全生产责任横向划分，落实到边，安全生产目标逐层分解，贯彻到底的方法。使各个体单位安全目标实现，便能确保安全生产总目标的实现。

10.3 蒸压加气混凝土企业常见安全隐患

蒸压加气混凝土生产线虽然没有易燃易爆、剧毒腐蚀等安全隐患，但蒸压釜、各种专用吊具、移动设备及地坑沟池等仍为企业的主要安全威胁，应给予高度的重视。其他所有设备也都应该按相关规定进行管理，特别是蒸压加气混凝土专用设备，没有现成的可以直接采用的方法，也没有纳入专门机构的监管范围，更应严格管理。

10.3.1 特种设备及场所

特种设备及场所包括起重机械、压力容器及管道、压力表及安全阀、各种气瓶等。

蒸压加气混凝土行业的吊具因起吊高度的限制，一般不作为特种设备管理。但是，正因为不作为特种设备管理，缺少了专门机构的监督，我们更应给予重视，在企业因各种专用吊具出的事故不少，比如模具侧板滑落，还屡有死亡事故发生。

蒸压釜是压力容器，本来有着严格的管理办法，其中，安全联锁是最基本的措施，也是最容易做到的，但蒸压釜却成为事故最多的设备，并且几乎都是死亡事故。

仅仅因为安全联锁影响效率，就自行解除安全联锁，于是事故就难以避免。

10.3.2 危险化学品及使用和贮存场所

铝粉膏、废机油都算作危险化学品，我们说铝粉膏是安全的，也是相对概念，因为铝粉膏在放置不当时，既会脱水而易燃易爆，也会遇水发热而引起燃烧，因此，我们在管理和使用上应该将其当危险化学品对待。

10.3.3 配电房、移动电气及设备

配电房、高压磨机、各种电动工具以及模具和小车都存在安全隐患。配电房、高压磨机等都有专门的管理要求，但模具小车及牵引等移动设备，却经常发生伤人事故。毕竟，作业面比较宽，设备数量大，管理有一定难度，应在人员管理及设备管理上给予高度重视。特别是一些劣质设备，因制造粗糙而失控，造成不应发生的事故；一些生产线也因设计留有安全隐患而造成事故。按要求，移动设备应设计停车驻车系统，但行业大部分企业的移动设备都不具备驻车功能，小车模具处于自由移动状态，无疑增加了管理的难度，轻则设备受损，重则人员受伤。

10.3.4 普通机械设备

普通的机床及蒸压加气混凝土专用设备都有传动系统，普通机床都是定型的标准产品，一般都有相应的保护措施和安全警示，但专用设备却大多数没有保护和警示，比如传动的链条、传动轴等，更很少有专用设备附设吊钩吊环，标示起吊位置和吊装方式，这些都为生产活动埋下了安全隐患。

10.3.5 消防设施

关于消防设施，国家有严格的规定，要按相关规定执行。

10.3.6 其他

蒸压加气混凝土行业有许多地沟浆池，也有许多临空设施，这些是行业内企业发生死亡事故较多的场所，应按相关规定严格做好安全管理工作。

思　考　题

1　安全事故是如何引起的？
2　试述蒸压加气混凝土企业的主要安全隐患？

结　束　语

蒸压加气混凝土完成了生产，并经质量检验验收后，只能说是完成了产品的加工过程，只有将产品提供给用户并具有使用价值时，才真正完成了商品的生产，这就要求我们的生产过程还必须包括产品的贮存、合适的包装和运输、使用现场的技术服务及其他售后服务等。德国的凯莱-伊通为我们做了样板，他们在提供产品的同时，也提供了工具和与产品配套的其他材料，提供了使用和维护的方法，甚至所有材料、构件、连接件等都按设计图加工配备齐全，施工时只要"按图索骥"，找到构件或部品放到正确的位置就可以了。

今天，蒸压加气混凝土在墙改、节能和防火的应用基础上，发挥了适应建筑产业化的优势。建筑无不追求个性的表现，而蒸压加气混凝土能满足建筑的这一特性，它会让建筑师的想象发挥得淋漓尽致，这在中国尊第五层 13.2m 层高的设备层和武清阿里巴巴菜鸟单层 32m 的智能仓库的建设中，尽显建筑空间构筑的超强能力；而在中国国学中心和天津万丽宾馆则实现了浪漫的想象，无不体现了个性化和标准化的统一。建于 1973 年，19 层 79.8m 的北京饭店，内外墙使用了 3.0MPa 的砌块，标志着我国蒸压加气混凝土砌块的成功应用；建于 2003 年，建筑面积 6 万 m² 的北京医院门诊住院大楼，内外墙全部采用粉煤灰蒸压加气混凝土板，证明粉煤灰蒸压加气混凝土同样具有优良的特性，又都彰显了绿色和环保的优势。

我们完全有能力做好蒸压加气混凝土，但我们还必须让全社会了解蒸压加气混凝土。蒸压加气混凝土不是砖，是一种新型绿色建材，它所具有的自身特性，势必要求我们以新的眼光来看它，来理解它，来运用它。蒸压加气混凝土和所有的建筑材料一样，需要用专门的技术来显示其优异的特性，以求得到为人类服务的机会。

蒸压加气混凝土不仅仅是建筑材料，更是建筑的一个部品、一个组件、一栋完整的房子。建筑产业化已经为我们提出了新的要求，也提供了新的市场，我们应该放大格局，更新理念，跳出材料生产的窠臼，融入建筑产业化的大潮。

参考文献

[1] 张继能，顾同曾．加气混凝土生产工艺[M]．武汉：武汉工业大学出版社，1992.

[2] 南京化工学院，武汉建材学院，同济大学，等．水泥工艺原理[M]．北京：中国建筑工业出版社，1980.

[3] 浙江大学，武汉建材学院，上海化工学院．硅酸盐物理化学[M]．北京：中国建筑工业出版社，1980.

[4] F M LEA．水泥和混凝土化学[M]．唐明述，等译．北京：中国建筑工业出版社，1980.

[5] K B 格拉德基赫．废渣和粉煤灰加气混凝土制品[M]．陈振基，译．北京：中国建筑工业出版社，1979.

[6] 中村吉朗．建筑造型基础[M]．雷宝乾，译．北京：中国建筑工业出版社，1987.

[7] 中国加气混凝土协会．加气混凝土创新与发展(2017)[M]．北京：中国建材工业出版社，2017.

[8] 发展改革委，建设部．建设项目经济评价方法与参数[M]．3 版．北京：中国计划出版社，2006.

[9] 国家质量监督检验检疫总局质量管理司．质量专业理论与实务[M]．北京：中国人事出版社，2002.

[10] 范声华．固定资产投资管理[M]．北京：地质出版社，1992.

附录 1

蒸压加气混凝土生产线建设概要

蒸压加气混凝土生产线建设工程，是一项综合各种专业的系统工程，从确定必要的工艺条件和相应的技术路线，确定原材料技术要求，确定主要工艺装备及基本条件，确定生产企业的基本验收指标，到进行施工安装，都有着相应的标准和规范予以指导。我们必须明白：我们要什么？我们如何做？也就是产品如何定位。要求首先应审度建设单位的自身条件，确定自己的目标；其次是根据市场条件及企业的发展规划确定合理的规模（规模定位）；第三应平衡好投资与技术水平的关系（技术定位）；第四是主要生产设备选型；最后是做好设计并投入施工。工程建设有着严格的要求也遵循着固有的规律，并受到国家法律法规和政策制度的制约。本附录仅对工程建设中的主要工作做一简要介绍。

1. 总体设计

一个设计的好坏，主要表现在技术上是否先进和经济上是否合理。虽然设计只能建立在已有的科学技术基础上，而不可能进行单独的开拓，但也不是现有生产工艺的简单重复，而必须不断吸取新的科技成果。因此，从事设计不仅要进行试验研究，还要进行经济分析，才能形成可行的方案。也就是设计必须始于工业试验阶段，将工业试验中所取得的数据，经过科学的推断扩大，形成工程建设方案。由此可见，设计是一个技术上的再创造过程，同时设计又是一项复杂的技术经济工作，既要分析所采用的各项新技术可能取得的经济效果，还要就整个工程的投资效果进行论证。这种技术经济分析，应该贯彻于地区总体规划、厂址和资源基地选择、各种设计方案的选定，直到项目投产的整个设计全过程中。

（1）总体设计主要包括以下内容：

① 产品品种的确定；

② 工厂规模的确定；

③ 厂址选择；

④ 生产方法的选择；

⑤ 工厂总平面布置；

⑥ 运输。

（2）设计文件编制的依据：

设计文件编制的依据包括可行性研究报告、设计任务书、国家及地方的有关规定，建设单位提供的技术基础资料。

技术基础资料包括资源条件、水文地质和工程地质条件、地理环境和自然条件、生产工艺流程、三废治理要求，以及附属设施、生活配套要求等。

（3）设计应遵循的原则：

① 应体现一定时期国家在建设工作上的方针政策；

② 坚持建设的先进性、经济性和适用性；

③ 正确掌握设计标准，注意节约建设投资，努力降低工程造价；

④ 开展综合利用，做好"三废"治理和环境保护；

⑤ 严格执行国家其他相关规定、规范和标准。

项目建设程序：

① 根据资源条件和国民经济长远规划与地区规划的要求编制计划任务书；

② 计划任务书经批准后进行厂址选择；

③ 厂址经批准后，对厂区、矿区（资源）进行勘察、测量，并落实水、电、交通运输等方面的技术协议，同时根据计划任务书的要求开展设计工作；

④ 初步设计完成后可通过专家论证，再报经批准后开展施工图设计，施工图经有关国家或地方职能部门审批后组织施工和安装；

⑤ 工程按照设计文件施工建设，工程完工经过试生产后进行验收和交付使用。

2. 设计的阶段

一般项目的设计工作分两个阶段开展，即初步设计和施工图设计。对于技术上比较复杂而又缺乏经验积累的项目，可增加技术设计阶段，即按初步设计、技术设计和施工图设计三个阶段进行。

（1）初步设计：解决重大原则、方案和总体规划方面的问题，包括设计依据、指导思想、工厂规模、产品品种、原燃料及动力和来源、工艺流程、主要设备的选型和配置、总图运输、主要建（构）筑物、公用辅助设施、新技术采用情况、生产组织和劳动定员、各项经济技术指标以及总概算等内容。

（2）技术设计：实现初步设计的意图，进一步研究解决细节和关联问题。

（3）施工图设计：绘制详细的施工图纸，确定所有设备、建（构）筑物、道路、管线的确切位置及其相互的关系尺寸。

设计文件必须包括以上所有技术和经济的图纸及文字资料。

施工图设计的深度，应能满足订购设备和材料、建设厂房、安装设备、修筑道路、敷设管线等的各项施工要求。

技术设计是产品的定型阶段，它将对产品进行全面的技术规划，确定零部件结构、尺寸、配合关系以及技术条件等。技术设计是产品设计工作中最重要的一个阶段，产品结构的合理性、工艺性、经济性、可靠性等，都取决于这一设计阶段。对蒸压加气混凝土而言就是配合比、物料平衡、热工平衡等。

在工厂建设中，建筑对工程的影响极大。评价一个工业项目的技术先进性，其中一个指标就是看建筑费用和装备费用在项目中的占比。装备确定了生产线的技术水平，并对产量和质量有直接贡献，而建筑只是提供装备运行和员工操作的空间。

3. 工艺设计

根据规定的产品品种、生产方法、工厂规模和其他要求，结合厂区自然条件和其他条件，选择生产流程和设备，提出车间的厂房布置和设备布置，绘制出工艺布置图，编制工艺设备表和工艺设计说明书，向其他专业提出设计条件，并根据各专业返回条件（俗称：穿衣脱帽）调整确定工艺布置图。

197

工艺设计是整个项目设计的灵魂，可以说"工艺是使命，但绝对以工艺为主的设计未免天真；设备是车骑，绝对以设备为主的设计难出窠臼。优秀的设备既来源于完备工艺也因完备工艺而生辉；优秀的工程是工艺的完整体现和设备能力的充分发挥"。

从整个工厂设计来说，工艺专业是主体专业，还具有组织和协调各专业的任务，工艺专业必须了解其他专业特别是土建专业的要求。提给其他专业的条件应该具有可能性和合理性，比如：柱网设置、层高确定、门窗位置、楼梯通道位置、支撑位置、设备（荷载）的布置方式。同时，其他专业也要向工艺专业提出条件，只有各专业间互提条件、互相配合和共同研究，才能确定出较好的设计方案。

工艺专业还应考虑车间平面和空间布置、设备布置、颜色搭配、空气流通、采光、通道设置等对操作人员情绪和效率的影响。因此，工艺专业设计人员应该了解其他各专业基本知识。

（1）从规模等基本参数着手

建设规模应依据成熟的工艺技术和成熟的装备技术，根据产品品种、质量、产量要求进行设计，在保证产品质量的前提下，结合建设单位的实际条件确定相关参数。建设还应为技术发展和产能扩展设定基本条件。

（2）明确蒸压加气混凝土生产应遵循的工艺原则

蒸压加气混凝土是蒸压养护工艺，其工艺流程有严格的要求。新建生产线应严格遵循工艺原则，不应任意简化或省略工艺过程。蒸压加气混凝土生产线交替着连续生产和间歇生产的过程，因此，在生产线应备有缓冲和过渡。

（3）明确专用设备的技术条件和要求

虽然蒸压加气混凝土的生产设备大部分属于专用设备而没有国家标准，但基本的要素应明确，如设备的定义、功能等。设备选型尽量选用结构新、体型小、质量轻、效率高、消耗省而且操作可靠、维修方便、供应有保证或能自行加工制造的设备。各种附属设备的型号、规格应尽量统一，以便于生产管理和减少配备件的种类。

（4）明确工厂建设的一般要求

蒸压加气混凝土生产是一个闭合的流水线，因此在总图布置和工艺平面布置容易出现人流和物流的交叉，容易忽略消防、疏散、抢救和维修通道的设置。要求布置简洁顺畅，互不干扰，并且单体构筑化零为整。

4. 建筑结构设计

建筑是人们为了满足生活、工作、学习等需要而构筑的空间，这个空间应确保实用性，还应该具有舒适性，因此建筑具有的基本属性包括空间性、艺术性和社会性。

为了空间的存在，需要结构体；如果结构体存在，空间必然成立。

建筑的本质是空间与结构体的有机统一体，即空间（建筑）—结构体（结构）—经济性（概算）的统一。

（1）外力作用

作用在建筑物上的外力称为荷载。荷载的大小和作用方式是结构设计和结构选型的重要依据，它决定着构件的形状、尺度和用料，而构件的选材、尺寸、形状等又与建筑构造密切相关。因此，在确定建筑构造方案时，必须考虑外力的影响。

现在普遍采用的钢结构厂房，主要有刚接和铰接两种，两种做法用钢量差异不大，但基础差异极大，因此，在有其他方案解决荷载（检修行车）时，应尽量选用铰接构造，这对于蒸压加气混凝土生产线复杂的设备基础尤为重要；对于较大荷载，宜采用柱直接传递荷载到承载面，而不宜通过梁，再到柱至承载面来间接传递荷载。

（2）自然环境

自然界的风霜雨雪、冷热寒暖的气温变化，太阳热辐射及地震力等均是影响建筑物使用质量和使用寿命的重要因素。在建筑构造设计时，必须针对所受影响的性质与程度，对建筑物的相关部位采取相应的措施，如防潮、防水、保温、隔热、设变形缝等。

中国地域辽阔，建筑方案应结合当地实际条件来确定。现在，蒸压加气混凝土生产线采用的柱距都较大，但各地的风荷载和雪荷载差异很大，采用统一的大柱距显然是不经济的。这时，建筑与工艺应共同研究，以提出既满足工艺要求，又符合建筑设计规范，并且经济合理的建筑方案。

（3）人为因素

人们在从事生产和生活活动中，常常会对建筑物造成一些人为的不利影响，如机械振动、化学腐蚀、爆炸、火灾、噪声等。因此，在建筑构造设计时，应针对各种影响因素采取防振、防腐、防火、隔声等相应的构造措施。

（4）物质技术条件

建筑材料、结构、设备和施工技术是构成建筑的基本要素之一，由于建筑物的质量标准和等级的不同，在材料的选择和构造方式上均有所区别。

（5）经济条件

为了减少能耗、降低建造成本及维护费用，在建筑方案设计阶段就必须深入分析各建筑设计参数与造价的关系，即在满足适用、安全的前提下，合理选择技术上可行、经济上节约的设计方案。建筑构造设计是建筑设计不可分割的一部分，也必须考虑经济效益的问题。

在工厂设计中，建筑结构应与工艺专业共同完成。一般来说，项目应该达到行业基准收益率，如果超出不大，可以通过调整工艺和建筑，以保证内部收益率处于行业基准收益率要求范围内；如果超出过大，那就说明项目是不可行的，这也许与可研阶段的条件发生了较大的变化有关，应停止项目而及时止损。

5. 施工管理

施工管理是项目建设管理的一个重要组成部分，是为了完成项目的施工任务，从接受任务起到工程验收为止的全过程中，围绕施工对象和施工现场而进行的生产组织管理工作。

施工管理的步骤：

（1）全面了解工程概况

要做好一项工作，必须对工程先进行全面了解，这样才利于更好地开展工作。对于建筑施工工程，也要做好施工前的准备，了解工程概况。

首先，应熟悉施工图纸、有关技术规范和操作规程，了解设计要求及细部、节点做法，弄清有关技术资料对工程质量的要求。对于工业项目，还必须了解产品的生产工艺，了解生产设备的工作原理和安装要求。

其次，要熟悉施工组织及有关技术经济文件对施工顺序、施工方法、技术措施、施工进度及现场施工总平面布置的要求；弄清施工任务中的薄弱环节和关键部位。

最后，对施工现场进行勘察和了解。熟悉施工图纸，只是对工程的纸上了解，这与实际操作还有距离。应清楚、全面了解工程，掌握工程概况，必须亲自到现场进行勘察，掌握场地特点、水文地质实际情况、气候条件以及员工素质等，以利于更好地实施管理。

（2）实行目标组织

实行有目标的组织、协调、控制是施工管理的关键工作。做好施工准备，向施工人员交代清楚施工任务要求和施工方法，为完成施工任务，实现建筑施工整体目标，创造良好的施工条件。在施工全过程中按照施工组织设计和有关技术、经济文件的要求，围绕着质量、工期、成本等制定施工目标，在每个阶段、每个工序、每项施工任务中积极组织平衡，协调控制，使施工中人、财、物和各种关系能够保持最佳状态。在施工的不同阶段、不同部位，对不同班组，甚至不同操作人员或在不同事物中，组织协调方式不能千篇一律，在施工阶段的组织管理中应区别不同情况，根据轻重缓急，把主要精力用在影响实现施工整体目标最薄弱的环节上，发现偏离目标的倾向应在施工过程中及时采取措施，加以补救。

关键部位要组织有关人员加强检查，预防事故的发生。凡负责关键部位施工的主要操作人员，必须具备相应的技术操作水平。

施工管理离不开"管"和"理"。要"管"好人手的分配，也要"理"顺施工的程序。要随时纠正现场施工中各种违章、违反施工操作规程及现场施工规定的倾向性问题。

遇设计修改或施工条件变化，应组织有关人员修改补充原有施工方案，并随时进行补充交底，同时办理工程增量或减量记录，并办理相应手续。还要在图纸上标识修改的内容，以便于施工的顺利进行。

应严格规范质量自检、互检、交接检的制度，及时进行工程隐检、预检，并督促有关人员做好分部分项工程质量评定。

（3）强化管理，发挥团体作用

在建筑施工现场，要确保工程能够安全、保质、保量的完成，不但要有技术的支持，而且还要有科学的管理。在施工管理上，应注重施工集体的建设和发挥集体的力量。

附录 2

常用单位中的法定单位和应淘汰的单位及换算

物理量名称	单位		说明	与 SI 单位换算关系
	名称	符号		
长度	米	m	法定单位	
	〔市〕尺		应淘汰的单位	1〔市〕尺＝1/3m
	英寸	in	应淘汰的单位	1in＝0.0254m
	英尺	ft	应淘汰的单位	1ft＝12in
质量（重量）	千克（公斤）	kg	法定单位	
	吨	t	法定单位	1t＝1000kg
	〔市〕斤		应淘汰的单位	1〔市〕斤＝500g＝0.5kg
时间	秒	s	法定单位	
	分	min	法定单位	1min＝60s
	〔小〕时	h	法定单位	1h＝60min＝3600s
	天（日）	d	法定单位	1d＝24h＝86400s
温度	开尔文	K	法定单位	
	摄氏度	℃	法定单位	℃＝K－273.15
	华氏度	F		F＝(915)K－459.67
力重力	牛〔顿〕	N	法定单位	1N＝1kg・m/s²
	千克力〔公斤力〕	kgf	应淘汰的单位	1kgf＝9.80665N
	吨力	tf	应淘汰的单位	1tf＝9.80665×10³N
压力压强应力	帕〔斯卡〕	Pa	法定单位	1Pa＝1N/m²
	巴	bar	应淘汰的单位	1bar＝0.1MPa＝10⁵Pa
	千克力每平方厘米	kgf/cm²	应淘汰的单位	kgf/cm²＝98066.5Pa
	标准大气压	atm	应淘汰的单位	1atm＝101325Pa
	毫米汞柱	mmHg	应淘汰的单位	1mmHg＝133.322Pa
	毫米水柱	mmH₂O	应淘汰的单位	1mmH₂O＝9.806375Pa
速度	米每秒	m/s	法定单位	
加速度	米每二次方秒	m/s²	法定单位	
能量功热量	焦耳	J	法定单位	1J＝1N・m
	千瓦小时	kW・h	法定单位	1kW・h＝3.6×10⁶J
	千克力米	kgf・m	应淘汰的单位	1kgf・m＝9.80665J
	卡〔路里〕	cal	应淘汰的单位	1cal＝4.1868J
功率	瓦〔特〕	W	法定单位	
	〔米制〕马力		应淘汰的单位	1 马力＝735.4985W

物理量名称	单位		说明	与 SI 单位换算关系
	名称	符号		
导热系数	瓦〔特〕每米开尔文	W/(m·K)	法定单位	
	千卡每米小时摄氏度	kcal/(m·h·℃)	应淘汰的单位	kcal/(m·h·℃)＝1.163W/(m·K)
电流	安〔培〕	A	法定单位	
电荷量	库〔仑〕	C	法定单位	
电位电压电势	伏〔特〕	V	法定单位	
电容	法〔拉〕	F	法定单位	
电阻	欧〔姆〕	Ω	法定单位	
面积	平方米	m²	法定单位	
体积	立方米	m³	法定单位	
	升	L	法定单位	1L＝10⁻³m³
密度	千克每立方米	kg/m³	法定单位	

附录 3

常用能源折标煤参考系数

能源名称	系数单位	折标煤系数
原煤	kgce/kg	0.7143
洁净煤	kgce/kg	0.9000
气田天然气	kgce/m³	1.2143
液化石油气	kgce/kg	1.7143
焦炭(含石油焦)	kgce/kg	0.9714
汽油	kgce/kg	1.4714
柴油	kgce/kg	1.4571
煤油	kgce/kg	1.4714
原油	kgce/kg	1.4286
燃料油	kgce/kg	1.4286
电力(当量)	kgce/kWh	0.1229
热力	kgce/MJ	0.03412
成型生物燃料	kgce/kg	(0.5852)

注：表中电力(当量)与标煤按相同热值计算，实际使用中则以当时发电企业的单位煤耗加线损来计算，一般按 380~400g/kW·h 计算。成型生物燃料折算系数为计算平均值，并非公布值，仅供参考。

附录 4

常用耗能工质折标煤参考系数

耗能工质名称	系数单位	折标煤系数
新水	kgce/t	0.0857
软水	kgce/t	0.4867
压缩空气	kgce/m^3	0.0400
蒸汽（低压）	kgce/t	128.60
鼓风	kgce/m^3	0.0300
二氧化碳（气）	kgce/m^3	0.2143
氧气	kgce/m^3	0.4000
氮气（做副产品）	kgce/m^3	0.4000
氮气（做主产品）	kgce/m^3	0.6714

附录 5

常用元素原子量表

原子序数	元素名称和符号	原子量	原子序数	元素名称和符号	原子量
1	氢 H	1.0079	17	氯 Cl	35.453
5	硼 B	10.81	19	钾 K	39.098
6	碳 C	2.011	20	钙 Ca	40.08
7	氮 N	14.0067	22	钛 Ti	47.867
8	氧 O	15.999	23	钒 V	50.9415
9	氟 F	18.9984	24	铬 Cr	51.9961
11	钠 Na	22.9898	25	锰 Mn	54.9380
12	镁 Mg	24.305	26	铁 Fe	55.84
13	铝 Al	26.9815	29	铜 Cu	63.54
14	硅 Si	28.085	30	锌 Zn	65.38
15	磷 P	30.9738	47	银 Ag	107.868
16	硫 S	32.06	53	碘 I	126.90447

附录6

蒸压加气混凝土主要采用标准

1. GB/T 11968—2020《蒸压加气混凝土砌块》

2. GB/T 15762—2020《蒸压加气混凝土板》

3. GB/T 11969—2020《蒸压加气混凝土性能试验方法》

4. JC/T 855—1999《蒸压加气混凝土板钢筋涂层防锈性能试验方法》

5. JC/T 407—2008《加气混凝土用铝粉膏》

6. GB/T 2085.2—2019《铝粉 第2部分：球磨铝粉》

7. JC/T 409—2001《硅酸盐建筑制品用粉煤灰》

8. JC/T 621—2021《硅酸盐建筑制品用生石灰》

9. JC/T 622—2009《硅酸盐建筑制品用砂》

10. GB/T 5483《天然石膏》

11. GB/T 37785—2019《烟气脱硫石膏》

12. GB/T 10294—2008《绝热材料稳态热阻及有关特性的测定 防护热板法》

13. GB 6566—2010《建筑材料放射性核素限量》

14. GB 175《通用硅酸盐水泥》

15. GB/T 701—2008《低碳钢热轧圆盘条》

16. GB 1499.1—2017《钢筋混凝土用钢 第1部分：热轧光圆钢筋》

17. JC/T 540—2006《混凝土制品用冷拔低碳钢丝》

18. JC/T 169—2005《建筑隔墙用轻质条板》

19. JC/ 890—2017《蒸压加气混凝土墙体专用砂浆》

20. T/CACA 0001—2020《蒸压加气混凝土单位产品能耗限额及计算方法》

21. JGJ/T 17—2020《蒸压加气混凝土制品应用技术标准》

22. 13J104《蒸压加气混凝土砌块、板材构造》

23. 03SG715—1《蒸压轻质加气混凝土板（NALC）构造详图》

24. 06J908—1《公共建筑节能构造（严寒和寒冷地区）》

25. 17J908—2《公共建筑节能构造（夏热冬冷和夏热冬暖地区）》

26. 06CJ05《蒸压轻质砂加气混凝土（AAC）砌块和板材建筑构造》

27. 06CG01《蒸压轻质砂加气混凝土（AAC）砌块和板材结构构造》

28. CECS 289：2011《蒸压加气混凝土砌块砌体结构技术规范》

29. GB 50574—2010《墙体材料应用统一技术规范》

30. JGJ 26—2018《严寒和寒冷地区居住建筑节能设计标准》

31. JGJ 134—2010《夏热冬冷地区居住建筑节能设计标准》

32. JGJ 75—2012《夏热冬暖地区居住建筑节能设计标准》

33. GB 50990—2014《加气混凝土工厂设计规范》

34. JC/T 2275—2014《蒸压加气混凝土生产设计规范》

35. JC/T 720—2011《蒸压釜》

36. JC/T 921—2014《蒸压加气混凝土切割机》

37. JC/T 1031—2015《蒸压加气混凝土设备　模具》

38. JC/T 2323—2015《蒸压加气混凝土设备　浇注搅拌机》

39. JC/T 2324—2015《蒸压加气混凝土设备　分掰机》

40. JC/T 2429—2017《蒸压加气混凝土设备　摆渡车》

41. JC/T 2430—2017《蒸压加气混凝土设备　翻转清理机》

42. JC/T 2431—2017《蒸压加气混凝土设备　空翻脱模机》

附录 7

蒸压加气混凝土料浆稠度测试方法

1 概述

本方法参照石膏标准稠度测定方法制定。

2 仪器设备

2.1 稠度仪。由内径为 $\phi 50 \pm 0.1mm$，外径为 $\phi 60mm$，高为（100 ± 0.1）mm 的铜质或不锈钢的筒体和面积为 40cm×40cm 的玻璃板组成。筒体的内表面及两个端面应充分磨光。在玻璃板上或在玻璃板下面的纸上画一组同心圆，其直径从 6～40cm，每隔 1cm 画一个。

2.2 钢直尺：30cm。

2.3 接料勺。

3 试验步骤

3.1 试验前应用洁净清水将圆筒及玻璃板冲洗，并用湿布擦拭，将圆筒严格垂直地放在同心圆正中。

3.2 打开检料阀，放出少量料浆，然后以接料勺接取料浆，迅速注入圆筒，以钢直尺沿圆筒上端面刮去多余料浆，并垂直提起圆筒，整个动作应在 30s 内完成。

3.3 读取垂直的两个料浆扩散度尺寸，单位为 cm。

4 结果评定

以两个扩散度尺寸的算术平均值作为被检料浆的稠度值，单位为 cm。

附录 8

石灰有效钙的测定（蔗糖法）

1 概述

石灰的活性取决于其中 $CaO+MgO$ 的含量，这些氧化物含量越高，则其胶结性能越好。

本方法适用于测定拌制石灰砂浆、石灰混合砂浆及煤渣、煤灰等石灰稳定类混合料用的石灰。

2 说明

石灰中的有效钙（活性氧化钙）亦称游离氧化钙。样品中实际物质可能是氧化钙，也可能是氢氧化钙，但统一计算到氧化钙的含量百分比。利用较稀的盐酸和较快的速度滴定，可排除与火山灰质材料很少起作用的钙盐和碳酸钙的干扰，其精度已能满足上述适用范围的需要。

蔗糖溶液能加速石灰在水中的溶解速度，结合滴定终点的控制从而减少氧化镁的干扰。其作用是蔗糖先与氧化钙和水化合成溶解度较大的蔗糖钙，然后再与盐酸作用，依旧析出蔗糖。反应式如下：

$$CaO+C_{12}H_{22}O_{11}+2H_2O \longrightarrow C_{12}H_{22}O_{11} \cdot CaO \cdot 2H_2O$$

　　氧化钙　　蔗糖　　　　　　　　　蔗糖钙

$$C_{12}H_{22}O_{11} \cdot CaO \cdot 2H_2O+2HCl \longrightarrow C_{12}H_{12}O_{11}+CaCl_2+3H_2O$$

　　蔗糖钙　　　　　　　　　　蔗糖　　　氯化钙

3 仪器设备和试剂

（1）标准筛，筛孔 1mm 和 0.15mm 各 1 个。

（2）称量瓶，直径 3cm，容积 $20cm^3$。

（3）分析天平，称量 100g（感量 0.1mg）。

（4）烘箱，温度范围为能调温 $100\sim110℃$。

（5）干燥器，直径 25cm。

（6）锥形瓶，容积 250mL。

（7）滴定管，50mL。

（8）玻璃珠。

（9）盐酸，分析纯，配制为 0.5N 左右。

（10）无水碳酸钠，保证试剂。

（11）蔗糖，分析纯。

（12）1％酚酞指示剂。

4 试验步骤

4.1 将石灰试样粉碎，通过 1mm 筛孔，用四分法缩分为 200g，再用研钵磨细通过 0.15mm 筛孔，用四分法缩分为 10g 左右。

4.2 将试样在 105～110℃的烘箱中烘干 1h，然后移于干燥器中冷却。

4.3 用称量瓶按减量法称取试样约 0.2g（准确至 1mg）置于锥形瓶中，迅速加入蔗糖约 5g 盖于试样表面（以减少试样与空气接触），同时加入玻璃珠约 10 粒。接着即加入新煮沸并已冷却的蒸馏水 50mL，立即加盖瓶塞，并强烈摇荡 15min（注意时间不宜过短）。

4.4 摇荡后开启瓶塞，加入酚酞指示剂 2～3 滴，溶液即呈现粉红色，然后用盐酸标准溶液滴定。在滴定时应读出滴定管初读数，然后以 2～3 滴每秒的速度滴定，直至粉红色消失。如在 30s 钟内仍出现红色，应再滴盐酸中和，最后记录盐酸耗量（mL）。

5 计算方法

按下式计算石灰活性氧化钙含量：

$$w = \frac{0.02804M \cdot V}{G}$$

式中　w——石灰活性氧化钙（%）；

　0.02804——氧化钙浓度（mg/mol）；

　　　M——盐酸标准溶液准确浓度（mol/L）；

　　　V——滴定消耗盐酸标准溶液体积（mL）；

　　　G——石灰试样质量（g）。

6 盐酸浓度标定

6.1 取 41mL 浓盐酸用蒸馏水稀释至 1L。

6.2 在分析天平用减量法称取无水碳酸钠 W_g（0.2～0.3g），在锥形瓶中用蒸馏水小心加热溶解，冷却后滴入甲基橙指示剂 2 滴，此时溶液呈黄色。用配制好的 HCl 溶液盛于滴定管中进行滴定，直至锥形瓶中溶液由黄色刚转变为橙色为止。记录盐酸耗量（mL）。按下式计算 HCl 溶液的准确浓度：

$$N(\text{HCl}) = \frac{W}{0.053 \cdot V(\text{HCl})}$$

式中　$N(\text{HCl})$——HCl 溶液准确浓度（mol/L）；

　　　　W——无水碳酸钠的质量（g）；

　　$V(\text{HCl})$——到达等当点时 HCl 的耗量（mL）；

　　　0.053——无水碳酸钠的浓度（mg/mol）。

7 结果评定

以两次平行试验的算术平均值作为试验结果数值。

8 注意事项

（1）由于 CaO 极易吸收水分和 CO_2，因而在称取试样和操作过程中尽可能迅速进行，以减少与空气的接触。

（2）使用的锥形瓶应事先烘干，加入蒸馏水时要一次加入，及时振荡，以免试样结块。如有结块现象，应重新称样。

（3）由于蒸馏水中会含有 CO_2 而影响测定，热蒸馏水能与蔗糖形成溶解度小的蔗糖三钙，所以需使用新煮沸并已冷却的蒸馏水。

（4）滴定终点应以红色第一时间消失为终点，30s 内红色不复现即可认为终点已经到达。

附录 9

石灰消化速度试验

1 试验意义

生石灰遇水起化学反应，此项反应的快慢称为消化速度。消化速度是以石灰开始加入水中至温度上升至最高时的时间来表示。

2 仪器设备

（1）消化速度测定仪（附图 1）：该仪器系由 200～250mL 烧杯放置于一体积较大些的容器内，在容器与烧杯壁间填以绝热材料石棉粉等。石灰试样置于烧杯中，温度计通过木塞插入杯内，以测定其温度变化。

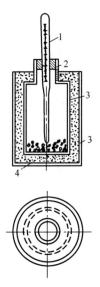

附图 1　消化速度测定仪

1—温度计；2—塞子；3—玻璃缸；4—隔离层（硅藻石、石棉粉、矿絮）

（2）秒表。

（3）天平：称量 100g（感量 0.01g）。

3 试验步骤

3.1　称取预先磨细并通过 0.088mm 方孔筛的石灰试样 10g，倾于先盛有温度为 20℃（蒸馏水 20mL）的消化速度测定仪烧杯中，开动秒表，记录开始时间。

3.2　迅速加盖并插入温度计，将烧杯摇动数次即静置勿动。

3.3　自石灰加入水中时起每隔 30s 读记温度一次，直至达最高温度并开始下降为止。

3.4　绘制时间-温度曲线

以横轴表示时间，纵轴表示温度，绘制时间-温度曲线，并确定消化速度。

4 结果评定

以两次平行试验之算术平均值作为试验结果数值。消化速度在 10min 以内者称为快速石灰；在 10～30min 之间者称为中速石灰；在 30min 以上者称为慢速石灰。

附录 10

石灰消化特性试验

1 试验意义

测试 10g 石灰在 20mL 水中的消化温度。理论计算出的最大温升（最高温度减初始温度）可达 134℃。水温达到 100℃ 即沸腾，因此当石灰质量非常好，测试环境接近绝热时，就可能超过 100℃。由于有蒸发热的原因，超过 100℃ 的测试值与所设想的结果就会有较大的差异。本试验方法中石灰消解的理论温升（测得的最高温度减初始温度）为 68.0℃。当初始水温在 20℃ 时，理论上可测得的最高温度为 88℃，不超过水沸腾温度，因此测试结果相对更加准确。

2 仪器设备

（1）消化速度测定仪：该仪器系由以下三部分组成，1000mL 保温瓶，或以 1000mL 烧杯放置于绝热条件非常好的容器内，作为石灰消解的试验容器，保温瓶和烧杯应方便试验后清洗；搅拌器，转速（250±50）r/min；温度记录仪，精度为 0.1℃，记录时间间隔为 3~10s（附图 2）。

（2）天平：称量 1000g（感量 0.01g）。

（3）1000mL 量杯。

3 试验步骤

3.1 称取预先磨细的石灰试样（150±0.5）g，应全部通过 0.080mm 方孔筛。

3.2 以量杯将温度为 20℃ 的 600mL 蒸馏水，加入到测试仪的保温瓶或烧杯中。

3.3 打开温度自动记录装置开始记录温度。

3.4 启动搅拌装置，控制搅拌速率为一标准稳定值。

3.5 观察温度读数至恒值时，试验结束。

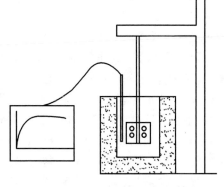

附图 2　石灰消解测定装置示意图

3.6 输出或打印消解特性曲线，记录 2、5、10、20、30 和 40min 的消解温度，及达到最高温度的时间、达到 60℃ 的时间和反应结束时间，确定消化速度。

从温度自动记录仪上记录的温度，不仅可得到石灰的消化时间和消化温度，而且更可得到对生产十分重要的石灰消解过程曲线。

4 结果评定

以两次平行试验之算术平均值作为试验结果数值。

附录 11

砂的含泥量试验

一、砂中的含泥量试验（标准法）

1 适用范围

本方法适用于测定粗砂、中砂和细砂的含泥量。

2 主要仪器设备

(1) 天平：称量 1000g（感量 1g）；

(2) 烘箱：温度控制范围为（105±5）℃；

(3) 试验筛：孔径公称直径为 80μm 及 1.25mm 的方孔筛各 1 个；

(4) 洗砂用的容器及烘干用的浅盘等。

3 试样制备

样品缩分至 1100g，置于温度为（105±5）℃的烘箱中烘干至恒重，冷却至室温后，称取各为 400g（m_0）的试样两份备用。

4 试验步骤

4.1 取烘干的试样一份置于容器中，并注入饮用水，使水面高出砂面约 150mm，充分拌匀后，浸泡 2h，然后用手在水中淘洗试样，使尘屑、淤泥和黏土与砂粒分离，并使之悬浮或溶于水中。缓缓地将浑浊液倒入公称直径为 1.25mm 及 80μm 的套筛（1.25mm 筛放置于上面）上，滤去小于 80μm 的颗粒。试验前筛子的两面应先用水润湿，在整个试验过程中应注意避免砂粒丢失。

4.2 再次加水于容器中，重复上述过程，直到筒内洗出的水清澈为止。

4.3 用水淋洗剩留在筛上的细粒，并将 80μm 筛放在水中（使水面略高出筛中砂粒的上表面），来回摇动，以充分洗除小于 80μm 的颗粒。然后将两只筛上剩留的颗粒和容器中已经洗净的试样一并装入浅盘，置于温度为（105±5）℃的烘箱中烘干至恒重。取出来冷却至室温后，称试样的质量（m_1）。

5 结果计算

砂中含泥量应按下式计算，精确至 0.1%：

$$\omega_c = \frac{m_0 - m_1}{m_0} \times 100 \tag{1}$$

式中 ω_c ——砂中含泥量（%）；

m_0 ——试验前的烘干试样质量（g）；

m_1 ——试验后的烘干试样质量（g）。

以两个试样试验结果的算术平均值作为测定值。两次结果的差值超过 0.5% 时，应重新取样进行试验。

二、砂中的含泥量试验（虹吸管法）

1 适用范围

本方法适用于测定砂中含泥量。

2 主要仪器设备

（1）虹吸管：玻璃管的直径不大于 5mm，后接胶皮弯管；

（2）玻璃容器或其他容器：高度不大于 300mm，直径不小于 200mm；

（3）其他设备应符合砂中的含泥量试验（标准法）的规定进行。

3 试样制备

试样制备应符合含泥量试验（标准法）的规定进行。

4 试验步骤

4.1 称取烘干的试样 500g（m'_0）置于容器中，并注入饮用水，使水面高于砂面约 150mm，浸泡 2h，浸泡过程中每隔一段时间搅拌一次，确保尘屑、淤泥和黏土与砂分离。

4.2 用搅拌棒均匀搅拌 1min（单方向旋转），以适当宽度和高度的闸板闸水，使水停止旋转。经 20～25s 后取出闸板，然后从上到下用虹吸管细心地将混浊液体吸出，虹吸管吸口的最低位置应距离砂面不小于 30mm。

4.3 再倒入清水，重复上述过程，直到吸出的水与清水的颜色基本一致为止。

4.4 最后将容器中的清水吸出，把洗净的试样倒入浅盘并在（105±5）℃的烘箱中烘干至恒重，取出，冷却至室温后称砂质量（m'_1）。

5 结果计算

砂中含泥量（虹吸管法）应按下式计算，精确至 0.1%：

$$\omega_c = \frac{m'_0 - m'_1}{m'_0} \times 100 \tag{2}$$

式中　ω_c——砂中含泥量（%）；

　　　m'_0——试验前的烘干试样质量（g）；

　　　m'_1——试验后的烘干试样质量（g）。

以两个试样试验结果的算术平均值作为测定值。两次结果的差值超过 0.5% 时，应重新取样进行试验。

三、砂中泥块含量试验

1 适用范围

本方法适用于测定砂中泥块含量。

2 主要仪器设备

（1）天平：称量 1000g（感量 1g）；称量 5000g（感量 5g）；

（2）烘箱：温度控制在（105±5）℃；

（3）试验筛：孔径公称直径为 630μm 及 1.25mm 的方孔筛各一只；

（4）洗砂用的容器及烘干用的浅盘等。

3 试样制备

将样品缩分至约 5000g，置于温度为（105±5）℃的烘箱中烘干至恒重，冷却至室温后，用公称直径 1.25mm 的方孔筛筛分，取筛上的砂不少于 400g 分为两份备用。特细砂按实际筛分量。

4 试验步骤

4.1 称取试样 200g(m_1) 置于容器中，并注入饮用水，使水面高出砂面约 150mm。充分拌匀后，浸泡 24h，然后用手在水中碾碎泥块，再把试样放在公称直径 630μm 的方孔筛上，用水淘洗，直至水清澈为止。

4.2 保留下来的试样应小心地从筛里取出，装入水平浅盘后，置于温度为(105±5)℃的烘箱中烘干至恒重，冷却后称量(m_2)。

5 结果计算

砂中泥块含量应按下式计算，精确至 0.1%：

$$\omega_{c,1} = \frac{m_1 - m_2}{m_1} \times 100$$

式中 $\omega_{c,1}$ —— 泥块含量（%）；

m_1 —— 试验前的干燥试样质量（g）；

m_2 —— 试验后的干燥试样质量（g）。

取两次试样试验结果的算术平均值作为测定值。

附录 12

实验室基本条件

本条件根据一九九三年二月一日国家建筑材料工业局发布的《加气混凝土企业实验室基本条件》，结合企业现状及当前技术发展状况提出。

1 总则

1.1 为促进加气混凝土企业建立健全的实验室，提高检测水平，保证产品质量，特制定本条件。

1.2 实验室的检验项目按《加气混凝土制品企业质量管理规程》和有关标准的规定设置。

1.3 实验室的环境条件（如温度、湿度、粉尘、振动、卫生等）必须满足有关标准的规定。

1.4 人员和素质

1.4.1 实验室主任应具有中级以上技术职称，有相应的任命文件，精通本专业检验业务，熟悉监督检验管理，了解有关法律、法规。

1.4.2 检验人员应符合《加气混凝土制品企业质量管理规程》的要求。

2 规章制度

实验室必须制定下列规章制度：

2.1 工作计划、检查和总结制度；

2.2 各类人员岗位责任制；

2.3 产品检验、质量判定和抽查对比制度；

2.4 检验报告的编写、审核和批准制度；

2.5 危险品管理制度；

2.6 仪器设备管理、维修和检验制度；

2.7 检验事故报告制度。

3 必备检测仪器设备

3.1 生产蒸压加气混凝土砌块的企业，必须具备的仪器设备数量、技术要求及检验周期见附表1。

附表 1 蒸压加气混凝土砌块生产企业基本仪器器具

名称	单位	数量	精度	检定周期	量度范围或规格
材料试验机或压力试验机	台	1	1%	1年	100kN
电热鼓风干燥箱	台	2	2℃		0～250℃
低温箱（或冷冻室）*	台	1	2℃	1年	−25℃
恒温加热器*	台	1			
钢直尺	把	2	0.5mm		30cm

名称	单位	数量	精度	检定周期	量度范围或规格
钢直尺	把	2	1mm		1000mm
	把	2	0.5mm		100mm
角尺	把	2	1mm		630mm×400mm
平尺	把	1			750mm×40mm
塞尺	把	1	0.01mm		
深度游标卡尺	把	1	0.2mm		300mm
立式收缩仪*	台	1	0.01mm	1年	
空调器*	台	1			
调温调湿箱*	台	1			相对湿度35%～95%
天平*	架	1	0.5g	1年	500g
天平	架	2	2g	1年	2kg
天平	架	2	0.2g	1年	200g
分析天平	架	1	0.5～1g	1年	200g
干燥器	个	数个			
高温炉	台	1			0～1300℃
电炉	台	2			1000W
铂坩埚	个	1			25mL
瓷坩埚	个	数个			25mL
玛瑙研钵	个	1			
标准筛或气力筛	个	3			0.08mm、0.075mm、0.045mm
分样筛	套	1			
温度计	支	数支	1℃		200℃和100℃
磁力搅拌器**	个	1			
蒸馏水发生器	个	1			
试样粉碎机	台	1			
化学分析用玻璃仪器	套	1			
水分快速测定仪SH10A	台	1			
混凝土碳化试验箱*	台	1			
智能平板导热系数测定仪*					IMDRY600-Ⅱ
钢卷尺	个	数个			2m
保温瓶	个	1			0.5P
秒表	个	1			
比重瓶	个	1			
发气量测量仪	套	1			
坯体强度测定仪**	支	2			33cm

续表

名称	单位	数量	精度	检定周期	量度范围或规格
石膏稠度计	个	1			
石灰消解特性测试仪**	套	1			1000mL
试块锯（带锯）**	台	1			200mm×300mm×600mm
试块精加工仪**	台	1			300mm

3.2　生产蒸压加气混凝土板材的企业，除了 3.1 条规定的全部内容之外，尚需具备附表 2 所列仪器。

附表 2　蒸压加气混凝土板生产企业补充仪器器具

名称	单位	数量	精度	检定周期	量度范围或规格
压力试验机	台	1	1%	1 年	10kN
抗拉试验机***	台	1	1%	1 年	100kN
钢卷尺	只	数只	1mm		10m
靠尺	把	1	1mm		2m
楔形塞尺	把	1			
调温调湿箱	台	1			
百分表(位移传感器)	只	3	0.01mm	1 年	
磁性表座	只	3			
结构试验机*	台	1			100kN
手持应变仪	台	1	0.01mm	1 年	
读数显微镜	台	1	0.05mm		

3.3　除表中所列仪器设备外，企业可视需要添置其他仪器设备。一般，企业进行科研开发以及环保监控时，可加配附表 3 设备仪器。

附表 3　蒸压加气混凝土生产企业研究开发及环保试验仪器器具

名称	单位	数量	精度	检定周期	量度范围或规格
试验搅拌机**	台	1			φ450
试验模**	只	3			300mm×200mm×600mm
试验模**	只	9			150mm×150mm×150mm
试验磨**	台	1			SM500
颚式破碎机**	台	1			60mm×100mm
试验釜**	台	1			φ800×1000mm
数字旋转黏度仪**	台	1			SNB-2 型
岩相分析显微镜**	台	1			XPF-500
射线衍射仪**	台	1			Exploer 研究级 X
光谱分析仪**	台	1			TB28-x-5000
飘尘采样器**	台	1			WBC-1
数字式声级计**	台	1			ND11
水质监测仪**	台	1			SJG-702

注：　*　　企业若无此仪器，可委托具备条件的检验机构检测(每半年一次)。
　　　　**　　企业自定。
　　　　***当采用万能试验机(材料试验机)时，抗拉试验机可以不另配。

3.4　当产品标准或试验方法标准改变时，企业应根据标准要求及时更换仪器设备。

附录 13

蒸压加气混凝土常见缺陷成因及对策

序号	现象	成因	对策
1	塌模		
1.1	坯体稠化速度正常，发气速度过快	浇注温度偏高	降低浇注温度
		铝粉偏多	降低铝粉用量
1.2	发气速度正常，坯体稠化速度过慢	料浆水料比偏大	减小水料比，提高稠度
		石灰或水泥少，或石膏多	增加石灰或水泥，或减石膏
1.3	冒泡大，气泡被破坏	粉煤灰(砂)太粗，料浆黏度低	粉煤灰磨细，增加干料量(干粉煤灰、石灰、水泥)，使用皂素粉等稳泡剂，提前制浆
		石灰过多，坯体内部温度偏高	减少石灰用量
		水料比偏大，模框四周泌水	提高料浆密度，使用稳泡剂，减少料浆量
		浇注温度高，发气量大	降低浇注温度
		粉煤灰含炭量高，四周泌水	更换粉煤灰
		冬天，有结冰现象，四周泌水	提前制浆，延长搅拌时间
1.4	铝粉发气过于集中	铝粉颗粒细	更换铝粉
1.5	模具漏浆	密封条老化，模具、轨道变形	更换密封条，整修模具、轨道
1.6	意外塌模	人为或机械振动，顶棚滴水	注意避免
2	发气高度不够		
2.1	发气速度正常，稠化速度过快，坯体不能正常发气	料浆太稠	降低料浆密度
		石灰(或水泥)太多，或石膏少	减少石灰(或水泥)用量，增加石膏用量
		浇注温度过高	降低浇注温度
2.2	发气稠化正常，坯体总量不足	总料量少	增加总配料量
		铝粉用量少(或铝粉质量差)	增加铝粉用量
2.3	铝粉没能与料浆充分混合	搅拌功率不够或设计不合理	调整搅拌机
		搅拌叶轮磨损	更换叶轮
3	坯体脱模后，靠模框底角处坯体掉角		
3.1	坯体内外强度不一致，内硬外软	环境温度低	提高环境温度
3.2	坯体塑性较低	坯体温度过高，严重失水	降低浇注温度或减少石灰用量
3.3	切割时坯体侧角强度不够	切割过软，坯体塌陷	提高切割硬度
3.4	掉角有油污	涂模油过多	减薄油层，提高油的黏度

续表

序号	现象	成因	对策
3.5	坯体表面硬化慢	水料比大，干料量（特别是石灰量）偏少	① 增加石灰、水泥用量； ② 减少料浆量； ③ 提高料浆稠度
3.6	模框碰坯体	桁车大车行走不同步	① 消除轨道表面油渍； ② 消除桁车大车行走装置缺陷
		翻转吊具翻转臂松	消除翻转吊具缺陷
		模框变形	① 消除模框组合缺陷； ② 除模框自身缺陷
4	脱模损伤		
4.1	翻转脱模裂纹和脱落	模具折角处焊接过厚、焊接处打磨粗糙	模具重新打磨
4.2	周边不规则裂纹（地翻）	① 起吊晃动 ② 模具锥度不足	① 调整起吊装置； ② 校正模具
4.3	周边垂直裂纹（地翻）	由于采用螺栓加强模具与底板的密封而使底板产生弹性变形	坯体在稠化后即松开螺栓
5	侧边裂纹		
5.1	侧板一侧裂纹（空翻切割机）	坯体落下过猛	① 坯体距切割台 10cm 时缓慢下降； ② 改变频控制
		水料比小，坯体弹性不足	① 降低料浆密度； ② 增加料浆用量； ③ 减少石灰用量
		粉煤灰（砂）过细，坯体早期强度跟不上	① 提高切割硬度； ② 提高粉煤灰筛余量
		坯体表观密度偏大	① 控制表观密度 ② 使用添加剂，提高坯体切割强度
5.2	翻转时顶部裂纹（地翻切割机）	水料比小，坯体弹性不足	① 降低料浆密度； ② 增加料浆用量； ③ 减少石灰用量
		粉煤灰（砂）过细，坯体早期强度跟不上	① 提高切割硬度； ② 提高粉煤灰筛余量
		坯体强度不均	注意石灰质量和环境温度
6	钎孔裂		
6.1	钎孔表层裂纹	发气过慢，后期失去流动性	加大水料比
		拔钎过晚，坯体弹性不足	提早拔钎时间

序号	现象	成因	对策
7	与地面垂直的竖向裂纹（空翻和地翻切割机）		
7.1	切割后，从上向下连续多排竖向裂纹	水料比大，干料量（特别是石灰量）偏少，石灰质量差	① 减少料浆量，或提高料浆稠度； ② 增加石灰量； ③ 减少石膏量，加快稠化速度
7.2	切割后，从上到下多个位置间断断裂	坯体温度高，切割散热冷缩	调整浇注温度或石灰用量
		粉煤灰过细	提高粉煤灰筛余量
		石灰偏多，或浇注温度偏高	降低石灰用量或浇注温度
		石膏偏少	提高石膏用量
8	整模中部断裂（地翻切割机）		
8.1	翻转后裂纹	坯体强度偏低	提高切割强度
		坯体强度不均	注意石灰质量和环境温度
8.2	切割后裂纹	坯体与底板间有间隙	调整翻转后底板的垂直度
		翻转过度或不到	控制翻转速度和程度
9	砌块 600mm 方向断裂（水平裂）		
9.1	裂纹成水平状	粉煤灰（砂）过粗，物料沉降	磨细粉煤灰（砂）
		料浆黏度过低	提前制浆，掺废料浆
9.2	裂纹成弧状	严重憋气	提高料浆扩散度，降低温度
		搅拌不均匀	检查搅拌叶轮是否磨损
			检查电机是否缺相或反转
			检查是否石灰下料过快
		水料比过小而搅拌不均匀	调整水料比
10	"双眼皮"		
10.1	两道横切缝	坯体强度较低，钢丝未从原路返回（地翻）	提高切割强度
		切割钢丝过松（地翻）	调整切割钢丝
		横切装置运行间隙大（地翻）	调整横切架
		模车定位偏松（司梯码）	调整模车定位
		切割小车定位不稳（空翻）	保证定位
		挂丝弹簧板疲劳（空翻）	更换弹簧板
		钢丝拉伸或制作长度不等	更换钢丝
		钢丝挂板相互干扰	调整挂丝板
11	切割缝崩边		
11.1	切割缝锯齿状崩边	坯体晃动	调整切割小车和导向柱
		切割钢丝过粗	更换钢丝

222

续表

序号	现象	成因	对策
12	"蜂窝"		
12.1	坯体表面冒泡大而深，伴有较多沉陷，冒泡处形成蜂窝状硬块	浇注温度高	降低浇注温度
		水料比大	减小水料比
		石灰多	减少石灰用量
		石膏少	增加石膏用量
13	"花斑"（空翻切割机）		
13.1	坯体纵切后，表面出现斑状脱落	石灰吸水性差，水泥用量少	增加石灰和水泥用量
		石灰热值不足	提高浇注温度
		水料比过大	减小水料比
		粉煤灰过细	提高粉煤灰筛余量
		切割太软	提高切割硬度
		"面包头"太厚	先拉去"面包头"
		刀片变形、磨损、结垢	消除刀片缺陷
14	"鱼鳞纹"（空翻切割机）		
14.1	大面鱼鳞片	切割时坯体强度低	提高切割强度
		大面铣刀磨损	更换铣刀
	坯体表面靠侧板处在纵切后呈波浪状鱼鳞纹	切割时坯体强度低	提高切割强度
		静停时间长，坯体硬化慢	① 减小水料比； ② 增加石灰量、水泥量； ③ 提高浇注温度 ④ 减少石膏量
15	坯体脱模后，上方靠模框底角处出现裂纹或与模框粘连		
15.1	坯体干裂、掉角	切割时坯体强度高	适当提前切割
		硬化过快，坯体严重失水	① 增大水料比； ② 减少石灰量、水泥量； ③ 降低浇注温度； ④ 增加石膏量
		模框刷油缺陷，或油质差	① 刷油均匀到位； ② 换质量符合要求的油
16	沉陷		
16.1	整体下沉	石灰质量差，后期乏力	① 要求石灰延长煅烧时间； ② 增加石灰用量
16.2	坯体表面靠模框处发生收缩、沉陷，形同"老鼠窝"。	水泥少，水料比较大，坯体硬化慢	① 增加水泥用量； ② 减小水料比
		石灰内热高，发气时间长	① 减少石灰用量； ② 降低浇注温度； ③ 增加石膏用量

序号	现象	成因	对策
17	粘连（空翻切割机）		
17.1	产品出釜后，靠侧板的产品与侧板粘连在一起，较难从原切割缝分开	切割时坯体太软	提高切割硬度
		静停时间长，硬化慢	① 减小水料比； ② 增加石灰、水泥用量； ③ 提高浇注温度； ④ 减少石膏量； ⑤ 减少废料浆用量； ⑥ 避免使用过细的硅质材料
18	底部粘连		
18.1	模具底部（中间）粘连	涂模剂被料浆冲刷	调整浇注头
		底部加热	预养改侧边加热
		叶轮磨损，搅拌不均匀	更换浇注搅拌机叶轮
19	龟裂		
19.1	坯体表面切割前呈龟壳状裂纹	石灰用量过大，后期大量失水	减少石灰用量
		石灰过烧，前期吸水性差，后期热值大	① 增加水泥用量； ② 减少石灰用量； ③ 降低浇注温度； ④ 增加石膏用量
20	坯体中有白点		
20.1	坯体底部白点	沉降的磷石膏颗粒	磷石膏过磨或滤去粗颗粒
20.2	坯体中部多处出现未消解的石灰团块	搅拌机中黏着的陈石灰掉入	及时清理搅拌机
		搅拌不均匀	① 延长搅拌时间； ② 更换搅拌机叶轮
		石灰过烧	更换石灰
		石灰用量大	减少石灰用量
		石灰太粗	降低石灰筛余量
20.3	多处拉伸石灰点	搅拌不均匀	更换搅拌机叶轮
21	断钢丝		
21.1	断纵切钢丝	坯体沉陷大（即"蜂窝"），局部坯体过硬	消除沉陷
		坯体过硬	适当提前切割
		钢丝损伤	更换钢丝
		坯体内有异物	系统检查，清除异物源
21.2	断横切钢丝	钢丝有伤	更换钢丝
		坯体内有异物	清除异物
		切割过硬	适当提前切割
		横切下限位过低	调高横切下限位位置
		横切在下限位停留时间过长	缩短横切在下限位的时间

续表

序号	现象	成因	对策
22	切割蹦料		
22.1	横切钢丝回到顶时将坯体上沿带坏	钢丝过松	更换钢丝
		坯体失水	① 适当提前切割; ② 调整配方,降低坯体温度
22.2	端部蹦料	坯体过硬	预先对端部进行倒角
		坯体失水	
23	切不到底		
23.1	最低一层中间切不透,切割缝成弧形	坯体过硬	适当提前切割
		钢丝太松	换合适的钢丝
		弹簧疲劳	换弹簧板
24	正面掉角（面）（空翻切割机）		
24.1	纵切后坯体正面被刀片带角	面包头太厚	① 拉去面包头; ② 预先对端部进行倒角
		切割时坯体太软	提高切割硬度
		刀片角度太小	调整角度
		坯体憋气	调整浇注工艺参数
25	尺寸误差		
25.1	切割面成波浪形	切割钢丝过松	调整或更换钢丝
		搅拌不均匀	石灰下料过快,料浆过稠
		导轨或导向柱有杂物或松动	清理并调整
		坯体中有杂物	清理搅拌机
25.2	大小头	切割时坯体过软	提高坯体强度
		导轨或导向柱有杂物	清理导轨或导向柱
25.3	制品膨胀	石灰中过烧灰或 MgO 含量高	重新选择石灰
25.4	尺寸出现超差	挂错钢丝位置	重挂并校正钢丝
		刀片位置不对	调整刀片位置
		立柱上下窜位	调整立柱位置
		横切标尺安装不对	调整标尺位置
		弹簧板位置不对	调整弹簧板位置
		切割钢丝过松	调整或更换钢丝
		弹簧板疲劳	换弹簧板
		坯体在切割台上位置偏移	① 清除切割台上杂物; ② 摆正坯体位置
		干料量少	增加干料量

续表

序号	现象		成因	对策
26	产品强度低			
26.1	蒸压养护不充分		蒸压养护操作不规范	① 抽真空; ② 及时放冷凝水; ③ 保证恒温温度和时间
			粉煤灰太细,砂中含泥量超标	控制粉煤灰或砂的质量
			配方不合理	① 保证合理的钙硅比; ② 保证合理的水料比; ③ 保证合理的石膏比例; ④ 减少废料浆用量
26.2	制品发脆		粉煤灰太细	① 提高粉煤灰筛余量; ② 应用添加剂调节
			石灰用量过多	调整石灰用量
			微裂纹多	浇注温度过高
26.3	制品发软,无光泽		静定时间长,失水过多	尽快入釜或采取保湿措施
26.4	制品下部强度过低		釜内结存冷凝水	及时排放冷凝水
27	出釜裂纹			
27.1	同一釜中每模边沿呈框形裂纹		前期升温速度过快	降低前期升温速度
			混合料浆稠度不匀	提高搅拌效果
			料浆黏度低	延长料浆存放时间或添加激发剂
27.2	端部裂纹		打开釜门过快	降温后稍慢开门并避免冷风
27.3	不规则裂纹和爆裂		石灰中过烧灰或 MgO 含量高	重新选择石灰
27.4	坯体下部垂直于底板(车轮上方)裂纹		进釜时轨道和过桥振动损伤	维修轨道、过桥,调整釜内轨道位移
27.5	每模同部位裂纹		切割机或模具引起的损伤	检查维修设备
28	板材裂纹			
28.1	角部裂纹		坯体强度过低,切割后散热温差引起	① 延迟切割; ② 调整配方; ③ 做好釜前保温; ④ 完成切割后尽快进釜
28.2	坯体平放时水平裂纹		坯体下沉,造成钢筋下部虚脱	促进稠化,避免坯体下沉
			膨胀是憋气,造成钢筋下穿孔	延缓稠化,避免穿孔
			总配筋量过大,造成分层	调整规格搭配
			因搅拌不均匀而使底部温度过高	检查搅拌机或增加搅拌时间
			因模底加热而使底部温度过高	改侧边加热

续表

序号	现象	成因	对策
28.3	垂直于板长的裂纹	这类裂纹一般都由坯体和钢筋的膨胀不一致引起	① 调整配方，使坯体适应钢筋膨胀； ② 调整蒸压养护制度，避免钢筋过快膨胀； ③ 调整配合比； ④ 提高入釜坯体的温度和强度
28.4	端头断裂	端部因锚筋而减少了坯体的黏结力	① 配筋时避免锚筋过于集中； ② 切割钢丝应足够倾斜； ③ 尽量拉大纵切钢丝的间距； ④ 避免切割时坯体温度过高
28.5	顺钢筋网层断裂	钢钎变形并拔钎过晚	矫正钢钎并提早拔钎
		模具行走时有振动或撞击	避免振动或撞击，调整石灰
		翻转去底时振动	检查翻转机，调整石灰
29	钢筋黏结力低		
29.1	钢筋上下部有大孔	坯体下沉	调整工艺，避免下沉
		稠化过快	调整工艺，使发气稠化相适
29.2	目测钢筋周围完好	钢筋应撞击、振动而错动	避免撞击和振动
30	水印		
30.1	以钎孔分割的多处水印	离子迁移	① 水印较淡，会消失； ② 离子过多，检查砂和水泥
	板材中部水印	未蒸透	调整蒸压养护制度和蒸汽

后　记

　　《加气混凝土生产技术实用讲义》（以下简称《讲义》）于 1999 年首次印刷，原本只是应一家企业所托而编写的职工培训教材，也就无所谓后记。由于行业没有培训教材，本书权作填补，并经过多次修订，至今已有 6 个版本。本次承蒙厚爱，《讲义》冠以《蒸压加气混凝土生产技术》正式出版，字数也由最初的 12 万字增加到 33 万字，不补后记实在愧对读者。

　　《蒸压加气混凝土生产技术》定位为职工培训教材，因得到各方的支持与鼓励，才能及时融入最新的成果和经验，及时补进读者需要的内容，并为读者所喜爱。然而，百般努力仍然赶不上技术的进步，至定稿时，又有一批新技术投入生产应用，希望读者在阅读本书的同时，及时关注行业进展，不被本书所局限。

　　蒸压加气混凝土本是平凡至极的建筑材料，全国有 2000 多家企业，想必各位也和我们一样，做得久了，也就有了感情，而且还一发不可收拾。正因为有了感情，我们更希望它能健康成长。在此，不妨抄录一段我们 2014 年访问凯莱-伊通的随笔，作为共同的借鉴：

　　2010 年德国的人均 GDP 是 4 万美元，当年我国人均 GDP 为 4283 美元。德国国土面积为 32 万平方公里，人口约 8800 万，人口密度约为 275 人/平方公里。德国充分发挥资源的价值，富而不奢，物尽其用。德国的许多建筑不仅修旧如旧，还努力保留原有建筑的精华，这也是对自己文化和历史的尊重与保护。许多路面采用毛石铺就，而且大块毛石铺主要通道，小块毛石铺散步小道，细微之处见精神。这次参加凯莱学术论坛，所住宾馆和会议地点波茨坦大学之间隔着著名的无忧公园，直线距离 3 公里，可用车绕道接送，也可步行穿过无忧公园直接到达会场。主办方前后修改了三次计划，最后由导游引导会议代表从所在宾馆步行穿过无忧公园到波茨坦大学，沿途介绍了公园的景点，让参会者了解了无忧宫的历史，也了解了德国的历史。从中可以看出两点，严密的计划安排和贴切的人文精神。

　　终于，我们看到了一种精神，严密、严谨、不奢、不懈，德国的企业崇尚"做好一个产品"，而不是"选一个好产品"。做好一个产品，需要在这个产品的技术进步上不遗余力，并对其倾心呵护，已有 90 年历史的伊通仍然领先于世界就是最好的例证。而选一个好产品，只需尽量发挥这个产品的效益，无需对它保护和提高，因为下一次还可以选择。

　　也许，我们要学习德国的技术，但更应该学习德国的精神。学习技术永远是在追赶，学习精神才能超越。

编著者
2021 年 3 月